機器人控制原理與實務

施慶隆、李文猶　編著

全華圖書股份有限公司

國家圖書館出版品預行編目資料

機器人控制原理與實務 / 施慶隆, 李文猶編著. --
初版. -- 新北市 ： 全華圖書股份有限公司,
2022.12
　　面 ； 公分
ISBN 978-626-328-364-0(平裝)

1.CST: 機電整合 2.CST: 自動控制 3.CST: 機
器人
448　　　　　　　　　　　　　111018931

機器人控制原理與實務

作者 / 施慶隆、李文猶

發行人 / 陳本源

執行編輯 / 葉書瑋

出版者 / 全華圖書股份有限公司

郵政帳號 / 0100836-1 號

印刷者 / 宏懋打字印刷股份有限公司

圖書編號 / 06513007

初版一刷 / 2023 年 3 月

定價 / 新台幣 450 元

ISBN / 978-626-328-364-0(平裝)

全華圖書 / www.chwa.com.tw

全華網路書店 Open Tech / www.opentech.com.tw

若您對本書有任何問題，歡迎來信指導 book@chwa.com.tw

臺北總公司(北區營業處)
地址：23671 新北市土城區忠義路 21 號
電話：(02) 2262-5666
傳真：(02) 6637-3695、6637-3696

南區營業處
地址：80769 高雄市三民區應安街 12 號
電話：(07) 381-1377
傳真：(07) 862-5562

中區營業處
地址：40256 臺中市南區樹義一巷 26 號
電話：(04) 2261-8485
傳真：(04) 3600-9806(高中職)
　　　(04) 3601-8600(大專)

序　言

　　舉凡對機械系統進行可規劃及控制其運動行進軌跡，或作用力為目的的研究及技術開發領域，皆可廣義地視為運動控制的範疇。運動控制系統與機電整合技術密不可分。機電整合乃泛指因應精密機構運動之伺服控制，亦即整合機構運動學、伺服驅動器、功率放大器、感測器及微電腦控制器等機械、電機與電子整合技術。機器人為運動控制之最佳應用領域。本書之目的即在提供機器人系統之運動控制的基本工作原理、理論分析、設計與應用實務技術。

　　機械臂影像伺服控制雖然已發展四十多年且為技術相當成熟的研究領域，但是此技術的應用處處可見。例如，自動化機器的視覺檢測、監控系統的視覺追蹤、自主移動機器人、無人自駕車或無人機的視覺導航等等不勝枚舉。簡而言之，只要具備有視覺感測器，而且工作任務可以定義於動態影像之系統，皆是影像伺服控制可以發揮的領域。加上近年來深度學習的快速發展更進一步，擴展至直接由最前端的影像輸入到最末端的控制決策之解決方法，來處理更為困難的問題。

　　本書機器人控制原理與實務主要的內容在於介紹機器人運動控制的基本原理與實務技術。全書內容共分 12 章，主要以機械臂及移動機器人為主要課題介紹運動控制的工作原理，適合大學、科大高年級或研究所機器人相關課程的一學期授課教材。本書附有機器人 MATLAB 符號解法範例程式，可以幫助讀者推導較複雜的數學式。

施慶隆、李文猶　編著

編 輯 部 序

　　「系統編輯」是我們的編輯方針，我們所提供給您的，絕不只是一本書，而是關於這門學問的所有知識，它們由淺入深，循序漸進。

　　本書以實用的基本理論為基礎，以深入淺出的方式介紹機器人運動控制的基本知識與原理，其內容可加強機電整合系統多軸運動控制之理論基礎。

　　本書闡述機械臂及機器人的基本工作原理與應用實例。不但適合當大學部高年級和研究所電機、機械系「機器人」或「機電整合」課程之研讀教材及參考資料，亦適合於相關領域研發工程師研讀及參考。

　　同時，為了使您能有系統且循序漸進研習相關方面的叢書，我們以流程圖方式，列出各有關圖書的閱讀順序，以減少您研習此門學問的摸索時間，並能對這門學問有完整的知識。若您在這方面有任何問題，歡迎來函連繫，我們將竭誠為您服務。

相關叢書介紹

書號：03754067
書名：自動控制(第七版)(附部分內容
　　　光碟)
編著：蔡瑞昌.陳維.林忠火
16K/480 頁/550 元

書號：0577803
書名：電機機械(第四版)
編著：胡阿火
16K/456 頁/480 元

書號：06366007
書名：KNRm 智慧機器人控制實
　　　驗(C 語言)(附範例光碟)
編著：宋開泰
16K/224 頁/400 元

書號：06448
書名：電子學(基礎概念)
編著：林奎至.阮弼群
16K/480 頁/650 元

書號：0585103
書名：泛用伺服馬達應用技術
　　　(第四版)
編著：顏嘉男
20K/272 頁/340 元

書號：10465
書名：由淺入深：樂高 NXT
　　　機器人與生醫應用實作
編著：林沛辰.許恭誠.
　　　張家齊.蕭子健
20K/224 頁/280 元

書號：0250402
書名：電機機械(修訂二版)
編著：邱天基.陳國堂
20K/536 頁/420 元

書號：04A92017
書名：機器人與專題製作(附範例光碟)
編著：林健仁
16K/248 頁/390 元

◎上列書價若有變動，請以
　最新定價為準。

流程圖

書號：0577803
書名：電機機械(第四版)
編著：胡阿火

書號：04A92017
書名：機器人與專題製作
　　　(附範例光碟)
編著：林健仁

書號：10465
書名：由淺入深：樂高 NXT
　　　機器人與生醫應用實作
編著：林沛辰.許恭誠.
　　　張家齊.蕭子健

書號：0250402
書名：電機機械(修訂二版)
編著：邱天基.陳國堂

書號：06513007
書名：機器人控制原理與
　　　實務(附範例及部分
　　　內容光碟)
編著：施慶隆.李文猶

書號：10518
書名：工業機器手臂控制實務
編著：陳茂璋.吳煌壬.洪茂松.
　　　林麗雲.胡家群

書號：06351027
書名：自動化概論－PLC 與
　　　機電整合丙級術科試題
　　　(第三版)(附範例光碟)
編著：蘇嘉祥.宓哲民

書號：0429702
書名：機電整合
編著：郭興家

書號：06466007
書名：可程式控制快速進階篇
　　　(含乙級機電整合術科
　　　解析)(附範例光碟)
編著：林懌

目 錄

CHAPTER **1**

機器人運動控制簡介

■ 1.1　機器人簡介

　　機器人 Robot 一詞首次於 1920 年出現於捷克作家 Karel Capek 撰寫的科幻劇本 Rossum's Universal Robots。他將捷克字 Robota 寫成 Robot 其原意為單調的勞力工作者或者奴隸之意。Webster 字典對機器人 Robot 之定義為「An automatic device that performs functions normally ascribed to human or a machine in the form of a human.」。一般科學家對 Robot 的定義為「機器人是一種高度靈活性的智慧型自動化機器，它具備有與人類或生物相似的動作、感知、協調與規劃能力。」此即說明機器人具有執行作業的手臂及可移動的輪子或腳作為動作機能，感覺作業狀況及周圍環境的感測器以及根據所收集的情報來判斷，決定下一步動作的人工智慧，此三者為構成機器人的要素。此外，因機器人知覺、判斷與決定的能力有限，有時還必須依賴使用者的智慧，所以機器人和操作者之間的訊息連絡機能與人機界面等，亦為一個重要的構成要素。

　　機器人學 Robotics 之目標為結合機械、致動器、感測器及電腦以合成人類(或生物)的動作、感官與思維，為一門實作的科學。一般科學家將機器人學分為機械手臂技術(mechanical manipulation)、移動平台技術(locomotion)、電腦視覺技術(computer vision)以及人工智慧技術(artificial intelligence) 4 個主要領域。它們分別代表人類的雙手、雙足、雙眼及頭腦。視覺為人類 5 種感官，視覺、聽覺、觸覺、嗅覺及味覺中最為重要也最難被合成的。簡單而言，電腦視覺製造出具有人類視覺功能一般的機械視覺。同理，人工智慧製造出具有人類智慧一般的人造物。機器人的種類我們可將其簡單的分類為如表 1-1 所列。

表 1-1　機器人的種類

	機器人的名稱	說明
1	機械臂	串聯連桿機械臂、平行連桿機械臂
2	輪型機器人	二輪、三輪、四輪、六輪機器人
3	坦克履帶型機器人	多用於軍事及外太空用途
4	步行機器人	二足、四足、六足、八足機器人
5	人形機器人	日本本田公司 ASIMO、美國 Boston Dynamics 人形機器人
6	機器動物	機器狗、機器貓、機器魚、機器寵物

　　智慧型機器人是許多專門技術的總成，包括視覺、聽覺、觸覺、嗅覺及如何行動與思考。凡是愈像人類其困難度就愈高，光是要作出類似人類一樣的動作就已經十分的困難。一般動物也具備有類人類的感官與行動能力，故有些機器人研究人員先從模仿動物開始；因此機器人可廣義的解釋爲仿動物的機器。很明顯的，機器寵物比人形機器人要容易實現。智慧型機器人是一種多功能的全自動或半自動仿生物功能的機械裝置，其應用範圍廣泛，未來它將是人類忠實及可信賴的夥伴，也將是人類家庭生活、醫療健康、生活休閒與社會安全的好助手。機器人的應用不勝枚舉，一些具有代表性的應用例如表 1-2 所列。機器人也可作爲人類的輔助器如同穿衣一般，將機器人安裝在人體上使人類不僅可以克服殘疾的問題，更可使得正常人如同神助一般有以往達不到的能力，例如提的更重、跑的更快或者跳的更高。

表 1-2　機器人的應用

	機器人名稱	應用例
1	工業用機器人	焊接、噴漆、輸送物品、裝配、包裝
2	醫療用機器人	看護、復健、外科手術
3	軍事及外太空機器人	戰場探勘、作戰、外太空
4	特殊環境機器人	救災、果園、森林
5	遠端遙控機器人	拆除爆炸物、海底探勘
6	娛樂表演機器人	樂隊合奏、唱歌、相聲、劇場表演
7	家庭服務機器人	個人服務、清潔、看護、保全
8	休閒機器人	人類夥伴、機器寵物
9	清潔機器人	清掃、吸塵、除草

表 1-2　機器人的應用(續)

	機器人名稱	應用例
10	廣泛商用機器人	保全、導覽、接待、送貨、販賣
11	益智教育機器人	教學、棋弈
12	人形機器人	娛樂、服務、保全、人類的好幫手
13	無人駕駛車	運輸、探險
14	人類行動輔助器	移動輔具、移動載具、輪椅機器人

各國機器人的研究重點為如下所列。美國的研究重點：軍事及外太空機器人、人機互動技術、電腦軟硬體、網路技術、控制技術。日本的研究重點：馬達控制、機械手臂、寵物型機器人、人形機器人。歐洲各國的研究重點：微小馬達、無線通訊、控制技術、醫療手術機器人。為何要研究機器人，我們可以將其歸納為下列幾個原因：

(1) 機器人具有挑戰性與實作樂趣。

(2) 機器人為很好的訓練及教育題材。

(3) 機器人具有應用價值及商機。

(4) 訓練機器人成為人類的好幫手。

世界各國研發人員開發高機能機器人所須技術則稱為尖端的機器人技術，具體的項目計有：

(1) 與彈性作業有關的機械臂技術。

(2) 使機械臂靠近作業對象，發揮作業機能的移動技術。

(3) 收集作業狀況、周圍環境、或移動環境等情報的感測技術。

(4) 處理機械臂移動機能及知覺情報等的人工智慧技術。

(5) 為彌補機器人有限的認知能力及判斷能力，須靠人力操控的人機界面技術。

(6) 為保有這些種種機能所須的具體形態同時須動力源內藏，因應各種作業對象所須各種機械 臂的收納場所等的機身技術。

(7) 機器人深度學習。

■ 1.2　機器人系統的組成

　　機器人系統由機器人機構、致動器、控制電腦及感測器所組成，如圖 1-1 所示，機器人與 CNC 之最大差異在於機器人多才多藝不限特定功能而且其工作空間大。致動器為機器人動力輸出的來源。機器人致動器的種類計有電動機伺服馬達、油壓馬達及氣壓馬達。常用於機器人的電動機伺服馬達計有交流伺服馬達、直流伺服馬達、步進馬達。油壓馬達通常用於需大功率場合(諸如建築及農地用途)的大型機器人。氣壓馬達則最常見於自動化工廠生產流程設備。機器人的控制電腦不外乎有 PC、DSP、單晶片微電腦、FPGA、ASIC 等等。

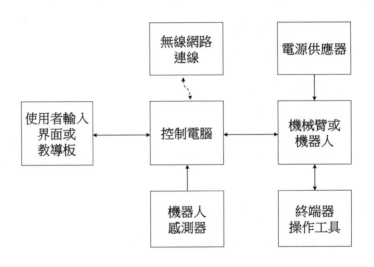

圖 1-1　機器人系統的組成

　　感測器為機器人的應變動作決策的輸入來源。感測器(sensor、transducer)為物理現象的轉換器，將某一物理量轉換為類比訊號或數位訊號的輸出型式以供微電腦讀取。感測器的種類不勝枚舉，我們可將其整理歸納如表 1-3 所示。常見感測器的輸出型式計有開關或開集極、電阻、電壓、電流、脈波寬度調變(PWM)、脈波頻率調變(PFM)或以串列通訊(例如 UART、SPI、I2C)輸出。

表 1-3　機器人感測器的種類

	感測用途	感測器例
1	接觸	微動開關
2	溫度	熱敏電阻
3	光線	光敏電阻、光二極體、光電晶體
4	聲音	麥克風
5	電流	電阻、Hall sensor
6	位移	電位計、LVDT、光學尺
7	角度	A、B 編碼器、數位羅盤
8	轉速	陀螺儀、tachometer
9	加速度	加速計
10	力或力矩	力感測電阻(FSR)、電流、力感測器
11	傾斜	傾斜計、加速計
12	距離	超音波、聲納、紅外線、雷射
13	影像	CCD 照相機、CMOS 影像感測器、彩色攝影機、三維攝影機
14	壓力	load cell、FSR
15	流量	流量計
16	彎曲	彎曲感測器(bend sensor)
17	震動	加速計
18	瓦斯	瓦斯感測器

感測器於機器人的應用十分廣泛，例如觸覺感測(touch sensing)、物體偵測(object detection)、導航(guidance)、偵測火災(fire detection)、運動感測(motion sensor)或重力感測器(gravity sensor)等等。可以應用於機器人觸覺感測器計有微動開關 (micro-switch)、光二極體(photo-LED)、光電晶體(photo-transistor)、變形感測器(strain gauge)、力量感測電阻(FSR)、壓電觸接感測器(piezoelectric touch sensor)及彎曲感測器 (bend sensor)。

可以應用於機器人偵測物體的感測器與應用例不勝枚舉，諸如距離物體偵測感測器(應用例如沿牆面前進、避開障礙物)、紅外線光距離感測器(紅外線光二極體、紅外線光電晶體、電視遙控接收器)、紅外線距離感測器(sharp infrared ranging sensor GP2D12)、被動式紅外線偵測器(應用例如人體感測、溫度感測)、超音波感測器

(ultrasonic transducer)、超音波距離感測器(polaroid 6500 ultrasonic range finder)、接觸偵測(contact detection)、按鈕式或微動開關(plunger switch、micro-switch)、觸鬚加微動開關(whisker、micro-switch)、壓力感測器(pressure Sensor)、遠距離物體偵測(應用例如避開障礙物、偵測目標物)、聲納、雷射、彩色或三維攝影機等等。

機器人導航的方法需要感測系統的配合始能沿黑色膠帶前進(line tracing)、沿牆面前進(wall following)、使用里程計(odometry)、尋找位置座標標的(sight landmarks)、紅外線信號塔(infrared beacon)、RFID (radio frequency identification)、GPS (global positioning satellite)、慣性導航(inertial navigation)、地圖比對(map matching)等等。

機器人火災偵測系統可包括火焰偵測(frame detection)、黑煙偵測(smoke detection and alarm)、熱度偵測(heat detection)及滅火器(fire fighting)。火焰偵測可使用紅外線濾波器及光電晶體,黑煙偵測可使用黑煙警報器、熱度偵測則可使用溫度感測器。

重力感測器計有傾斜感測器(tilt sensor)、加速計(accelerometer)等,可應用於機器人系統的震動偵測(shock and vibration)、動作偵測(motion detection)及遠端遙控(telerobotic control)。

以一個功能完整的家用機器人(home robot)系統為例,其所需要的感測器計有避免碰撞的感測器(ultrasonic ranger、infrared ranger、bumper/contact switch)、影像感測器(雙CCD/CMOS 攝影機)、RGB 彩色攝影機、三維攝影機(3D camera)、機器人電腦溝通(如USB、無線藍芽、無線網路)、遙控感測器(紅外線遙控器、語音控制)、物聯網(IoT)等等。

■ 1.3 機械臂及其影像系統簡介

機械臂控制為研究機器人運動控制的基礎。機械臂依其機構的特性可分類為直角座標機械臂(cartesian manipulator)、圓柱座標機械臂(cylindrical manipulator)、球型座標機械臂(spherical manipulator)、SCARA 機械臂(selective compliance assembly robot arm)、人體型機械臂(anthropomorphic manipulator)及平行連桿型機械臂等等,如圖 1-2 所示。

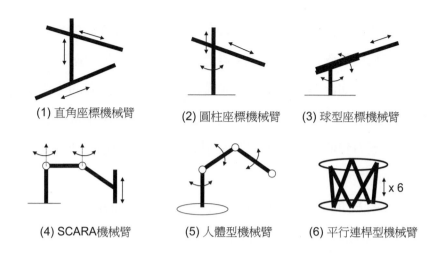

(1) 直角座標機械臂　　(2) 圓柱座標機械臂　　(3) 球型座標機械臂

(4) SCARA機械臂　　(5) 人體型機械臂　　(6) 平行連桿型機械臂

圖 1-2　機械臂機構的分類

　　機械臂的功能與自由度息息相關。一個馬達(活動關節)提供一個自由度，它可作為旋轉軸或平移軸。平面機械臂需要 3 個自由度，而工作於三度空間的機械臂需要 6 個自由度。通常機械臂有 3 個至 6 個自由度(馬達)。若機械臂共有超過 6 個馬達，稱為多餘自由度機器人(redundant robot)。機械臂各部位的名稱與自由度如圖 1-3 所示。機械臂的底座腰部(base waist)、肩膀(shoulder)及手肘(elbow)通常分別有 1 個自由度，機械臂的手腕(wrist)至多有俯仰(pitch)、扭轉(roll)、轉向(yaw)等 3 個旋轉軸自由度，以及機械臂的終端器(end-effector)或工具座台(tool-plate)通常有 1 個自由度。

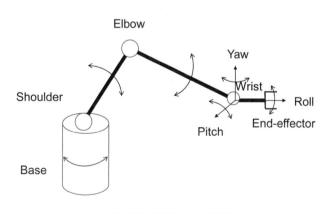

圖 1-3　機械臂各部位的名稱與自由度

　　如同眼睛是人的靈魂之窗，無疑問的影像視覺系統是機器人智慧之窗[1、2]。移動機械臂終端器至設定的參考位置與方位角(pose)，以便操作或抓取工作物是機械臂常見的任務。無視覺系統輔助的機械臂的只能在制式的工作台進行被教導盒所設定的加工或組裝動作。爲達到機械臂的工作目標影像視覺系統爲系統監控及工作誤差回授的理想要件。尤其將相機安置在機械臂終端器上，可近距離且無遮蔽的檢視工作物體的三維空間位置與方位。如此機械臂將可在無需預先設計工件擺置的工作空間中執行任務，例如，抓取堆積在零件箱中的工件(bin-picking)。這種使用相機爲回授元件來控制機械臂終端器位置與方位的控制方法，即稱爲機械臂影像伺服控制(visual servo control of robot manipulator) [3]。

機械臂影像系統的安裝組織(robot-camera configuration)架構分爲眼到手(eye-to-hand)、眼在手(eye-in-hand)及兩者之綜合型。眼到手影像系統將一個或多個相機系統固定於工作空間，眼在手影像系統則將相機安置於機械臂末端處。眼到手影像系統具有工作空間全域性，適合用於以位置爲基礎之影像視覺回授控制系統場合，但需配合精確可靠的相機校正系統。眼在手影像系統只具有工作空間局部性，但同時適合用於影像位置與以影像特徵爲基礎之影像視覺回授控制系統，且較不依賴相機校正程序。眼在手影像系統的另一個優點爲可以只使用一個相機，從不同方向取得多張影像進行三度空間物體的影像辨識、重建與定位；但其缺點爲所需耗費之時間也將大爲增加。同時安裝有眼到手及眼在手影像系統雖可兼具兩者之優勢，但是相機的視角差異大影像資料的融合較爲困難許多，因此兩者影像系統大都是獨立操作供機械臂切換使用。

機械臂影像系統的相機數量以1個至3個相機最爲常見[4]。從影像伺服控制的觀點雙相機系統，在可容許的計算時間內兼具靈活性與強健性，因此應該是最佳的相機安裝個數。機械臂雙相機影像系統可分爲眼到手雙相機系統(eye-to-hand stereo vision)將兩個相機固定於機械臂工作空間的外圍[5]、眼在手雙相機系統(eye-in-hand stereo vision)將兩個相機安裝在機械臂終端器上，以及綜合型眼在手及眼到手各安裝一個相機[6]。

機械臂影像伺服控制雖然已發展四十多年且技術相當成熟的研究領域，此技術的應用處處可見。例如，自動化機器的視覺檢測、監控系統的視覺追蹤、自主移動機器人、無人自駕車或無人機的視覺導行等等不勝枚舉。簡而言之，只要具備有視覺感測器，而且工作任務可以定義於動態影像之系統皆是影像伺服控制可以發揮的領域。加上近年來深度學習(deep learning)的快速發展，更進一步擴展至直接由最前端的影像輸入到最末端的控制決策之解決方法來處理更爲困難的問題。機器人影像深度學習的挑戰包括有學習能力(learning)的挑戰、具體化能力(embodiment)的挑戰及推論能力(reasoning)的挑戰[7]。

■ 1.4　機器人運動控制內容簡介

本書主要的內容在於說明機械臂運動控制的基本工作原理與實務技術。典型的機械臂運動控制系統如圖 1-4 所示，我們將依序介紹說明機械臂及輪型移動機器人運動控制相關的原理如下所列。

(1) PID 控制器設計實務。

(2) 三度空間向量與旋轉。

(3) 座標系統及齊次轉換與透視轉換：建立機械臂與相機的座標系統及相關的轉換矩陣。

(4) 直接運動學與反運動學：建立機械臂各關節角度與終端器於空間位置及方位角之關係。

(5) 微分運動學：建立機械臂各關節角速度與終端器於空間移動速度及旋轉速度之關係。

(6) 機械臂運動規跡規劃：關節座標與直角座標軌跡規劃兩種方法，以及點到點與連續曲線兩種運動軌跡。

(7) 輪型移動機器人速度運動學。

(8) 動力學：建立機械臂各關節力矩與終端器於空間運動加速度及作用力變化之關係。

(9) 機械臂控制學：控制機械臂沿著所規劃的路徑運動。

(10) 機械臂影像伺服。

CHAPTER
1

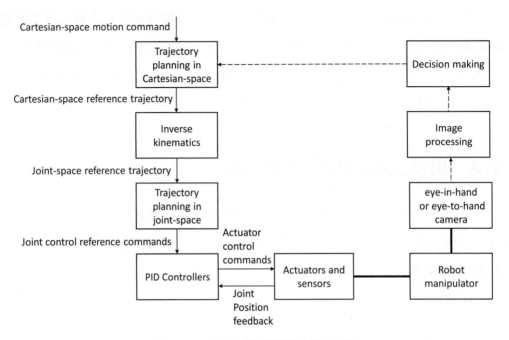

圖 1-4 典型的機械臂運動控制系統

參考文獻

[1] S. Hutchinson, G. Hager and P. Croke, A tutorial on visual servo control, IEEE Trans. on Robotics and Automation, Vol. 12, No. 5, pp. 651-670, 1996.

[2] D. Kragic and I. Christensen, Survey on visual servo for manipulator, Technical Report, 2010.

[3] S.Y. Chen, Y.F. Li and N.M. Kwok, Active vision in robotic systems: a survey of recent developments, The International Journal of Robotics Research, Vol. 30, No. 11, pp. 1343-1377, 2011.

[4] E. Malis, F. Chaumette and S. Boudet, 2-1/2D visual servoing, IEEE Trans. on Robotics and Automation, Vol. 15, No. 2, pp. 238-250, April 1999.

[5] G.D. Hager, W.C. Chang and A.S. Morse, Robot hand-eye coordination based on stereo vision, IEEE Control Systems, pp. 30-39, Feburary, 1995.

[6] G. Flandin, F. Chaumette and E. Marchand, Eye-in-hand / eye-to-hand coorperation for visual servoing, Proceedings of the 2000 IEEE Inter. Conf. on Robotics and Automation, pp. 2741-2746, April 2000.

[7] Niko Sünderhauf and etc., The limits and potentials of deep learning for robotics, International Journal of Robitics Research, Vol. 37, pp. 405-420, 2018.

CHAPTER 1

CHAPTER **2**

單軸 PID 控制器設計實務

◼ 2.1 控制系統特性與性能分析

本章介紹控制系統特性、性能分析以及 PID 控制器的設計步驟。我們以圖 2-1 所示之單位負回授 PID 控制系統為性能分析與設計範例,其中 $G(s)$ 為被控系統、$C(s)$ 為待設計之控制器,並定義系統的回路轉移函數

$$L(s) = C(s)G(s) \tag{2.1}$$

以及閉回路控制系統之轉移函數

$$T(s) = \frac{C(s)G(s)}{1+C(s)G(s)} = \frac{L(s)}{1+L(s)} \; \text{。} \tag{2.2}$$

對一個簡單回授控制系統而言,通常回路轉移函數為控制器、被控系統以及感測器三者之轉移函數的乘積(串接)。在此時回路轉移函數即為開回路控制系統轉移函數。設計運動控制系統的首要條件為一個穩定的系統,穩定系統的必要條件為閉回路控制系統轉移函數 $T(s)$ 之所有極點的實部皆小於零。

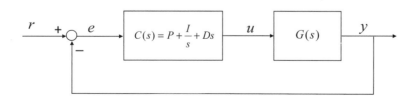

圖 2-1　單位負回授 PID 控制系統

步級響應(step response)為控制系統 $T(s)$ 最常用來測試其時間響應的性能規格 (time responses specifications)。圖 2-2 所示為典型控制系統的步級響應圖，步級響應的規格計有上升時間(rise time) t_r、安定時間(settling time) t_s、超越量(maximum overshoot) MO (%)以及穩態誤差(steady-state error) $e_{ss} = 1 - T(0)$。上升時間 t_r 為系統響應由輸入命令值 10%達到輸入命令值 90%所需的時間；安定時間 t_s 為系統之暫態效應完全衰減至±2% 之內所需的時間。超越量　為系統響應超過其穩態值 $y_{ss} = T(0)$ 之相對最大超越量， $M_p = \dfrac{y_{max} - y_{ss}}{y_{ss}}$ ；此超越量又通常以百分比 $MO = M_p \times 100\%$ 來表示。超越量可作為相對穩定性之參考值；若超越量之值越大，則系統的相對穩定性越低。表 2-1 所列為標準一階及二階控制系統的步級時間響應性能規格。

好的控制系統之時間響應的性能為最短的上升時間(或安定時間)且無超越量及零穩態誤差。系統之阻尼特性代表系統的相對穩定性及安定時間。使步級響應在無超越量條件之下的上升時間(或安定時間)為最短的阻尼特性稱為系統之臨界阻尼 (critical-damped)。阻尼係數 ζ 為系統之阻尼與系統之臨界阻尼之比例值。當阻尼係數小於 1 時，稱為欠阻尼(under-damped)系統；當阻尼係數大於 1 時，稱為過阻尼 (over-damped)系統。系統的阻尼係數與相位界限大致上亦成反比。

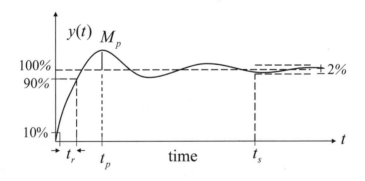

圖 2-2　典型控制系統的步級響應圖

表 2-1　標準一階及二階控制系統的步級時間響應性能規格

$T(s)$	t_r	M_p, $MO = M_p \times 100\%$	t_p	t_s	e_{ss}
$\dfrac{a}{s+a} = \dfrac{1}{1+\tau s}$	$t_r = 2.2\tau$	$M_p = 0$	$t_p = \infty$	$t_s = 3.9\,\tau$	0
$\dfrac{\omega_n^2}{s^2 + 2\zeta\omega_n s + \omega_n^2}$ $0 < \zeta < 1$	$t_r \approx \dfrac{2.2}{\omega_{BW}}$	$M_p = e^{\frac{-\pi\zeta}{\sqrt{1-\zeta^2}}}$ $\zeta = \dfrac{\log M_p^{-1}}{\sqrt{(\log M_p^{-1})^2 + \pi^2}}$	$t_p = \dfrac{\pi}{\omega_n\sqrt{1-\zeta^2}}$ $\omega_n = \dfrac{\pi}{t_p\sqrt{1-\zeta^2}}$	$t_s \approx \dfrac{4}{\zeta\omega_n}$	0

　　頻率響應也是控制系統最常用來測試控制性能好壞的方法。常用的頻率響應的規格計有直流增益(dc-gain)$|T(j0)|$、頻寬 ω_{BW} (bandwidth)以及最大共鳴峰值 M_r (maximum resonant peak)。頻寬 ω_{BW} 的定義為頻率響應大小為直流增益 $|T(j0)|$ 的 $\dfrac{1}{\sqrt{2}}$ (或 -3 dB)時的頻率值，亦即 $|T(j\omega_{BW})| = \dfrac{|T(0)|}{\sqrt{2}}$。頻率響應的最大共鳴峰值 M_r 為頻率響應增益的最大值 $|L(j\omega_r)|$，其頻率稱為共鳴頻率 ω_r，上述之頻率響應規格之示意圖如圖 2-3 所示。頻寬為控制系統頻率響應最重要的特性規格之一。頻寬的大小代表系統響應速度的快慢，它表示系統能夠同步追隨輸入訊號的能力。若控制系統的頻率響應頻寬越大，則控制系統的響應速度越快，步級時間響應的上升時間也越小。另外閉回路時間響應的性能與回路轉移函數頻率響應之增益交越頻率 ω_{cg} (gain crossover frequency)及相位界限(phase margin) PM 亦息息相關。增益交越頻率 ω_{cg} (單位為 rad/sec)為回路轉移函數頻率響應之增益值 $|L(j\omega_{cg})| = 1$ 之頻率。相位界限 PM 為回路轉移函數 $L(s)$ 於頻率為增益交越頻率 ω_{cg} 之相位角加上 180°，$PM = \angle L(j\omega_{cg}) + \pi$。注意，相位界限與增益交越頻率有意義的先決條件是回路轉移函數 $L(s)$ 的所有極點的實部必須小於或等於零。表 2-2 所列為標準一階及二階控制系統的頻率響應性能規格。

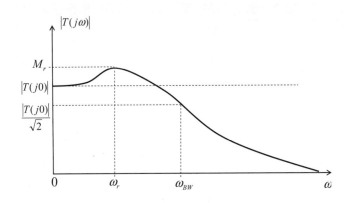

圖 2-3　標準二階系統控制系統的頻率響應圖

表 2-2　標準一階及二階控制系統的頻率響應性能規格

$T(s)=\dfrac{L(s)}{1+L(s)}$	phase margin PM	gain crossover freq. ω_{cg}	bandwidth ω_{BW}	rise-time t_r
$L(s)=\dfrac{a}{s}=\dfrac{1}{\tau s}$	$PM=90°$	$\omega_{cg}=\tau^{-1}$	$\omega_{BW}=\tau^{-1}$	$t_r=\dfrac{2.2}{\omega_{BW}}$
$L(s)=\dfrac{\omega_n^2}{s^2+2\zeta\omega_n s}$ $0<\zeta<1$ (註1)	$PM=\angle L(j\omega_{cg})+\pi$ $\zeta\approx\dfrac{PM°}{100°}$ $M_p\propto PM^{-1}$	$\|L(j\omega_{cg})\|=1$ $t_r\propto\omega_{cg}^{-1}$	$\|T(j\omega_{BW})\|=\dfrac{\|T(j0)\|}{\sqrt{2}}$ $\dfrac{1}{2}\omega_{cg}<\omega_{BW}<2\omega_{cg}$ $\dfrac{1}{2}\omega_{BW}<\omega_{cg}<2\omega_{BW}$	$t_r\approx\dfrac{2.2}{\omega_{BW}}$

註 1：$\omega_{cg}=\sqrt{\sqrt{1+4\zeta^4}-2\zeta^2}\,\omega_n$, $\omega_{BW}=\sqrt{\sqrt{4+4\zeta^4-2\zeta^2}+1-2\zeta^2}\,\omega_n$,

$$PM=\dfrac{2\zeta}{\sqrt{\sqrt{1+4\zeta^4}-2\zeta^2}}$$

　　一個性能良好的運動控制系統需具備有三個基本性能要求：輸出響應速度快、相對穩定性高以及穩態誤差值或軌跡追蹤誤差值小。控制系統的輸出響應速度可使用兩個規格值來規範：閉回路控制系統時間步級響應之上升時間及閉回路控制系統頻率響應之頻寬 ω_{BW}。頻率響應頻寬與時間步級響應上升時間直接成反比，兩者相乘約為常數 2.2，亦即 $t_r\omega_{BW}\cong2.2$。閉回路頻率響應頻寬與開回路頻率響應亦存在有重要的關係。增益交越頻率與閉回路頻率響應頻寬 ω_{BW} 直接成正比，而且頻寬 ω_{BW} 介於增益交越頻率 ω_{cg} 之 1/2 與 2 倍之間，亦即 $\frac{\omega_{cg}}{2} < \omega_{BW} < 2\omega_{cg}$ 或者 $\frac{\omega_{BW}}{2} < \omega_{cg} < 2\omega_{BW}$。

控制系統的相對穩定性可用兩個規格值來規範：(1) 閉回路系統時間步級響應之最大超越量以及(2)閉回路系統之阻尼特性。系統的相對穩定性與阻尼係數 ζ 成正比，阻尼係數又與步級響應超越量 M_p 成反比。當阻尼係數介於 0 與 1 時，$0 < \zeta < 1$，最大超越量之近似值為 $M_p \cong \exp(-\zeta\pi / \sqrt{1-\zeta^2})$；而當阻尼係數大於 1 時，$M_p = 0$。阻尼係數大於 1 時，雖然相對穩定性高但有時會有響應速度過慢的情形；因此理想的控制系統阻尼係數 $0.707 \leq \zeta \leq 1$。控制系統的相對穩定性與回路轉移函數 $L(s)$ 之頻率響應有非常重要的關連。相位界限 PM 與閉回路系統相對穩定性成正比，而且系統之阻尼係數 ζ 約等於相位界限除以100°，亦即 $\zeta \cong PM° / 100°$。理想系統的相位界限為 $60° < PM° < 75°$。

具有穩定性控制系統的穩態誤差之特性與直流增益及積分控制器有密切的關連。考慮如圖 2-4 所示之一個單位負回授線性控制系統，並假設控制系統輸出穩態誤差的來源計有輸入參考常數命令 r、系統外部的未知常數干擾 d 及感測器的未知常數誤差 z。由線性系統的疊加性原理可求得控制系統輸出拉氏轉換 $Y(s)$ 對輸入參考命令拉氏轉換 $R(s)$、外部干擾拉氏轉換 $D(s)$ 以及感測器誤差拉氏轉換 $Z(s)$ 之系統轉移函數分別為 $\frac{Y(s)}{R(s)} = T(s) = \frac{C(s)G(s)}{1+C(s)G(s)}$、$\frac{Y(s)}{D(s)} = W(s) = \frac{G(s)}{1+C(s)G(s)}$ 以及 $\frac{Y(s)}{Z(s)} = -T(s)$。控制系統穩態誤差 e_{ss} 為各項直流增益之和

$$e_{ss} = r - y_{ss} = (1-T(0))r + W(0)d - T(0)z \text{。} \tag{2.3}$$

若回路轉移函數 $L(s)$ 含有積分項，則開回路直流增益 $L(0)$ 為無窮大以及 $T(0) = \frac{L(0)}{1+L(s)} = 1$；因此 $e_{ss} = W(0)d - z$。更進一步，若控制器 $C(s)$ 含有積分項，則控制器直流增益 $C(0) = \infty$、$T(0) = 1$ 以及 $W(0) = \frac{G(0)}{1+C(0)G(0)} = 0$；因此 $e_{ss} = -z$，亦即控制系統可自動的排除外部的未知常數干擾。

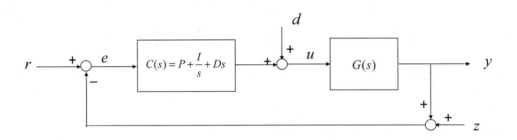

圖 2-4　單位負回授 PID 控制系統及外部的未知常數干擾 d 與感測器的未知常數誤差 z

最後，有關控制系統之響應速度可整理歸納出下列 3 點結論。

結論 1：閉回路系統步級響應上升時間 t_r 與閉回路頻率響應頻寬 ω_{BW} 相乘約為常數 2.2。

結論 2：閉回路頻率響應頻寬 BW 與回路增益交越頻率 ω_{cg} 大約相同並滿足

$$\frac{\omega_{cg}}{2} < \omega_{BW} < 2\omega_{cg} \text{ 。}$$

結論 3：增益交越頻率 ω_{cg} 比頻寬及上升時間容易計算，適合作為 PID 控制器的設計參數。

有關控制系統之相對穩定性亦可整理歸納出下列 3 點結論。

結論 1：相對穩定性與阻尼係數 ζ 成正比，阻尼係數又與步級響應超越量 M_p 成反比。

結論 2：系統阻尼係數 ζ 約等於相位界限 PM (deg.)除以 $100°$，$\zeta \approx \dfrac{PM°}{100°}$。

結論 3：相位界限 PM 比阻尼係數及最大超越量容易計算，適合作為 PID 控制器的設計參數。

有關控制系統輸出響應之穩態誤差可歸納出下列 3 點結論。

結論 1：若回路轉移函數含有積分項，則輸出響應對輸入參考常數命令之穩態誤差為零。

結論 2：若控制器含有積分項，則輸出響應對外部未知常數干擾之穩態誤差為零。

結論 3：控制系統之輸出響應無法排除感測器的未知常數誤差，因此控制精度低於或等於感測器的量測精度。

■ 2.2　設計符合性能規格要求之 PID 控制器

以下說明如何設計 PID 控制器以滿足步級響應穩態誤差 e_{ss}、上升時間 t_r 及最大超越量 $MO\,(\%)$ 之性能規格要求。試考慮如圖 2-1 所示之單位負回授線性控制系統設計問題，其中被控系統 $G(s)$ 為從驅動器輸入端至感測器輸出端之系統轉移函數；PID 控制器 $C(s) = P + \dfrac{I}{s} + Ds$ 之設計步驟為如下所列。

步驟 1：選定 PID、PD 或 PI 控制器其中之一為控制器架構以滿足穩態誤差的要求。

步驟 2：設定可滿足上升時間 t_r 與最大超越量 $MO\,(\%)$ 性能規格要求之回路增益交越頻率 ω_{cg} 與相位界限 PM 的理想值；設計式如圖 2-5 所示。

$$\omega_{BW} = \frac{2.2}{t_r} \tag{2.4}$$

$$\omega_{cg} = \omega_{BW} \tag{2.5}$$

$$M_p = \frac{MO}{100} \tag{2.6}$$

$$\zeta = \frac{\log M_p^{-1}}{\sqrt{(\log M_p^{-1})^2 + \pi^2}} \tag{2.7}$$

$$PM° = 100° \times \zeta\,。 \tag{2.8}$$

步驟 3：設計 PID、PD 或 PI 控制器增益 $P, I, D \geq 0$ 以滿足步驟 2 設定之回路增益交越頻率 ω_{cg} 及相位界限 PM。令 PID 控制器為 $C(s) = P + \dfrac{I}{s} + Ds$，其中 $P, I, D \geq 0$，以及

$$L(s) = C(s)G(s) = (P + \frac{I}{s} + Ds)G(s)\,， \tag{2.9}$$

則我們可得

$$\begin{cases} PM = \angle L(j\omega_{cg}) + \pi = \angle C(j\omega_{cg}) + \angle G(j\omega_{cg}) + \pi \\ \quad |L(j\omega_{cg})| = |C(j\omega_{cg})||G(j\omega_{cg})| = 1 \end{cases}, \tag{2.10}$$

以及

$$\begin{cases} \theta = \angle C(j\omega_{cg}) = PM - \angle G(j\omega_{cg}) - \pi \\ \quad |C(j\omega_{cg})| = |G(j\omega_{cg})|^{-1} \end{cases}; \tag{2.11}$$

故所以

$$C(j\omega_{cg}) = P + j(D\omega_{cg} - \frac{I}{\omega_{cg}}) = |G(j\omega_{cg})|^{-1}(\cos\theta + j\sin\theta) \text{。} \tag{2.12}$$

至此，控制器增益 P, I, D 可以有兩種選擇，

選擇 1：$\theta > 0$，

$$\begin{cases} P = |G(j\omega_{cg})|^{-1}\cos\theta \\ D = \dfrac{1}{\omega_{cg}}(|G(j\omega_{cg})|^{-1}\sin\theta + \dfrac{I}{\omega_{cg}}) \end{cases}, \text{其中} I = \begin{cases} 0 & PD \\ free & PID \end{cases}; \tag{2.13}$$

選擇 2：$\theta < 0$，

$$\begin{cases} P = |G(j\omega_{cg})|^{-1}\cos\theta \\ I = \omega_{cg}(\omega_{cg}D - |G(j\omega_{cg})|^{-1}\sin\theta) \end{cases}, \text{其中} D = \begin{cases} 0 & PI \\ free & PID \end{cases} \text{。} \tag{2.14}$$

步驟 4：若設計之 PID、PD 或 PI 控制器增益可使得閉回路控制系統為穩定且滿足步級響應穩態誤差 e_{ss}、上升時間 t_r 及最大超越量 MO (%)之性能規格要求，則完成控制器設計。否則，微調回路增益交越頻率 ω_{cg} 或相位界限 PM 之設計值然後再重複步驟 3。

上述之 PID 控制器設計公式是基於回路轉移函數 $L(s)$ 的增益交接頻率與相位增益而得到。如圖 2-6 所示，若我們將標準 PID 控制器的微分項 Ds 由前進路徑移到回饋路徑之控制器架構稱為 PI-D 控制器，其回路轉移函數同樣為 $L(s) = (P + Ds + \dfrac{I}{s})G(s)$，因此同樣的 PID 控制器設計公式亦適用於 PI-D 控制器。同理，如圖 2-7 所示，若我們將標準 PID 控制器的比例增益及微分項 $P + Ds$ 由前進路徑移到回饋路徑之控制器架構稱為 I-PD 控制器，其回路轉移函數同樣為 $L(s) = (P + Ds + \dfrac{I}{s})G(s)$，因此同樣的 PID 控制器設計公式也適用於 I-PD 控制器。PID、PI-D 與 I-PD 這 3 種控制器架構具有相同的系統特徵方程式 $\Delta(s) = 1 + (P + Ds + \dfrac{I}{s})G(s) = 0$ 及相同的閉回路極點但各有不同的閉回路零點。這是此 PID 控制器設計方法的一個優點，因為它可適用於不同的 PID 控制器架構；但是這也是它的一個缺點，因為它無法區別不同的 PID 控制器架構有何差異。

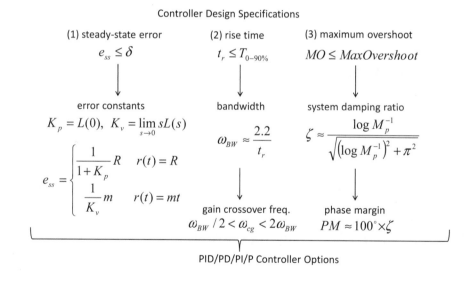

圖 2-5　設計符合性能規格之回路增益交越頻率與相位界限

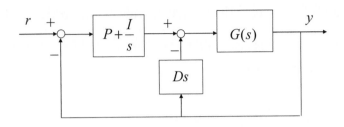

圖 2-6 PI-D 控制器架構

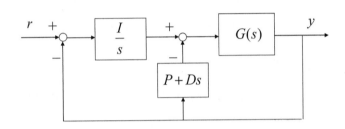

圖 2-7 I-PD 控制器架構

■ 2.3 PID 控制器程式

數位化 PID 控制器 $C(s) = \dfrac{U(s)}{E(s)} = P + \dfrac{I}{s} + Ds$ 之首要步驟為設定控制迴路取樣時間 T_s。工業控制常見取樣時間 T_s 的設定為如下所示:

(1) 馬達電流控制取樣頻率 $\dfrac{1}{T_s}$ 約為 10K～50K Hz。

(2) 馬達速度控制取樣頻率 $\dfrac{1}{T_s}$ 約為 1K～10K Hz。

(3) 馬達位置控制取樣頻率 $\dfrac{1}{T_s}$ 約為 100～1K Hz。

(4) 影像伺服控制取樣頻率 $\dfrac{1}{T_s}$ 約為 10～100 Hz。

2.3.1 PID 控制器數位化型式 1 -- 絕對型式 PID

$$U(s) = (P + \frac{I}{s} + Ds)E(s)$$

上式經尤拉積分及後退差分我們可得

$$u_n = Pe_n + I\left(T_s\sum_{i=1}^{n}e_i\right) + D\frac{e_n - e_{n-1}}{T_s}$$

令 $K_p = P$、$K_i = IT_s$、$K_d = \dfrac{D}{T_s}$，以及 $S_n = \displaystyle\sum_{i=1}^{n}e_i$，

則數位 PID 控制器可數位化為下列二式：

$$S_n = S_{n-1} + e_n$$

$$u_n = K_pe_n + K_d(e_n - e_{n-1}) + K_iS_n \text{。}$$

絕對型式 PID 控制程式為如下所列。

初始化：$e_0 = 0$, $S_0 = 0$

計時器中斷程式(取樣時間)：$n = 1,2,3,\cdots$

$$e_n = r_n - y_n$$
$$S_n = S_{n-1} + e_n$$
$$u = K_pe_n + K_d(e_n - e_{n-1}) + K_iS_n$$
$$u_n = sat(u)$$

上式中 $sat(u)$ 為飽和限制器，$sat(u) = \begin{cases} u_{max} & u > u_{max} \\ u & u_{min} \leq u \leq u_{max} \\ u_{min} & u < u_{min} \end{cases}$ 。

2.3.2　PID 控制器數位化型式 **2** -- 相對(或增量)型式 **PID**

已知數位 PID 控制器

$$u_n = Pe_n + I\left(T_s \sum_{i=1}^{n} e_i\right) + D\frac{e_n - e_{n-1}}{T_s}$$

令 $\Delta u_n = u_n - u_{n-1} = K_p(e_n - e_{n-1}) + K_i e_n + K_d(e_n - 2e_{n-1} + e_{n-2})$

則數位 PID 控制器亦可數位化為增量型式

$$u_n = u_{n-1} + \Delta u_n \quad 。$$

增量型式 PID 控制程式為如下所列。

初始化：$e_{-1} = e_0 = 0$，$u_0 = 0$

計時器中斷程式(取樣時間)：$n = 1, 2, 3, \cdots$

$$e_n = r_n - y_n$$
$$\Delta u = K_p(e_n - e_{n-1}) + K_i e_n + K_d(e_n - 2e_{n-1} + e_{n-2})$$
$$u = u_{n-1} + \Delta u$$
$$u_n = sat(u)$$

■ **2.4**　直流馬達速度 **PID** 控制器設計實例

2.4.1　直流馬達速度控制系統

　　直流馬達控制系統例之被控系統為如圖 2-8 所示之雙輪驅動移動機器人的單獨個別驅動輪。被控系統 $G(s)$ 由直流馬達驅動器(IC)、直流馬達、減速機、負載、光耦合轉速感測器等機電與感測元件串接而成。光耦合轉速感測器的感測範圍 10～200 RPM，速度感測觸發時間與速度成反比，使用乘 4 模式：

x4 mode: $\begin{cases} CW = A\uparrow \cdot \overline{B} + A\downarrow \cdot B + B\uparrow \cdot A + B\downarrow \cdot \overline{A} \\ CCW = A\uparrow \cdot B + A\downarrow \cdot \overline{B} + B\uparrow \cdot \overline{A} + B\downarrow \cdot A \end{cases}$ 。

馬達驅動器採用驅動 IC 為 L289P，輸入為 15KHz PWM 訊號。FPGA DE0-nano 實現離散時間數位 PID 控制器，其功能計有讀取感測訊號、計算 PID 控制訊號、產生 PWM 訊號(0～100%)與主控制器串列通訊等等。速度回授控制之取樣時間為動態式並與速度感測觸發時間相同。直流馬達控制系統方塊圖為如圖 2-9 所示。

直流馬達速度 PID 控制器設計步驟為如下所列。

步驟 1：估算被控系統連續時間轉移函數 $G(s)$。

步驟 2：模擬設計連續時間 PID 控制器 $C(s) = P + \dfrac{I}{s} + Ds$。

步驟 3：FPGA 數位化 PID 控制器。

步驟 4：實測驗證。

(a) 雙輪驅動移動機器人

(b) 馬達驅動 IC L289P

(c) 光耦合轉速感測

(d) 兩組光耦合轉速感測電路

圖 2-8　雙輪驅動移動機器人實體圖及系統輸入輸出元件與訊號

CHAPTER 2

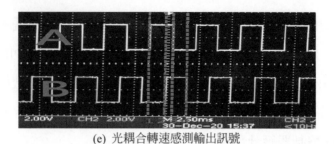

(e) 光耦合轉速感測輸出訊號

圖 2-8 雙輪驅動移動機器人實體圖及系統輸入輸出元件與訊號(續)

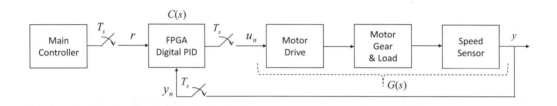

圖 2-9 直流馬達控制系統方塊圖

2.4.2 被控系統轉移函數估測

直流馬達速度控制系統之轉移函數 $G(s)$ 的估測步驟爲如下所列。

步驟 1：產生開回路測試輸入輸出訊號 (u, y) 實驗數據，如圖 2-10 所示。

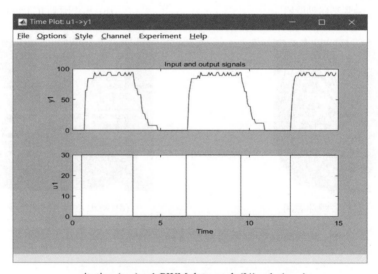

unit: time(sec), u1:PWM duty cycle(%), y1: (rpm)

圖 2-10 開回路測試輸入輸出訊號

步驟 2：使用 MATLAB ident 工具庫估測系統轉移函數。

執行 MATLAB ident GUI，輸入上述之馬達開回路測試實驗數據 (u, y) 然後分別進行連續時間轉移函數 $G(s)$ 的估測。

重覆步驟 2 完成表 2-3 所示之數個轉移函數的估算與比較，如圖 2-11 所示。注意：不同的開回路測試訊號會估測出不同的轉移函數。

表 2-3　連續時間轉移函數 $G(s)$ 估測表

	極點(P)、零點(Z)個數	轉移函數 $G(s)$	吻合度
tr1	P=1, Z=0	$G(s) = \dfrac{9.758}{s+3.054}$	76.3%
tr2	P=2, Z=0	$G(s) = \dfrac{9.028 \times 10^5}{s^2 + 9.248 \times 10^4 s + 2.826 \times 10^5}$ $G(s) \approx \dfrac{9.762}{s+3.0558}$	76.3%
tf3	P=2, Z=1	$G(s) = \dfrac{10.69s + 4.319}{s^2 + 4.052s + 1.277}$	77.9.2%

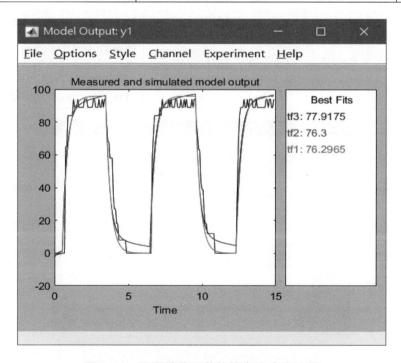

圖 2-11　不同轉移函數估算與吻合度比較

2.4.3 PID 控制器設計與驗證

執行 MATLAB pidtool GUI (參考圖 2-12)，輸入估測的系統轉移函數 $G(s)$，然後設計最佳控制性能的 PID 控制器增益值，並完成控制器增益表 2-4。最後再設計 FPGA PID 控制器程式驗證速度控制性能特性是否符合要求(參考圖 2-13)。

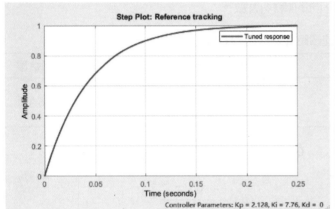

圖 2-12　MATLAB pidtool GUI 設計界面

表 2-4　最佳 PID 控制器增益

PID 控制器	P、I、D 控制器增益	控制性能
PID 控制器	$P = 2.128$ 、 $I = 7.7597$ 、 $D = 0.0$ $PM = 90°$, $\omega_{cg} = 22.7$ rad/sec	Rise Time = 0.0965 seconds Settling Time = 0.171 seconds Max. Overshoot = 0.0111 %

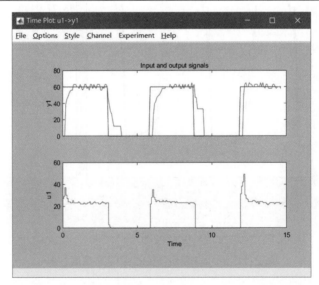

圖 2-13　馬達 PID 速度控制(P = 2.128, I = 7.7597, D=0)之實驗結果，
單位：time(sec) , y1/r1: rpm, u1:duty-cycle(%)

■ 2.5　伺服機位置 PID 控制器數位化增益設計例

2.5.1　伺服機控制系統

伺服機位置 PID 控制器的基本設計架構如圖 2-14 所示,其中比例及積分項置於前進路徑以及微分項置於回授路徑,如此設計比微分項也置於前進路徑有比較小的最大超越量。系統的設計要求為如下所述。位置感測器為 0° 至 300° 的電位計再由 MCU 的 ADC 讀取。角度位置解析度為 0.3° (1024 steps/300°),角度位置控制範圍 0°～300°;位置控制精度為 ±0.9°。位置控制時最大工作電流可調。位置命令曲線為步級位置曲線、等速斜坡位置曲線(上升速度可調,如圖 2-15 所示)、點到點梯形加速/等速/減速位置曲線(加速時間比 0%～50% 及移動時間可調,如圖 2-16 所示)。

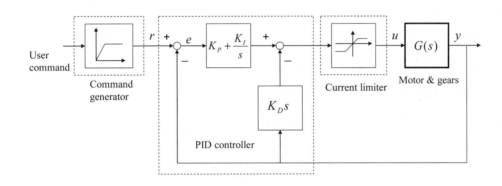

圖 2-14　伺服機 PID 控制系統方塊圖

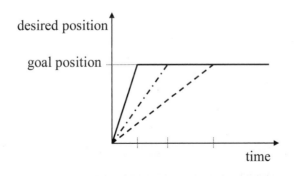

圖 2-15　等速斜坡位置曲線,移動速度可調

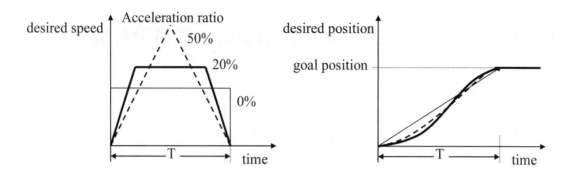

圖 2-16   點到點梯形加速/等速/減速位置曲線，加速時間比及移動時間可調

2.5.2   伺服機 **PID** 控制器數位化增益設計步驟

上一節之 PID 設計方法亦適用於直接設計 PID 數位化增益。首先進行無負載的開回路控制輸入輸出測試如圖 2-17 所示，輸入為馬達 PWM 控制訊號之責任周期 (pwm duty cycle)數值化後之最大最小範圍為(-1023, 1023)，輸出為減速機末端伺服馬達位置數值化後之最大最小範圍為(0, 1023)。經由呼叫 MATLAB 工具庫界面軟體 ident GUI 我們可估測得到離散時間開回路系統轉移函數 $G(z)$，

$G(z) = \dfrac{0.002022}{1 - 1.8181z^{-1} + 0.8184z^{-2}}$，取樣時間 $T_s = 0.01$ sec.。

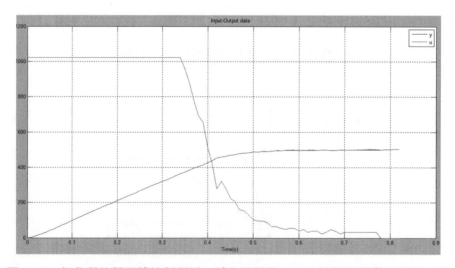

圖 2-17   無負載的開回路控制測試，輸入訊號為 PWM 控制訊號責任周期(u)及輸出訊號為伺服馬達位置(y)

接著再呼叫 MATLAB 工具庫界面軟體 pidtool GUI 來分別選取較佳的比例控制增益 P 以及 PID 控制增益。設計之原則為閉回路系統之步級響應在無最大超越量的條件下有最快的上升速度。圖 2-18 所示之畫面調變(fine tune)較佳的比例控制增益為 $K_p = P = 8.02$。圖 2-19 所示之畫面為調變較佳的數位 PID 控制增益為 $K_p = P = 8.02$、$K_d = DT_s^{-1} = 9.99$ 以及 $K_i = IT_s = 0.017$。

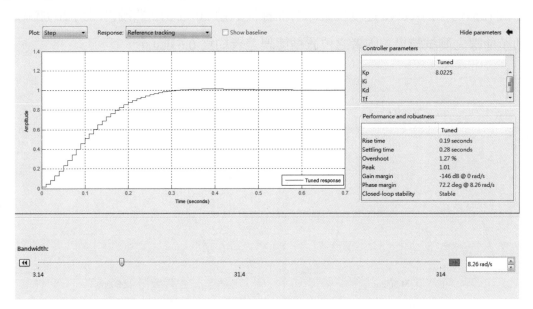

圖 2-18　使用 MATLAB pidtool 調變較佳的比例控制增益

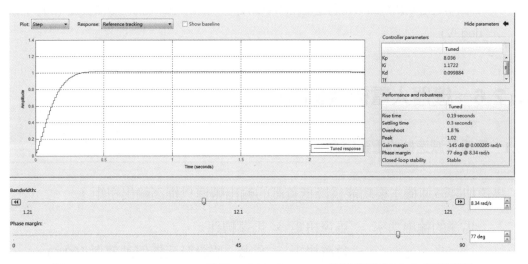

圖 2-19　MATLAB pidtool 使用 MATLAB pidtool 調變較佳的 PID 控制增益

2.5.3　伺服機位置控制測試結果

　　得到上述之數位 PID 控制增益之後我們需要驗證伺服機位置控制測試結果。以下分別進行斜坡至常數位置命令以及 T-curve 速度位置命令曲線之無載位置控制測試。圖 2-20 (1)所示爲位置命令從數值 20 至 512 然後再回到 20 位置軌跡曲線之測試結果。圖 2-20 (2)所示爲 T-curve 速度位置命令曲線從數值 20 至 512 然後再回到 20 加減速位置軌跡曲線之測試結果。兩者之位置穩態誤差皆約爲 0.6 deg.。

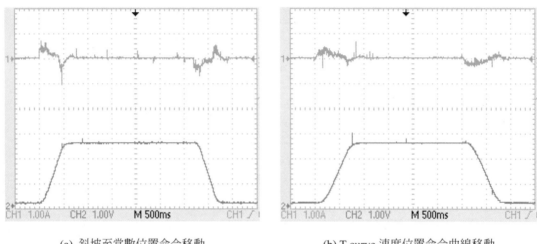

(a) 斜坡至常數位置命令移動　　　　　　　(b) T-curve 速度位置命令曲線移動

圖 2-20　伺服機位置控制測試結果，(a)斜坡至常數位置命令以及(b) T-curve 速度位置命令曲線，各圖中之上圖軌跡曲線爲馬達電流(1A/Grid)，下圖軌跡曲線爲伺服機位置 (205/V 或 66 deg./V)

■ 2.6　機器人電機選配簡介

2.6.1　馬達及減速機的重要觀念

　　馬達加裝減速機主要功能爲降低負載的輸出轉速以提高輸出扭矩。

$$馬達的輸出功率 \ = \ 馬達扭矩 \ \times \ 馬達轉速$$
$$= \ 負載扭矩 \ \times \ 負載 \ (假設減速機傳動效率 \ 100\%)。$$

$$負載扭矩 \ = \ 減速機減速比 \ \times \ 馬達扭矩，\ P = \tau\omega = n\tau\frac{\omega}{n}。$$

負載轉速 ＝ 馬達轉速 ÷ 減速機減速比。

馬達最佳輸出功率(額定功率) ＝ 額定扭矩 × 額定轉速

≒ (最大扭矩 ÷ 2) × (最高轉速 ÷ 2)。

馬達輸出轉矩取決於負載的大小，馬達輸出轉矩是爲了對抗負載而存在。

負載相對於馬達的轉動慣量 ＝ 負載轉動慣量 ÷ 減速機減速比 ^{2}。

最大加速度達成條件(最佳負載匹配) ＝ 負載轉動慣量 ÷ 減速機減速比 ^{2}
＝ 馬達轉動慣量。

最佳減速機減速比 $=\sqrt{\dfrac{負載轉動慣量}{馬達轉動慣量}}$ ， $n=\sqrt{\dfrac{I_{load}}{I_{motor}}}$ 。

理解機電系統常使用的物理單位。例如，如何理解下列之工程敘述文句：

例 2-1

一台效率 η 爲 70% 的馬達運轉在 3000rpm 轉速時，可以產生 3.89kgcm 的轉矩來帶動物體運動，此時馬達的輸出功率 P 爲 120W，假設馬達的供應電壓爲單相 AC220V，則由電能所供應的電流爲 0.779A。

解答

1 kgcm = 9.8 × 10$^{(-2)}$ Nm

1 hz = 60 rpm = 2π rad/sec

1 W = 1 Volt × 1 Amp = 1 Nm × 1 rad/sec

1 hp = 746 W

torque = 3.89 kgcm = 3.89 × 9.8 × 10$^{(-2)}$ = 0.3812 Nm

angular speed = 3000 rpm = 2π × 3000 ÷ 60 = 314.16 rad/sec

output_power = 0.3812 × 314.16 = 119.758 W

input_power = output_power / efficiency = 119.758 W ÷ 0.7 = 171.428 W

motor current = 171.428 W ÷ 220 V = 0.779 A。

CHAPTER 2

2.6.2 機械系統常見傳動元件

機械系統之阻尼特性分為低阻尼、過阻尼、臨界阻尼系統。

機械元件皆有自然共振頻率

$$f = \frac{1}{2\pi}\sqrt{\frac{k}{m}}$$

k 為彈簧力常數、m 為質量。

齒輪用來改變旋轉速度及扭矩以配合馬達及負載，並傳遞動力。

正齒輪之齒與齒之間是滾動而非滑動，所以摩擦力在齒輪組之間非常小。

皮帶為低成本的動力傳送方式，優點有噪音低、不需潤滑以及維修費低。

皮帶輪結構：致動馬達、主動輪、從動輪及傳送動力之皮帶(V 型、平坦型、時規齒型皮帶)。

鏈條為兩輪軸間的動力傳送方式之一，通常用於兩輪軸間距離長且需精確速度比之場合。

2.6.3 馬達選用的基本概念

估算馬達所要承受的負載轉矩及負載慣量

馬達額定輸出功率 = 馬達額定轉矩 × 馬達額定轉速，$P = \tau \omega$。

馬達由靜止至額定轉速的加速度 α 所需的力矩，$\tau = (J_{motor} + J_{load})\alpha$。

圓柱負載轉動慣量(直徑 D 及長度 L)

$$J_{load} = \frac{1}{2}mr^2 = \frac{1}{2}\rho V r^2 = \frac{1}{2}\rho \frac{\pi D^2}{4} L \frac{D^2}{4} = \frac{\pi}{32}\rho L D^4 。$$

通常負載轉動慣量 J_{load} 小於 3～5 倍馬達轉子慣量 J_{motor}。

馬達能量轉換(傳動)效率 η，$0 < \eta < 1$；馬達選用安全係數通常為 0.7。

2.6.4　馬達種類的選用

步進馬達與伺服馬達之比較可參考表 2-5。

步進馬達：2 相步進馬達、3 相步進馬達、5 相步進馬達。

伺服馬達：DC 伺服馬達、DC 無刷伺服馬達、AC 同步伺服馬達。

表 2-5　步進馬達與伺服馬達之比較

馬達	長處	短處
2 相步進馬達、1/4000…	• 驅動電路價廉 • 系統構成簡單 • 分解能 1/200、1/400、1/800	• 扭矩不均較大→需振動對策 (尤其在低轉數時) • 中、高速驅動時，需有適當的加減速安排(因高速領域時扭矩降低→有滑步的危險) • 須注意馬達發熱的問題
5 相步進馬達 DC 伺服馬達	與 2 相馬達比較 • 回轉比較平順 • 低振動 • 高分解能 1/500、1/1000、1/1500、1/10000 • 高速應答 • damping 特性低	• 因高速領域時扭矩降低→有滑步的危險 • 須注意馬達發熱的問題
DC 伺服馬達 AC 伺服馬達	• 低振動 • 高速、高應答 • 藉解碼器做位置確認不必擔心有滑步的問題 • 可在性能的極限狀態下使用(最大扭矩=額定扭矩的數倍) • 高分解能(藉解碼器與遞倍電路可分解至 1/1000、1/2000、1/4000)	• 馬達驅動電路的價格較高 • 若馬達屬有碳刷式則有碳刷壽命及磨耗粉汙染問題 • 高加減速、高負載工作頻繁時，須注意馬達的發熱問題

來源：GMT GLOBAL INC.

參考文獻

[1] Katsuhiko Ogata, Modern control engineering, Fifth Edition, 2010.

[2] Karl J. Åström and Tore Hägglund, PID controllers, 2nd Edition, Instrument of America, 1995.

[3] G. P. Liu and S. Daley, Optimal-tuning PID control for industrial systems, Control Engineering Practice, Vol. 9, pp. 1185-1194, 2001.

[4] S. Chakraborty, S. Ghosh, and A. K. Naskar, I-PD controller for integrating plus time-delay processes, IET Control Theory Application, Vol. 11, Iss. 17, pp. 3137-3145, 2017.

[5] How to choose an actuator for your robot? (robocademy.com)

CHAPTER **3**

三度空間向量與旋轉

■ 3.1 三度空間向量與向量乘積

剛體於三度空間的運動或者剛體與剛體之間的空間轉換共有 6 個自由度，分別為 3 個平移自由度與 3 個旋轉自由度。本章綜合整理三度空間向量與三度空間旋轉的表示法與矩陣使用特性。

3.1.1 三度空間向量

三度空間行向量(column vector) $x = \begin{bmatrix} x_1 \\ x_2 \\ x_3 \end{bmatrix}$, $x_1, x_2, x_3 \in R$ or $x \in R^3$;

三度空間列向量(row vector) $x^T = [x_1, x_2, x_3]$。

定義：向量範數(vector norm) p-norm

$\|x\|_p = (|x_1|^p + |x_2|^p + \cdots)^{1/p}$, $x \in R^n$, $p = 1, 2, \cdots$

1-norm： $\|x\|_1 = |x_1| + |x_2| + \cdots$;

2-norm： $\|x\|_2 = \sqrt{|x_1|^2 + |x_2|^2 + \cdots}$;

inf-norm： $\|x\|_\infty = \max\{|x_1|, |x_2|, \cdots\}$。

三度空間向量長度(vector length) $\|x\| = \|x\|_2 = \sqrt{x_1^2 + x_2^2 + x_3^2}$,

單位向量(unity vector) $k = \dfrac{x}{\|x\|} = \dfrac{1}{\sqrt{x_1^2 + x_2^2 + x_3^2}} \begin{bmatrix} x_1 \\ x_2 \\ x_3 \end{bmatrix}$ 。

向量的基本運算 $x, y \in R^3$, $z \in R^3$

    (1)　向量的加法與減法(addition/subtraction of vectors): $z = x \pm y$

    (2)　向量的純量乘法(multiplication of a vector by a scalar): $z = \alpha x$, $\alpha \in R$

    (3)　向量的線性組合(linear combination of vectors): $z = \alpha x + \beta y$, $\alpha, \beta \in R$ 。

多個向量的線性獨立性(linear independent and linear dependent of vectors)

一組向量 $\{v_{1,2} v_2, \cdots, v_n\}$ 稱為線性獨立性(linear independent of vectors)：

$$\alpha_1 v_1 + \alpha_2 v_2 + \cdots + \alpha_n v_n = 0, v_i \in R^3, \text{ 若且為若(iff)} \quad \alpha_1 = \alpha_2 = \cdots = \alpha_n = 0 \text{ 。}$$

標準基底(standard basis)： $e_1 = \begin{bmatrix} 1 \\ 0 \\ 0 \end{bmatrix}$, $e_2 = \begin{bmatrix} 0 \\ 1 \\ 0 \end{bmatrix}$, $e_3 = \begin{bmatrix} 0 \\ 0 \\ 1 \end{bmatrix}$,

單位矩陣(identity matrix) $I = \begin{bmatrix} e_1 & e_2 & e_3 \end{bmatrix} = \begin{bmatrix} 1 & 0 & 0 \\ 0 & 1 & 0 \\ 0 & 0 & 1 \end{bmatrix}$

向量的線性組合表示法(represent a vector by linear combination of vectors)：

$$v = \alpha_1 v_1 + \alpha_2 v_2 + \alpha_3 v_3, \; v, v_i \in R^3, \; \alpha_i \in R$$

向量與基底座標的轉換(direct and inverse transformations of basis vectors)：

$$v = x_1 v_1 + x_2 v_2 + x_3 v_3 = \begin{bmatrix} v_1 & v_2 & v_3 \end{bmatrix} \begin{bmatrix} x_1 \\ x_2 \\ x_3 \end{bmatrix} = Ax , \tag{3.1}$$

$$\begin{bmatrix} x_1 \\ x_2 \\ x_3 \end{bmatrix} = A^{-1} v = \begin{bmatrix} v_1 & v_2 & v_3 \end{bmatrix}^{-1} v \text{ 。} \tag{3.2}$$

3.1.2　向量內積

定義：三度空間向量內積(inner product or scalar product) $x \cdot y \in R$，$x, y \in R^3$

$$x \cdot y = x^T y = \begin{bmatrix} x_1 & x_2 & x_3 \end{bmatrix} \begin{bmatrix} y_1 \\ y_2 \\ y_3 \end{bmatrix} = x_1 y_1 + x_2 y_2 + x_3 y_3 = \|x\| \, \|y\| \cos\theta \text{，} \quad (3.3)$$

向量夾角：三度空間向量 $x, y \in R^3$ 向量夾角 $\theta = \angle(x, y)$，其中 $\cos\theta = \dfrac{x \cdot y}{\|x\| \, \|y\|}$。

向量內積具有互換性：$x \cdot y = y \cdot x$。

向量內積與長度：$x \cdot x = x_1^2 + x_2^2 + x_3^2 = \|x\|^2$

平行向量(parallel vectors)：$x, y \in R^3$

　　若 $|x \cdot y| = \|x\| \, \|y\|$，則 $x = \alpha y$，$\alpha \neq 0$ 以及向量的夾角 $\theta = \angle(x, y) = 0, \pi$。

垂直向量(orthogonal vectors)：$x, y \in R^3$

　　若 $x \cdot y = 0$，則 $x \perp y$ 以及向量的夾角 $\theta = \angle(x, y) = \pm\pi/2$。

3.1.3　向量叉積

定義：三度空間向量叉積(cross product or vector product) $v = x \times y \in R^3$，$x, y \in R^3$

$$v = x \times y = \begin{bmatrix} x_2 y_3 - x_3 y_2 \\ x_3 y_1 - x_1 y_3 \\ x_1 y_2 - x_2 y_1 \end{bmatrix} = \begin{bmatrix} 0 & -x_3 & x_2 \\ x_3 & 0 & -x_1 \\ -x_2 & x_1 & 0 \end{bmatrix} \begin{bmatrix} y_1 \\ y_2 \\ y_3 \end{bmatrix} = Ay, \quad (3.4)$$

其中 $A = \begin{bmatrix} 0 & -x_3 & x_2 \\ x_3 & 0 & -x_1 \\ -x_2 & x_1 & 0 \end{bmatrix}$；

因此，向量叉積可表示為矩陣乘以向量之線性轉換 $v = x \times y = Ay$。

特性 1：向量叉積只定義於三度空間向量。

特性 2：$\|x \times y\| = \|x\| \ \|y\| \ |\sin\theta|$, $\theta = \angle(x, y)$ 。

特性 3：$x \times y = -y \times x$ 。

特性 4：$x \times x = 0$ 。

特性 5：$x \cdot (x \times y) = y \cdot (x \times y) = 0$ 。

　　　　因此，$x \times y \perp \{x, y\}$ 。

特性 6：$x \times (x \times y) \perp x, \ x \times y$ 。

　　　　因此，$\{x, \ x \times y, \ x \times (x \times y)\}$ 形成一組正交基底向量(orthogonal basis)。

3.1.4　向量外積

定義：向量外積(outer product or matrix product) $xy^T \in R^{3 \times 3}$, $x, y \in R^3$

$$xy^T = \begin{bmatrix} x_1 \\ x_2 \\ x_3 \end{bmatrix} \begin{bmatrix} y_1 & y_2 & y_3 \end{bmatrix} = \begin{bmatrix} x_1 y_1 & x_1 y_2 & x_1 y_3 \\ x_2 y_1 & x_2 y_2 & x_2 y_3 \\ x_3 y_1 & x_3 y_2 & x_3 y_3 \end{bmatrix} \neq yx^T, \quad x, y \in R^3 \ 。 \tag{3.5}$$

向量的投影(projection of a vector onto an axis)：$x, y \in R^3$

$$proj(x, y) = \frac{x \cdot y}{\|y\|} = \frac{x_1 y_1 + x_2 y_2 + x_3 y_3}{\sqrt{y_1^2 + y_2^2 + y_3^2}} \tag{3.6}$$

$$proj(y, x) = \frac{y \cdot x}{\|x\|} = \frac{x_1 y_1 + x_2 y_2 + x_3 y_3}{\sqrt{x_1^2 + x_2^2 + x_3^2}} \neq proj(x, y)$$

投影向量(projection vector)：$x, y \in R^3$

$$p = proj(x, y) \frac{y}{\|y\|} = \frac{x \cdot y}{\|y\|} \frac{y}{\|y\|} = \frac{y}{\|y\|} \frac{y \cdot x}{\|y\|} = \frac{y \, y^T}{y^T y} x = Px, \ p \in R^3, \quad P = \frac{y \, y^T}{y^T y} \ ,$$

$$q = proj(y, x) \frac{x}{\|x\|} = \frac{x \, x^T}{x^T x} y = Py, \quad q \in R^3, \quad P = \frac{x \, x^T}{x^T x} \ 。$$

定義：投影矩陣(projection matrix)爲滿足 $A^2 = A$ 條件之正矩陣(square matrix)，

$A \in R^{n \times n}$。

若 $A^2 = A$，則 $A = A^k$，$k = 2,3,\cdots$。

矩陣 $P = \dfrac{x\,x^T}{x^T x}$，$x \in R^3$ 爲投影矩陣，驗證 $P^2 = \dfrac{x\,x^T}{x^T x}\dfrac{x\,x^T}{x^T x} = \dfrac{x\,(x^T x)\,x^T}{(x^T x)(x^T x)} = \dfrac{x\,x^T}{x^T x} = P$。

3.1.5　3個三度空間向量的純量乘積

定義：3 個三度空間向量的純量乘積(scalar triple product) $V = (x \times y) \cdot z$，$x, y, z \in R^3$，

$V \in R$，

$$V = (x \times y) \cdot z = (y \times z) \cdot x = (z \times x) \cdot y = \det(A) = \det(A^T), \tag{3.7}$$

上式中 $A = \begin{bmatrix} x & y & z \end{bmatrix} = \begin{bmatrix} x_1 & y_1 & z_1 \\ x_2 & y_2 & z_2 \\ x_3 & y_3 & z_3 \end{bmatrix}$,

$$A^T = \begin{bmatrix} x & y & z \end{bmatrix}^T = \begin{bmatrix} x^T \\ y^T \\ z^T \end{bmatrix} = \begin{bmatrix} x_1 & x_2 & x_3 \\ y_1 & y_2 & y_3 \\ z_1 & z_2 & z_3 \end{bmatrix}。$$

$|V|$ 等於由 3 個邊緣向量 $x, y, z \in R^3$ 所構成之六面體的體積(volume of three edge vectors)。

3 個三度空間向量的純量乘積 $(x \times y) \cdot z$ 可以用來計算矩陣 $A \in R^{3 \times 3}$ 的行列式(determinant)、反矩陣(matrix inverse) A^{-1} 以及解線性方程式 $A x = b$。

定義矩陣 $A \in R^{3 \times 3}$ 及向量 $b, x \in R^3$ 分別爲

$$A = \begin{bmatrix} a_{11} & a_{12} & a_{13} \\ a_{21} & a_{22} & a_{23} \\ a_{31} & a_{32} & a_{33} \end{bmatrix} = \begin{bmatrix} c_1 & c_2 & c_3 \end{bmatrix} = \begin{bmatrix} r_1^T \\ r_2^T \\ r_3^T \end{bmatrix}, \ b = \begin{bmatrix} b_1 \\ b_2 \\ b_3 \end{bmatrix}, \ x = \begin{bmatrix} x_1 \\ x_2 \\ x_3 \end{bmatrix};$$

CHAPTER 3

(1)　矩陣 $A \in R^{3\times3}$ 行列式 $\det(A)$ 可表示為

$$\det(A) = c_1 \times c_2 \cdot c_3 = c_2 \times c_3 \cdot c_1 = c_3 \times c_1 \cdot c_2$$
$$= r_1 \times r_2 \cdot r_3 = r_2 \times r_3 \cdot r_1 = r_3 \times r_1 \cdot r_2 \ ; \tag{3.8}$$

(2)　矩陣 $A \in R^{3\times3}$ 之反矩陣可表示為

$$A^{-1} = \frac{1}{\det(A)} adj(A) = \frac{1}{r_1 \cdot (r_2 \times r_3)}[r_2 \times r_3 \quad r_3 \times r_1 \quad r_1 \times r_2] \ 。 \tag{3.9}$$

$$【註解】\ AA^{-1} = \begin{bmatrix} r_1^T \\ r_2^T \\ r_3^T \end{bmatrix} A^{-1} = \begin{bmatrix} r_1^T \\ r_2^T \\ r_3^T \end{bmatrix}[u_1 \quad u_2 \quad u_3] = \begin{bmatrix} 1 & 0 & 0 \\ 0 & 1 & 0 \\ 0 & 0 & 1 \end{bmatrix}$$

(3)　矩陣方程式 $Ax = b$，$A \in R^{3\times3}$ 之公式解可表示為

$$x = A^{-1}b = \frac{1}{r_1 \cdot (r_2 \times r_3)}[r_2 \times r_3 \quad r_3 \times r_1 \quad r_1 \times r_2]b$$
$$= \frac{b_1(r_2 \times r_3) + b_2(r_3 \times r_1) + b_3(r_1 \times r_2)}{r_1 \cdot (r_2 \times r_3)} \ 。 \tag{3.10}$$

(4)　Cramer 公式求解線性方程式 $Ax = [c_1 \quad c_2 \quad c_3]x = b$ 之公式解亦可表示為

$$x_1 = \frac{\det([b \quad c_2 \quad c_3])}{\det(A)} = \frac{b \cdot c_2 \times c_3}{c_1 \cdot c_2 \times c_3},$$

$$x_2 = \frac{\det[c_1 \quad b \quad c_3]}{\det(A)} = \frac{b \cdot c_3 \times c_1}{c_2 \cdot c_3 \times c_1},$$

$$x_3 = \frac{\det([c_1 \quad c_2 \quad b])}{\det(A)} = \frac{b \cdot c_1 \times c_2}{c_3 \cdot c_1 \times c_2} \ 。$$

3.1.6　3 個三度空間向量的向量乘積(vector triple products)

(1)　證明　$v = x \times (y \times z) = (x \cdot z)y - (x \cdot y)z$，$x, y, z \in R^3$

∵ $x \times (y \times z) \perp y \times z$，∴ $x \times (y \times z) \in span\{y, z\}$，$v = x \times (y \times z) = c_1 y + c_2 z$.

∵ $x \times (y \times z) \perp x$，∴ $x \cdot v = c_1 x \cdot y + c_2 x \cdot z = 0$，$c_1 = x \cdot z$，$c_2 = -x \cdot y$.

(2) 證明　$x \times (y \times z) \neq (x \times y) \times z$，$x, y, z \in R^3$

$x \times (y \times z) = (x \cdot z)y - (x \cdot y)z$

$(x \times y) \times z = -z \times (x \times y) = (z \cdot x)y - (z \cdot y)x \neq (x \cdot z)y - (x \cdot y)z$。

(3) 證明　$p = (v \cdot p)v - v \times (v \times p)$，$p, v \in R^3$，$\|v\| = 1$.

∵　$v \times (v \times p) = (v \cdot p)v - (v \cdot v)p = (v \cdot p)v - p$，

∴　$p = (v \cdot p)v - v \times (v \times p)$。

3.1.7　相互基底與單位正交基底

叉積的另一個重要應用為建立一組線性獨立基底的相互基底(reciprocal basis)。已知一組線性獨立的基底 $v_1, v_2, v_3 \in R^3$，則存在有另一組線性獨立的相互基底 $u_1, u_2, u_3 \in R^3$，使得 $v_i \cdot u_j = v_i^T u_j = \delta_{i,j} = \begin{cases} 1 & i = j \\ 0 & i \neq j \end{cases}$。首先令 $u_1 = \alpha_1 v_2 \times v_3$，則滿足 $u_1 \cdot v_2 = u_1 \cdot v_3 = 0$，另需滿足 $u_1 \cdot v_1 = \alpha_1 v_1 \cdot v_2 \times v_3 = 1$；因此，$\alpha_1 = \dfrac{1}{v_1 \cdot v_2 \times v_3}$，故所以 $u_1 = \dfrac{v_2 \times v_3}{v_1 \cdot v_2 \times v_3}$。

同理可得，

$$u_2 = \alpha_2 v_3 \times v_1 = \frac{v_3 \times v_1}{v_2 \cdot v_3 \times v_1}$$

以及

$$u_3 = \alpha_3 v_1 \times v_2 = \frac{v_1 \times v_2}{v_3 \cdot v_1 \times v_2}。$$

上述之相互基底條件的矩陣表示式為 $\begin{bmatrix} v_1^T \\ v_2^T \\ v_3^T \end{bmatrix} [u_1 \quad u_2 \quad u_3] = I$；令 $A = [v_1 \quad v_2 \quad v_3]$，則上式可表示為 $A^T [u_1 \quad u_2 \quad u_3] = I$。因此，相互基底 $[u_1 \quad u_2 \quad u_3] = A^{-T}$ 以及

$$A^{-T} = \frac{1}{v_1 \cdot (v_2 \times v_3)} [v_2 \times v_3 \quad v_3 \times v_1 \quad v_1 \times v_2]。 \tag{3.11}$$

若 $v_1, v_2, v_3 \in R^3$ 為單位正交基底(orthonormal basis)，並令 $A = \begin{bmatrix} v_1 & v_2 & v_3 \end{bmatrix}$，則

$$A^T A = \begin{bmatrix} v_1 & v_2 & v_3 \end{bmatrix}^T \begin{bmatrix} v_1 & v_2 & v_3 \end{bmatrix} = \begin{bmatrix} v_1^T \\ v_2^T \\ v_3^T \end{bmatrix} \begin{bmatrix} v_1 & v_2 & v_3 \end{bmatrix} = \begin{bmatrix} 1 & 0 & 0 \\ 0 & 1 & 0 \\ 0 & 0 & 1 \end{bmatrix} = I,$$

因此，$A^{-1} = A^T$。

定義：正交矩陣(orthogonal matrix)為滿足 $A^{-1} = A^T$ 條件之正矩陣，$A \in R^{n \times n}$。

正交基底 $\{v_1, v_2, v_3\}$ 之相互基底為本身，$\begin{bmatrix} u_1 & u_2 & u_3 \end{bmatrix} = A^{-T} = A = \begin{bmatrix} v_1 & v_2 & v_3 \end{bmatrix}$。因此，單位正交基底與其相互基底為同一組基底。

結論：矩陣 A 之行向量的相互基底為反矩陣 A^{-1} 之列向量；同理，矩陣 A 之列向量的相互基底為反矩陣 A^{-1} 之行向量。

3.1.8 反對稱矩陣

定義：對稱矩陣(symmetric matrix)為滿足 $A = A^T$ 條件之正矩陣，$A \in R^{n \times n}$。

定義：反對稱矩陣(skew-symmetric matrix 或 skew matrix)為滿足 $A = -A^T$ 條件之正矩陣。

【註解】任何一個正矩陣 $A \in R^{n \times n}$ 可以拆解為對稱矩陣 T 與反對稱矩陣 S 相加。

$$令 A \in R^{n \times n}, \quad A = \frac{A + A^T}{2} + \frac{A - A^T}{2} = T + S, \quad T = \frac{A + A^T}{2} = T^T,$$

$$S = \frac{A - A^T}{2} = -S^T。$$

令三度空間向量 $t, p \in R^3$，$t = \begin{bmatrix} x \\ y \\ z \end{bmatrix}$，$p = \begin{bmatrix} a \\ b \\ c \end{bmatrix}$，向量叉積 $t \times p$ 可表示為反對稱矩陣 $S \in R^{3 \times 3}$ 與三度空間向量 p 之矩陣相乘，$t \times p = Sp$，如下所示：

$$t \times p = \begin{bmatrix} x \\ y \\ z \end{bmatrix} \times \begin{bmatrix} a \\ b \\ c \end{bmatrix} = \begin{bmatrix} yc - zb \\ za - xc \\ xb - ya \end{bmatrix} = \begin{bmatrix} 0 & -z & y \\ z & 0 & -x \\ -y & x & 0 \end{bmatrix} \begin{bmatrix} a \\ b \\ c \end{bmatrix} = Sp,$$

$$S = [t \times] = \begin{bmatrix} 0 & -z & y \\ z & 0 & -x \\ -y & x & 0 \end{bmatrix} \circ$$

反對稱矩陣 $S = [t \times] \in R^{3 \times 3}$ 為一個具有特殊特點的矩陣，其特性整理如下。

特性 1： $S^T = -S = [(-t) \times]$， $S + S^T = 0$。

特性 2： $\forall x \in R^3$， $x^T S x = 0$。

特性 3： $S = \begin{bmatrix} 0 & -z & y \\ z & 0 & -x \\ -y & x & 0 \end{bmatrix} = xX + yY + xZ$，其中 $X = [e_1 \times] = \begin{bmatrix} 0 & 0 & 0 \\ 0 & 0 & -1 \\ 0 & 1 & 0 \end{bmatrix}$、

$Y = [e_2 \times] = \begin{bmatrix} 0 & 0 & 1 \\ 0 & 0 & 0 \\ -1 & 0 & 0 \end{bmatrix}$ 以及 $Z = [e_3 \times] = \begin{bmatrix} 0 & -1 & 0 \\ 1 & 0 & 0 \\ 0 & 0 & 0 \end{bmatrix}$

分別為基本反對稱矩陣。

特性 4： $\det(S) = 0$、 $\mathrm{trace}(S) = 0$、 $\mathrm{rank}(S) = 2$，因此反對稱矩陣 S 為一個奇異矩陣。

特性 5：反對稱矩陣的固有值(eigenvalue)及奇異值(singular value)

$$\det(\lambda I - S) = \begin{vmatrix} \lambda & z & -y \\ -z & \lambda & x \\ y & -x & \lambda \end{vmatrix} = \lambda^3 + (x^2 + y^2 + z^2)\lambda = 0，$$

因此，固有值 $\lambda(S) = \{\pm j\sqrt{x^2 + y^2 + z^2}, 0\}$。

奇異值 $\sigma(S) = \sqrt{\lambda(S^T S)} = \{w, w, 0\}$， $w > 0$，

其中 $S^T S = S S^T = \begin{bmatrix} y^2 + z^2 & -xy & -xz \\ -xy & x^2 + z^2 & -yz \\ -xz & -yz & x^2 + y^2 \end{bmatrix}$。

特性 6：令 $UU^T = I$，則 USU^T 亦為反對稱矩陣， $(USU^T)^T = US^T U^T = -USU^T$；

同理， UXU^T, UYU^T, UZU^T 皆為反對稱矩陣。

特性 7： S^2 為對稱矩陣， $S^2 = SS = -SS^T = \begin{bmatrix} -y^2 - z^2 & xy & xz \\ xy & -z^2 - x^2 & yz \\ xz & yz & -x^2 - y^2 \end{bmatrix}$。

特性 8：令 $x^2 + y^2 + z^2 = 1$，則 $S^3 = -S, S^4 = -S^2, S^5 = S, S^6 = S^2, \dots$。

◼ 3.2 三度空間旋轉矩陣

三度空間的旋轉可用一個旋轉矩陣 $R \in R^{3 \times 3}$ 來表示。旋轉矩陣的特性為一個向量 $x \in R^3$ 經旋轉後其長度維持不變，亦即 $\|Rx\| = \|x\|$。旋轉矩陣 $R \in R^{3 \times 3}$ 具有下列基本特性。

(1) 旋轉矩陣的反矩陣等於本身的轉置矩陣 $R^{-1} = R^T$。

由旋轉後其長度不變 $\|Rx\|^2 = (Rx)^T Rx = x^T R^T Rx = x^T x = \|x\|^2$；

因此我們可得 $R^T R = I$ 以及 $RR^T = I$；故所以，$R^{-1} = R^T$。

(2) 兩個向量的內積及夾角旋轉後維持不變。

令 $x, y \in R^3$，則 $(Rx)^T Ry = (Rx)^T Ry = x^T R^T Ry = x^T y$。

(3) 旋轉矩陣 $R \in R^{3 \times 3}$ 只有 3 個自由度(DOF)

令旋轉矩陣 $R = \begin{bmatrix} r_1 & r_2 & r_3 \end{bmatrix} = \begin{bmatrix} r_{11} & r_{12} & r_{13} \\ r_{21} & r_{22} & r_{23} \\ r_{31} & r_{32} & r_{33} \end{bmatrix}$，

需滿足條件 $R^T R = I$ 或者 $r_i^T r_j = \begin{cases} 1 & i = j \\ 0 & i \neq j \end{cases}$，

$i, j = 1, 2, 3$，亦即 $\|r_1\| = \|r_2\| = \|r_3\| = 1$ 以及 $r_1^T r_2 = r_2^T r_3 = r_3^T r_1 = 0$ 共 6 個條件，

因此旋轉矩陣只有 $9 - 6 = 3$ 個自由度。

(4) 旋轉矩陣的行列式 $\det(R) = \pm 1$。

$\det(I) = \det(R^{-1}R) = \det(R^T R) = \det(R^T)\det(R) = \det(R)^2 = 1$，$\det(R) = \pm 1$。

若旋轉矩陣的行向量 $\{r_1, r_2, r_3\}$ 符合右手定則，則 $\det(R) = 1$；反之，

則 $\det(R) = -1$；$\det(R) = \begin{cases} 1 & ccw \\ -1 & cw \end{cases}$。

例如：$R_1 = \begin{bmatrix} e_1 & e_2 & e_3 \end{bmatrix}$，$\det(R_1) = 1$；$R_2 = \begin{bmatrix} e_2 & e_1 & e_3 \end{bmatrix}$，$\det(R_2) = -1$。

(5) 若 $\{r_1, r_2, r_3\}$ 為一組符合右手定則的正交基底向量，則

$r_1 = r_2 \times r_3$, $r_2 = r_3 \times r_1$, $r_3 = r_1 \times r_2$。

【註解】旋轉矩陣與向量叉積密不可分。

(6) 對任何一個向量 $x \in R^3$ 可表示為 $\{r_1, r_2, r_3\}$ 的線性組合

$x = (r_1^T x)r_1 + (r_2^T x)r_2 + (r_3^T x)r_3$。

因為 $RR^T = r_1 r_1^T + r_2 r_2^T + r_3 r_3^T = I$，

$x = Ix = (r_1 r_1^T + r_2 r_2^T + r_3 r_3^T)x = (r_1^T x)r_1 + (r_2^T x)r_2 + (r_3^T x)r_3$。

(7) 基本旋轉矩陣定義為分別對 x 軸(e_1 向量)、y 軸(e_2 向量)及 z 軸(e_3 向量)旋轉之旋轉矩陣符號定義：$c_\theta \equiv \cos\theta$，$s_\theta \equiv \sin\theta$

$$R_x(\theta) = \begin{bmatrix} 1 & 0 & 0 \\ 0 & c_\theta & -s_\theta \\ 0 & s_\theta & c_\theta \end{bmatrix} \text{、} R_y(\theta) = \begin{bmatrix} c_\theta & 0 & s_\theta \\ 0 & 1 & 0 \\ -s_\theta & 0 & c_\theta \end{bmatrix} \text{ 以及 } R_z(\theta) = \begin{bmatrix} c_\theta & -s_\theta & 0 \\ s_\theta & c_\theta & 0 \\ 0 & 0 & 1 \end{bmatrix}。$$

基本旋轉矩陣 $R_x(\theta)$、$R_y(\theta)$ 及 $R_z(\theta)$ 為於三度空間中之平面旋轉，因此只有一個旋轉自由度。例如，XY 平面之向量對 z 軸旋轉，令 $p = \begin{bmatrix} x \\ y \\ z \end{bmatrix} = \begin{bmatrix} r\cos(\alpha) \\ r\sin(\alpha) \\ z \end{bmatrix}$，

則經對 z 軸旋轉 θ 角後可表示為

$$q = \begin{bmatrix} \bar{x} \\ \bar{y} \\ \bar{z} \end{bmatrix} = \begin{bmatrix} r\cos(\alpha+\theta) \\ r\sin(\alpha+\theta) \\ z \end{bmatrix} = \begin{bmatrix} c_\theta x - s_\theta y \\ c_\theta y + s_\theta x \\ z \end{bmatrix} = \begin{bmatrix} c_\theta & -s_\theta & 0 \\ s_\theta & c_\theta & 0 \\ 0 & 0 & 1 \end{bmatrix}\begin{bmatrix} x \\ y \\ z \end{bmatrix} = R_z(\theta)\begin{bmatrix} x \\ y \\ z \end{bmatrix}。$$

(8) 旋轉矩陣 $R \in R^{3\times3}$ 的固有值 $|\lambda(R)| = 1$ 與奇異值 $\sigma(R) = 1$。

$Rx = \lambda x$，$R\bar{x} = \bar{\lambda}\bar{x}$，

$\lambda\bar{\lambda}x^T\bar{x} = (Rx)^T R\bar{x} = x^T R^T R\bar{x} = x^T I\bar{x} = x^T\bar{x}$，$\quad \lambda\bar{\lambda} = |\lambda|^2 = 1$；

因此，$|\lambda| = 1$。所以，旋轉矩陣的 3 個固有值分佈於複數平面之單位圓上，

而且固有值之型式為 $\lambda(R) = \pm1, \cos\theta \pm j\sin\theta = \pm1, e^{\pm j\theta}$。

奇異值 $\sigma(R) = \sqrt{\lambda(R^T R)} = \sqrt{\lambda(I)} = 1, 1, 1$，因此旋轉矩陣之奇異值則恆等於 1。

比較反對稱矩陣：$\|k\| = 1$，$S = [k\times]$，$\lambda(S) = 0, \pm j$，$\sigma(S) = \lambda(\sqrt{S^T S}) = 0, 1, 1$。

(9) 旋轉矩陣與座標系統轉換(coordinate transformation)

旋轉矩陣除了表示一個向量在同一個座標的旋轉之外，又可表示同一個向量在不同座標系統之轉換矩陣。令 $\{e_1, e_2, e_3\}$ 為一組舊的正交基底向量以及 $\{\bar{e}_1, \bar{e}_2, \bar{e}_3\}$ 另一組新的正交基底向量，則向量 $p \in R^3$ 可分別表示為 $p = x e_1 + y e_2 + z e_3 = \bar{x}\bar{e}_1 + \bar{y}\bar{e}_2 + \bar{z}\bar{e}_3$，將其改寫為

$$p = \begin{bmatrix} e_1 & e_2 & e_3 \end{bmatrix} \begin{bmatrix} x \\ y \\ z \end{bmatrix} = \begin{bmatrix} \bar{e}_1 & \bar{e}_2 & \bar{e}_3 \end{bmatrix} \begin{bmatrix} \bar{x} \\ \bar{y} \\ \bar{z} \end{bmatrix} ;$$

我們可得

$$\begin{bmatrix} x \\ y \\ z \end{bmatrix} = \begin{bmatrix} e_1 & e_2 & e_3 \end{bmatrix}^T \begin{bmatrix} \bar{e}_1 & \bar{e}_2 & \bar{e}_3 \end{bmatrix} \begin{bmatrix} \bar{x} \\ \bar{y} \\ \bar{z} \end{bmatrix} = \begin{bmatrix} e_1^T \\ e_2^T \\ e_3^T \end{bmatrix} \begin{bmatrix} \bar{e}_1 & \bar{e}_2 & \bar{e}_3 \end{bmatrix} \begin{bmatrix} \bar{x} \\ \bar{y} \\ \bar{z} \end{bmatrix} = {}^{old}R_{new} \begin{bmatrix} \bar{x} \\ \bar{y} \\ \bar{z} \end{bmatrix}$$

上式中

$${}^{old}R_{new} = \begin{bmatrix} e_1^T \\ e_2^T \\ e_3^T \end{bmatrix} \begin{bmatrix} \bar{e}_1 & \bar{e}_2 & \bar{e}_3 \end{bmatrix} = \begin{bmatrix} e_1^T \bar{e}_1 & e_1^T \bar{e}_2 & e_1^T \bar{e}_3 \\ e_2^T \bar{e}_1 & e_2^T \bar{e}_2 & e_2^T \bar{e}_3 \\ e_3^T \bar{e}_1 & e_3^T \bar{e}_2 & e_3^T \bar{e}_3 \end{bmatrix} 。$$

例如：$\begin{bmatrix} e_1 & e_2 & e_3 \end{bmatrix} = \begin{bmatrix} 1 & 0 & 0 \\ 0 & 1 & 0 \\ 0 & 0 & 1 \end{bmatrix}$、$R_z(\theta) = \begin{bmatrix} \bar{e}_1 & \bar{e}_2 & \bar{e}_3 \end{bmatrix} = \begin{bmatrix} c_\theta & -s_\theta & 0 \\ s_\theta & c_\theta & 0 \\ 0 & 0 & 1 \end{bmatrix}$，則

$$\bar{e}_1 = e_1 e_1^T \bar{e}_1 + e_2 e_2^T \bar{e}_1 + e_3 e_3^T \bar{e}_1 = c_\theta e_1 + s_\theta e_2 + 0 e_3$$

$$\bar{e}_2 = e_1 e_1^T \bar{e}_2 + e_2 e_2^T \bar{e}_2 + e_3 e_3^T \bar{e}_2 = -s_\theta e_1 + c_\theta e_2 + 0 e_3$$

$$\bar{e}_3 = e_1 e_1^T \bar{e}_3 + e_2 e_2^T \bar{e}_3 + e_3 e_3^T \bar{e}_3 = 0 e_1 + 0 e_2 + e_3 ;$$

因此，

$${}^{old}\begin{bmatrix} x \\ y \\ z \end{bmatrix} = {}^{old}R_{new} {}^{new}\begin{bmatrix} x \\ y \\ z \end{bmatrix} = \begin{bmatrix} c_\theta & -s_\theta & 0 \\ s_\theta & c_\theta & 0 \\ 0 & 0 & 1 \end{bmatrix} {}^{new}\begin{bmatrix} x \\ y \\ z \end{bmatrix} 。$$

(10) 連續旋轉矩陣(composite rotational matrix)的幾何意義

例如：$R = R_3(\theta_3) R_2(\theta_2) R_1(\theta_1) \neq R_1(\theta_1) R_2(\theta_2) R_3(\theta_3)$，

其中 $R_1, R_2, R_3 \in \{R_x, R_y, R_z\}$，則

$R = R_3(\theta_3) R_2(\theta_2) R_1(\theta_1)$ 為矩陣前乘(pre-multiplication)代表對固定的

舊座標系統旋轉；

$\bar{R} = R_1(\theta_1) R_2(\theta_2) R_3(\theta_3)$ 為矩陣後乘(post-multiplication)代表對

新的座標系統旋轉。

■ 3.3 三度空間旋轉之尤拉角(Euler angle)表示法

三度空間的旋轉矩陣可以使用三次連續基本旋轉矩陣來合成，三次連續基本旋轉矩陣 $R = R_i(\theta_1)R_j(\theta_2)R_k(\theta_3)$，$i,j,k = \{x,y,z\}$ 共有 27 種可能的排列組合，如表 3-1 所列。有 12 組不同的三個自由度旋轉、12 組二個自由度旋轉以及 3 組一個自由度旋轉。三度空間的旋轉以三個旋轉角度來表示，此組角度向量稱為尤拉角；因此共有 12 組不同形式的尤拉角表示法。例如，$R = R_z(C)R_y(B)R_x(A)$ 先對固定座標 x 軸旋轉角度 A、然後再對固定座標 y 軸旋轉角度 B、最後再對固定座標 z 軸旋轉角度 C 之三度空間旋轉的尤拉角表示法稱為 XYZ 尤拉角(A,B,C)或 Roll-Pitch-Yaw 尤拉角。

表 3-1　三次連續基本旋轉矩陣可能的排列組合

$R = R_i(\theta_1)R_j(\theta_2)R_k(\theta_3)$	$i,j,k = \{x,y,z\}$	組合個數	旋轉空間	旋轉自由度
情況 1	$i \neq j \neq k$	6	三度空間	3
情況 2	$i = k \neq j$	6	三度空間	3
情況 3	$i = j \neq k$	6	三度空間	2
情況 4	$i \neq j = k$	6	三度空間	2
情況 5	$i = j = k$	3	平面	1

以下以 XYZ 尤拉角(A,B,C)為例，說明尤拉角及旋轉矩陣之轉換公式，其餘的尤拉角轉換以此類推即可。

問題 1：由 XYZ 尤拉角(A,B,C)求得旋轉矩陣 $R = R_z(C)R_y(B)R_x(A)$

$$R = R_z(C)R_y(B)R_x(A) = \begin{bmatrix} c_Bc_C & -c_As_C+s_As_Bc_C & s_As_C+c_As_Bc_C \\ c_Bs_C & c_Ac_C+s_As_Bs_C & -s_Ac_C+c_As_Bs_C \\ -s_B & s_Ac_B & c_Ac_B \end{bmatrix} \circ \quad (3.12)$$

問題 2：由已知的旋轉矩陣 $R \in R^{3 \times 3}$ 求得 XYZ 尤拉角(A,B,C)之解

求解矩陣方程式

$$\begin{bmatrix} c_Bc_C & -c_As_C+s_As_Bc_C & s_As_C+c_As_Bc_C \\ c_Bs_C & c_Ac_C+s_As_Bs_C & -s_Ac_C+c_As_Bs_C \\ -s_B & s_Ac_B & c_Ac_B \end{bmatrix} = R = \begin{bmatrix} r_{11} & r_{12} & r_{13} \\ r_{21} & r_{22} & r_{23} \\ r_{31} & r_{32} & r_{33} \end{bmatrix} \circ$$

當 $|r_{31}| < 1$ 時，此為一般正常情況，我們可得到兩組解。

第一組解：

$$B = \text{atan2}(-r_{31}, \sqrt{r_{11}^2 + r_{21}^2}) = \text{atan2}(s_B, |c_B|), \quad -\frac{\pi}{2} < B < \frac{\pi}{2}$$

$$A = \text{atan2}(r_{32}, r_{33}), \quad -\pi \le A \le \pi$$

$$C = \text{atan2}(r_{21}, r_{11}), \quad -\pi \le C \le \pi$$

第二組解：

$$B = \text{atan2}(-r_{31}, -\sqrt{r_{11}^2 + r_{21}^2}), \quad \frac{\pi}{2} < B < \frac{3\pi}{2}$$

$$A = \text{atan2}(-r_{32}, -r_{33}), \quad -\pi \le A \le \pi$$

$$C = \text{atan2}(-r_{21}, -r_{11}), \quad -\pi \le C \le \pi$$

當 $r_{31} = 1$ 時，此時奇異(singular)或退化(degenerate case)的情況，此時之解有無窮多組解並可表示為

$$B = -\frac{\pi}{2}, \quad A + C = \text{atan2}(-r_{12}, r_{22})$$

同理，當 $r_{31} = -1$ 時，此時之特殊解亦有無窮多組其解可表示為

$$B = \frac{\pi}{2}, A - C = \text{atan2}(r_{12}, r_{22}) \text{ 。}$$

結論： 旋轉矩陣 $R \in R^{3 \times 3}$ 與 XYZ 尤拉角(A,B,C)不是一對一的對應關係。至少有兩組不同的尤拉角(A,B,C)得到相同的旋轉矩陣 R。

■ 3.4 對任意軸旋轉角度

三度空間旋轉除了使用 3 個對基本軸旋轉之尤拉角來表示外也可以使用任意軸旋轉角度(screw axis-theta rotation)來表示。對任意軸 k，$k \in R^3$，$\|k\| = 1$，旋轉角度 θ 之旋轉矩陣 $R(k,\theta)$ 可直接由 Rodrigues 旋轉公式得到。Rodrigues 旋轉原理為將待旋轉之向量分解成在旋轉軸的向量與垂直於旋轉軸的向量兩者之和(參考圖 3-1)，則 3D 旋轉問題可簡化為較簡單的 2D 旋轉問題。

Rodrigues 旋轉公式：$p, q \in R^3$

$$q = Rot(k, \theta, p) = p\cos\theta + (p \cdot k)k(1 - \cos\theta) + (k \times p)\sin\theta \text{ 。} \tag{3.13}$$

Rodrigues 旋轉公式證明如下。

令 $v = p - (p \cdot k)k$，則

$$q = Rot(k, \theta, p) = (p \cdot k)k + v\cos\theta + (k \times v)\sin\theta \quad (\because k \times v = k \times p)$$

$$= (p \cdot k)k + (p - (p \cdot k)k)\cos\theta + (k \times p)\sin\theta$$

$$= p\cos\theta + (p \cdot k)k(1 - \cos\theta) + (k \times p)\sin\theta$$

$$= p\cos\theta + kk^T p(1 - \cos\theta) + [k\times]p\sin\theta$$

$$= \left(\cos\theta I + (1 - \cos\theta)kk^T + \sin\theta[k\times]\right)p = R(k, \theta)p$$

因此，我們可得

$$R(k, \theta) = \cos\theta I + (1 - \cos\theta)kk^T + \sin\theta[k\times] \text{ ；} \tag{3.14}$$

以及

$$R(k, \theta) = R(-k, -\theta) \text{ 。}$$

令旋轉軸單位向量 $k = \begin{bmatrix} n_x \\ n_y \\ n_z \end{bmatrix}$、$kk^T = \begin{bmatrix} n_x n_x & n_x n_y & n_x n_z \\ n_y n_x & n_y n_y & n_y n_z \\ n_z n_x & n_z n_y & n_z n_z \end{bmatrix}$ 及 $[k\times] = \begin{bmatrix} 0 & -n_z & n_y \\ n_z & 0 & -n_x \\ -n_y & n_x & 0 \end{bmatrix}$，

則可以計算得到

$$R(k, \theta) = \begin{bmatrix} c_\theta + n_x^2(1 - c_\theta) & n_x n_y(1 - c_\theta) - n_z s_\theta & n_x n_z(1 - c_\theta) + n_y s_\theta \\ n_y n_x(1 - c_\theta) + n_z s_\theta & c_\theta + n_y^2(1 - c_\theta) & n_y n_z(1 - c_\theta) - n_x s_\theta \\ n_z n_x(1 - c_\theta) - n_y s_\theta & n_z n_y(1 - c_\theta) + n_x s_\theta & c_\theta + n_z^2(1 - c_\theta) \end{bmatrix} \text{ 。} \tag{3.15}$$

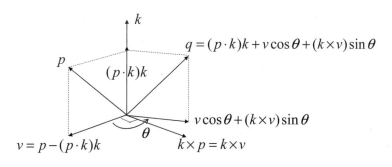

圖 3-1　Rodrigues 旋轉原理圖

同樣的，我們可以由已知的矩陣 $R \in R^{3 \times 3}$ 來求得對應的旋轉軸 k 及旋轉角度 θ，亦即求解矩陣方程式

$$
\begin{bmatrix}
c_\theta + n_x^2(1-c_\theta) & n_x n_y(1-c_\theta) - n_z s_\theta & n_x n_z(1-c_\theta) + n_y s_\theta \\
n_y n_x(1-c_\theta) + n_z s_\theta & c_\theta + n_y^2(1-c_\theta) & n_y n_z(1-c_\theta) - n_x s_\theta \\
n_z n_x(1-c_\theta) - n_y s_\theta & n_z n_y(1-c_\theta) + n_x s_\theta & c_\theta + n_z^2(1-c_\theta)
\end{bmatrix}
=
\begin{bmatrix}
r_{11} & r_{12} & r_{13} \\
r_{21} & r_{22} & r_{23} \\
r_{31} & r_{32} & r_{33}
\end{bmatrix} 。
$$

首先由 $trace(R) = r_{11} + r_{22} + r_{33} = 2c_\theta + 1$，可得

$$
\cos\theta = \frac{r_{11} + r_{22} + r_{33} - 1}{2} ，
$$

所以，

$$
\theta = \pm\cos^{-1}(\frac{r_{11} + r_{22} + r_{33} - 1}{2}) 。
$$

一般解：$\cos\theta \neq \pm 1$ ；$\quad k = \pm\dfrac{1}{2\sin\theta}\begin{bmatrix} r_{32} - r_{23} \\ r_{13} - r_{31} \\ r_{21} - r_{12} \end{bmatrix}$ 。

特殊解 1：$\theta = 0$

$R = I$，旋轉軸 k 為任意單位向量 $k \in R^3$, $\|k\| = 1$ 。

特殊解 2：$\theta = \pm\pi$

$R(k, \pm\pi) = 2kk^T - 1$ 為反射矩陣，旋轉軸 k 滿足 $kk^T = \dfrac{1}{2}(R + I)$ 。

結論：旋轉矩陣 $R \in R^{3 \times 3}$ 與旋轉軸 k 與角度 θ 也不是一對一的對應關係。至少有兩組不同的旋轉軸 k 與角度 θ 得到相同的旋轉矩陣。

定義：$H = I - 2kk^T, \|k\| = 1$ 形成之矩陣稱為反射矩陣(reflection matrix)

特性 1：$H^2 = I$

$$
H^2 = (I - 2kk^T)(I - 2kk^T) = I - 4kk^T + 4k(k^T k)k^T = I
$$

特性 2：反射矩陣為對稱正交矩陣，$H = H^T = H^{-1}$ 。

■ 3.5　旋轉矩陣與反對稱矩陣

旋轉矩陣 $R(k,\theta) \in R^{3\times3}$ 與反對稱矩陣 $S \in R^{3\times3}$，$S = -S^T$ 有密不可分的關係，兩者皆分別有 3 個自由度。Rodrigues 旋轉公式中向量叉積矩陣 $[k\times]$ 即為一個反對稱矩陣。

定理 1：$\dfrac{d}{d\theta}R(k,\theta) = [k\times]R(k,\theta) = AR(k,\theta)$，$A = [k\times]$。

定理 2：$R(k,\theta) = e^{A\theta}$，$A = [k\times]$。

定理 3：$R(k,\theta) = \cos\theta I + (1-\cos\theta)kk^T + \sin\theta[k\times] = I + \sin\theta A + (1-\cos\theta)A^2$，

$\quad\quad A = [k\times]$。

上述定理之證明：自行練習。

Cayley 正交矩陣定理：任何一個正交矩陣 $R \in R^{n\times n}$ 為某一個特定反對稱矩陣 $S = -S^T$ 的函數

$$R = (I-S)(I+S)^{-1} = (I+S)^{-1}(I-S), \quad S = -S^T \tag{3.16}$$

證明一：代數證明

(1) 可互換性 (commute)

$(I-S)(I+S) = I - S^2 = (I+S)(I-S)$

$(I+S)^{-1}(I-S)^{-1} = ((I-S)(I+S))^{-1} = ((I+S)(I-S))^{-1} = (I-S)^{-1}(I+S)^{-1}$

(2) $R^{-1} = R^T$，$R^T R = RR^T = I$

$RR^T = (I-S)(I+S)^{-1}(I+S)^{-T}(I-S)^T$

$\quad = (I-S)(I+S)^{-1}(I+S^T)^{-1}(I-S)^T$

$\quad = (I-S)(I+S)^{-1}(I-S)^{-1}(I+S)$

$\quad = (I-S)(I-S)^{-1}(I+S)^{-1}(I+S) = I$。

(3) $R^{-T} = R$

$R^{-T} = (I-S)^{-T}(I+S)^T = (I-S^T)^{-1}(I+S^T) = (I+S)^{-1}(I-S) = R$

$\therefore R = (I-S)(I+S)^{-1} = (I+S)^{-1}(I-S)$。

證明二：幾何證明

假設 $v_1, v_2 \in R^3$ 爲等長度之向量且令 $v_2 = Rv_1$，R 爲旋轉矩陣

令 $a = v_2 + v_1 = (R+I)v_1$ 以及 $b = (R-I)v_1 = (R-I)(R+I)^{-1}a = Sa$，則

$a^T b = a^T Sa = 0$；因此，$S = (R-I)(R+I)^{-1}$ 必爲反對稱矩陣，$S+S^T = 0$。

若給定的反對稱矩陣 S，我們可以解得旋轉矩陣 R 如下：

$(R-I)(R+I)^{-1} = S$，$(R-I) = S(R+I)$，$R - SR = I + S$，$(I-S)R = I+S$，

故所以，$R = (I-S)^{-1}(I+S)$。

$R^{-1} = (I+S)^{-1}(I-S)$

$R^T = (I+S)^T(I-S)^{-T} = (I+S^T)(I-S^T)^{-1} = (I-S)(I+S)^{-1}$

$R^{-1} = R^T$，$R^{-1} = (I+S)^{-1}(I-S) = (I-S)(I+S)^{-1}$

$\therefore\ R = (I-S)^{-1}(I+S) = (I+S)(I-S)^{-1}$。

Cayley 反對稱矩陣公式：給定旋轉矩陣 R 求解反對稱矩陣 S

$$S = (I+R)^{-1} - (I+R)^{-T}，\ R^{-1} = R^T \tag{3.17}$$

證明：

$R = (I-S)(I+S)^{-1}$　Cayley 對稱矩陣公式

$(I+S)R = (I-S)$

$(I+R)S = I-R$

$S = (I+R)^{-1}(I-R) = (I+R)^{-1} - (I+R)^{-1}R$

$\quad = (I+R)^{-1} - (I+R)^{-1}\left(R^{-1}\right)^{-1} = (I+R)^{-1} - \left(R^T(I+R)\right)^{-1}$

$\quad = (I+R)^{-1} - (I+R^T)^{-1} = (I+R)^{-1} - (I+R)^{-T}$。

同理，由 $R = (I+S)^{-1}(I-S)$，我們亦可得到

$$S = (I+R)^{-T} - (I+R)^{-1}。 \tag{3.18}$$

例 3-1

令 $R = R_z(\theta)$，計算 $S = (I+R)^{-1} - (I+R)^{-T} = ?$

$$(I+R)^{-1} = \begin{bmatrix} 1+c_\theta & -s_\theta & 0 \\ s_\theta & 1+c_\theta & 0 \\ 0 & 0 & 2 \end{bmatrix}^{-1} = \frac{2}{\Delta}\begin{bmatrix} 1+c_\theta & s_\theta & 0 \\ -s_\theta & 1+c_\theta & 0 \\ 0 & 0 & 1+c_\theta \end{bmatrix},$$

$$\Delta = 2(1+c_\theta)^2 + 2s_\theta^2 = 4(1+c_\theta)$$

$$= \frac{1}{2}\begin{bmatrix} 1 & \dfrac{s_\theta}{1+c_\theta} & 0 \\ \dfrac{-s_\theta}{1+c_\theta} & 1 & 0 \\ 0 & 0 & 1 \end{bmatrix} = \frac{1}{2}\begin{bmatrix} 1 & \tan\dfrac{\theta}{2} & 0 \\ -\tan\dfrac{\theta}{2} & 1 & 0 \\ 0 & 0 & 1 \end{bmatrix}, \quad \because \begin{cases} 1+\cos\theta = 2\cos^2\dfrac{\theta}{2} \\ \sin\theta = 2\cos\dfrac{\theta}{2}\sin\dfrac{\theta}{2} \end{cases},$$

$$\therefore \quad S = (I+R)^{-1} - (I+R)^{-T} = \tan\frac{\theta}{2}\begin{bmatrix} 0 & 1 & 0 \\ -1 & 0 & 0 \\ 0 & 0 & 0 \end{bmatrix} = -\tan\frac{\theta}{2}[e_3 \times] \, \circ$$

定理：已知 $R = R(k,\theta)$，則 $S = (I+R)^{-1} - (I+R)^{-T} = -\tan\dfrac{\theta}{2}[k\times]$

或者 $S = (I+R)^{-T} - (I+R)^{-1} = \tan\dfrac{\theta}{2}[k\times]$，其中 $\tan\dfrac{\theta}{2}k$ 稱為 Gibb 向量。

證明：自行練習。

■ 3.6 四元數定義與運算

由複數與平面上的旋轉說起。尤拉公式 $e^{i\theta} = \cos\theta + i\sin\theta$ 及複數平面單位圓 $|z| = |e^{i\theta}| = |\cos\theta + i\sin\theta| = 1$ 可用來表示平面的旋轉並使用複數乘法來達成。例如，令

$(x+iy) = e^{i\theta}(a+ib) = (\cos\theta + i\sin\theta)(a+ib) = (a\cos\theta - b\sin\theta) + i(a\sin\theta + b\cos\theta)$，

上式可改寫為二維空間旋轉矩陣形式

$$\begin{bmatrix} x \\ y \end{bmatrix} = R(\theta)\begin{bmatrix} a \\ b \end{bmatrix} = \begin{bmatrix} \cos\theta & -\sin\theta \\ \sin\theta & \cos\theta \end{bmatrix}\begin{bmatrix} a \\ b \end{bmatrix}$$

或者

$$\begin{bmatrix} x \\ y \end{bmatrix} = \begin{bmatrix} a & -b \\ b & a \end{bmatrix} \begin{bmatrix} \cos\theta \\ \sin\theta \end{bmatrix} \circ$$

如同尤拉公式 $e^{i\theta} = \cos\theta + i\sin\theta$，二維空間旋轉矩陣可分解為

$$R(\theta) = \begin{bmatrix} \cos\theta & -\sin\theta \\ \sin\theta & \cos\theta \end{bmatrix} = \cos\theta I + \sin\theta J \;, \quad I = \begin{bmatrix} 1 & 0 \\ 0 & 1 \end{bmatrix} \cdot J = \begin{bmatrix} 0 & -1 \\ 1 & 0 \end{bmatrix} ;$$

以及

$$II = I \;, \quad JJ = \begin{bmatrix} 0 & -1 \\ 1 & 0 \end{bmatrix}\begin{bmatrix} 0 & -1 \\ 1 & 0 \end{bmatrix} = \begin{bmatrix} -1 & 0 \\ 0 & -1 \end{bmatrix} = -I \;, \quad IJ = JI = J \circ$$

二維 x-y 平面單位圓（ $x^2 + y^2 = 1$ ）上的任一個點 (x, y) 對應到一個旋轉角 $\theta = \text{atan2}(y, x)$；又如三維 x-y-z 空間單位球（ $x^2 + y^2 + z^2 = 1$ ）上的任一個點 (x, y, z) 對應到 2 個旋轉角 $\phi = \text{acos}(z)$ 以及 $\varphi = \text{atan2}(y, x)$。以此類推，在四維空間之單位球體（ $x^2 + y^2 + z^2 + w^2 = 1$ ）的任一個點 (x, y, z, w) 稱為單位四元數(unity quaternion)就可以表示 3 個旋轉角。

　　複數由實部與虛部來組成且兩者皆為實數純量。

定義：複數 $z = (x, y) = x + iy, \;\; x, y \in R$ ，

　　　虛數 i 滿足 $i^2 = -1$、 $i^{4n+m} = i^m, \;\; n, m \in I = \{0, \pm1, \pm2, \cdots\}$ 以及

　　　$i^0 = 1, \;\; i, \;\; i^2 = -1, \;\; i^3 = i^2 i = -i, \;\; i^4 = i^3 i = -i^2 = 1, \;\; i^5 = i^4 i = i, \;\; i^6 = i^5 i = i^2, \; \ldots \circ$

　　四元數(quaternion)為數學家 Hamilton 於 1843 年所創，四元數可視為複數之延伸，它由實部純量與虛部向量 R^3 所組成。

定義：四元數 $q = (q_0, q_x, q_y, q_z) = q_0 + iq_x + jq_y + kq_z, \;\; q_0, q_x, q_y, q_z \in R,$ 包含有 1 個純量
　　　實部 q_0 與 3 個分別為屬於虛數 i, j, k 軸之虛部向量 (q_x, q_y, q_z)。虛數 i, j, k 滿足
　　　$i^2 = j^2 = k^2 = ijk = -1$，以及同時具有下列特性：

(1) $ij = k = -ji$

(2) $jk = i = -kj$

(3) $ki = j = -ik$

(4) $ijk = jki = kij = -1$

(5) $jik = kji = ikj = 1$。

令四元數 q, r 定義如下：

$$q = q_0 + iq_x + jq_y + kq_z \equiv (q_0, q_x, q_y, q_z) \equiv (q_0, q_v), \quad q_v = (q_x, q_y, q_z)$$

$$r = r_0 + ir_x + jr_y + kr_z \equiv (r_0, r_x, r_y, r_z) \equiv (r_0, r_v), \quad r_v = (r_x, r_y, r_z) \quad \circ$$

四元數基本運算法則定義如下。

定義 1：單位四元數(unity quaternion) $e = (1, 0, 0, 0) = 1$

定義 2：共軛四元數(conjugate quaternion) $q^* = q_0 - iq_x - jq_y - kq_z = (q_0, -q_v)$

定義 3：四元數相加(quaternion addition)
$$r + q = (r_0 + q_0, r_x + q_x, r_y + q_y, r_z + q_z) = (r_0 + q_0, r_v + q_v)$$

定義 4：四元數純量乘法
$$cq = (cq_0, cq_x, cq_y, cq_z) = (cq_0, cq_v) \quad c \in R$$

定義 5：四元數內積(quaternion dot-product)
$$r \cdot q = r_0 q_0 + r_x q_x + r_y q_y + r_z q_z = r_0 q_0 + r_v \cdot q_v \in R$$

定義 6：四元數相乘(quaternion multiplication)
$$rq = (rq)_0 + i(rq)_x + j(rq)_y + k(rq)_z = (r_0 + ir_x + jr_y + kr_z)(q_0 + iq_x + jq_y + kq_z)$$

實部純量 $(rq)_0 = r_0 q_0 - r_x q_x - r_y q_y - r_z q_z = r_0 q_0 - r_v \cdot q_v$

虛部向量 $(rq)_v = ((rq)_x, (rq)_y, (rq)_z)$

$$(rq)_v = \begin{bmatrix} r_0 q_x + r_x q_0 + r_y q_z - r_z q_y \\ r_0 q_y - r_x q_z + r_y q_0 + r_z q_x \\ r_0 q_z + r_x q_y - r_y q_x + r_z q_0 \end{bmatrix} = r_0 \begin{bmatrix} q_x \\ q_y \\ q_z \end{bmatrix} + q_0 \begin{bmatrix} r_x \\ r_y \\ r_z \end{bmatrix} + \begin{bmatrix} 0 & -r_z & r_y \\ r_z & 0 & -r_x \\ -r_y & r_x & 0 \end{bmatrix} \begin{bmatrix} q_x \\ q_y \\ q_z \end{bmatrix}$$

以及向量矩陣表示法 $(rq)_v = r_0 q_v + q_0 r_v + r_v \times q_v$。

四元數相乘公式：$rq = (r_0 q_0 - r_v \cdot q_v, \ r_0 q_v + q_0 r_v + r_v \times q_v)$

四元數相乘如同矩陣相乘不可以互換 $qr \neq rq$

$$qr = (q_0 r_0 - q_v \cdot r_v,\ q_0 r_v + r_0 q_v + q_v \times r_v) = (r_0 q_0 - r_v \cdot q_v,\ r_0 q_v + q_0 r_v - r_v \times q_v) \neq rq$$

四元數相乘可表示為矩陣向量相乘的形式 $rq = Q(r)q = W(q)r$，

$$rq = Q(r)q = \begin{bmatrix} r_0 & -r_x & -r_y & -r_z \\ r_x & r_0 & -r_z & r_y \\ r_y & r_z & r_0 & -r_x \\ r_z & -r_y & r_x & r_0 \end{bmatrix} \begin{bmatrix} q_0 \\ q_x \\ q_y \\ q_z \end{bmatrix},\quad Q(r) = r_0 I_{4\times 4} + \begin{bmatrix} 0 & -r_v^{\,T} \\ r_v & (r_v \times) \end{bmatrix}$$

或者

$$rq = W(q)r = \begin{bmatrix} q_0 & -q_x & -q_y & -q_z \\ q_x & q_0 & q_z & -q_y \\ q_y & -q_z & q_0 & q_x \\ q_z & q_y & -q_x & q_0 \end{bmatrix} \begin{bmatrix} r_0 \\ r_x \\ r_y \\ r_z \end{bmatrix},\quad W(q) = q_0 I_{4\times 4} + \begin{bmatrix} 0 & -q_v^{\,T} \\ q_v & -(q_v \times) \end{bmatrix} ;$$

以及

$$Q(r^*) = Q(r)^T \ 、\ W(q^*) = W(q)^T \ 。$$

定義 7：四元數範數(quaternion norm) $\|q\| = \sqrt{q_0^2 + q_x^2 + q_y^2 + q_z^2} = \sqrt{q_0^2 + q_v \cdot q_v}$

(1)　$\|q\|^2 = q \cdot q = q_0^2 + q_v \cdot q_v$

(2)　$\|rq\|^2 = \|r\|^2 \|q\|^2$

定義 8：四元數倒數(quaternion inverse) q^{-1}，滿足 $qq^{-1} = q^{-1}q = e = (1,0,0,0)$。

因為 $qq^* = (q_0, q_v)(q_0, -q_v) = (q_0^2 + q_v \cdot q_v, 0) = \|q\|^2 e$，$(q \cdot q^* = q_0^2 - q_v \cdot q_v \neq q \cdot q)$

故所以，$q^{-1} = \dfrac{q^*}{\|q\|^2} = \dfrac{1}{q_0^2 + q_v \cdot q_v}(q_0, -q_v)$。$\left(q \cdot q^{-1} = \dfrac{q \cdot q^*}{\|q\|^2} = \dfrac{q_0^2 - q_v \cdot q_v}{q_0^2 + q_v \cdot q_v} \neq 1 \right)$

單位四元數倒數為其共軛四元數，$q^{-1} = q^*$。

■ 3.7　三度空間旋轉單位四元數表示法

單位四元數 $\|q\| = 1$ 可以表示一個三度空間旋轉矩陣 $R \in R^{3\times 3}$；因此，單位四元數 $q = (q_0, q_x, q_y, q_z) = (q_0, q_v)$，$\|q\|^2 = q \cdot q = q_0^2 + q_x^2 + q_y^2 + q_z^2 = 1$，$q^{-1} = q^* = (q_0, -q_v)$，可對應到一組旋轉矩陣 $R = R(k, \theta)$，其中 $R(k, \theta) = \cos\theta\, I + (1 - \cos\theta)kk^T + \sin\theta\,[k\times]$。令三度

空間位置向量 $u, v \in R^3$ 表示爲四元數虛部向量 R^3，$u \equiv (0, u)$、$v \equiv (0, v)$。三度空間位置向量旋轉 $u = Rv$ 可對應於如下所示之單位四元數 q 與四元數 v 運算式

$$u = qvq^* = (qv)q^* = (Q(q)v)q^* = W(q)^T Q(q)v = \begin{bmatrix} 1 & 0 \\ 0 & R(q) \end{bmatrix} v, \qquad (3.19)$$

上式中

$$W(q)^T Q(q) = \begin{bmatrix} q_0 & q_x & q_y & q_z \\ -q_x & q_0 & -q_z & q_y \\ -q_y & q_z & q_0 & -q_x \\ -q_z & -q_y & q_x & q_0 \end{bmatrix} \begin{bmatrix} q_0 & -q_x & -q_y & -q_z \\ q_x & q_0 & -q_z & q_y \\ q_y & q_z & q_0 & -q_x \\ q_z & -q_y & q_x & q_0 \end{bmatrix}$$

$$= \begin{bmatrix} 1 & 0 & 0 & 0 \\ 0 & q_0^2 + q_x^2 - q_y^2 - q_z^2 & 2(q_x q_y - q_0 q_z) & 2(q_x q_z + q_0 q_y) \\ 0 & 2(q_x q_y + q_0 q_z) & q_0^2 - q_x^2 + q_y^2 - q_z^2 & 2(q_y q_z - q_0 q_x) \\ 0 & 2(q_x q_z - q_0 q_y) & 2(q_y q_z + q_0 q_x) & q_0^2 - q_x^2 - q_y^2 + q_z^2 \end{bmatrix}。$$

由於 $Q(q)Q(q)^T = W(q)W(q)^T = I_{4 \times 4}$，因此，$W(q)^T Q(q)$ 可視爲兩個 4×4 的正交矩陣相乘。比較上述兩式，我們可得單位四元數 $\|q\| = 1$ 所對應的旋轉矩陣爲

$$R(q) = \begin{bmatrix} r_{11} & r_{12} & r_{13} \\ r_{21} & r_{22} & r_{23} \\ r_{31} & r_{32} & r_{33} \end{bmatrix} = \begin{bmatrix} 2(q_0^2 + q_x^2) - 1 & 2(q_x q_y - q_0 q_z) & 2(q_x q_z + q_0 q_y) \\ 2(q_x q_y + q_0 q_z) & 2(q_0^2 + q_y^2) - 1 & 2(q_y q_z - q_0 q_x) \\ 2(q_x q_z - q_0 q_y) & 2(q_y q_z + q_0 q_x) & 2(q_0^2 + q_z^2) - 1 \end{bmatrix}, \quad (3.20)$$

以及

$$R(q)^T = R(q^{-1}) = R(q^*) = \begin{bmatrix} 2(q_0^2 + q_x^2) - 1 & 2(q_x q_y + q_0 q_z) & 2(q_x q_z - q_0 q_y) \\ 2(q_x q_y - q_0 q_z) & 2(q_0^2 + q_y^2) - 1 & 2(q_y q_z + q_0 q_x) \\ 2(q_x q_z + q_0 q_y) & 2(q_y q_z - q_0 q_x) & 2(q_0^2 + q_z^2) - 1 \end{bmatrix}。$$

練習 1：驗證 $R(q)R(q)^T = R(q)^T R(q) = I$；$R(e) = I = \begin{bmatrix} 1 & 0 & 0 \\ 0 & 1 & 0 \\ 0 & 0 & 1 \end{bmatrix}$，$e = (1, 0, 0, 0)$。

練習 2：驗證連續旋轉(composite rotation) 單位四元數 $\|q\| = 1$，$\|r\| = 1$，

$$R(r)R(q) = R(rq) = R(r_0 q_0 - r_v \cdot q_v, \ r_0 q_v + q_0 r_v + [r_v \times] q_v)。$$

上述之逆問題為由三度空間旋轉矩陣 $R \in R^{3\times3}$ 求得對應的單位四元數 $\|q\|=1$，亦即求解下列方程式

$$R(q) = \begin{bmatrix} 2(q_0^2+q_x^2)-1 & 2(q_xq_y-q_0q_z) & 2(q_xq_z+q_0q_y) \\ 2(q_xq_y+q_0q_z) & 2(q_0^2+q_y^2)-1 & 2(q_yq_z-q_0q_x) \\ 2(q_xq_z-q_0q_y) & 2(q_yq_z+q_0q_x) & 2(q_0^2+q_z^2)-1 \end{bmatrix} = \begin{bmatrix} r_{11} & r_{12} & r_{13} \\ r_{21} & r_{22} & r_{23} \\ r_{31} & r_{32} & r_{33} \end{bmatrix} \circ$$

首先由

$$trace(R) = r_{11}+r_{22}+r_{33} = 2\left(3q_0^2+q_x^2+q_y^2+q_z^2\right)-3 = 2\left(2q_0^2+1\right)-3 = 4q_0^2-1 \text{，}$$

我們可得

$$q_0 = \frac{1}{2}\sqrt{r_{11}+r_{22}+r_{33}+1} = \frac{1}{2}\sqrt{trace(R)+1} \tag{3.21}$$

再經由 $r_{32}-r_{23} = 4q_0q_x$，$r_{13}-r_{31} = 4q_0q_y$，$r_{21}-r_{12} = 4q_0q_z$；

所以，

$$q_v = \begin{bmatrix} q_x \\ q_y \\ q_z \end{bmatrix} = \frac{1}{4q_0} \begin{bmatrix} r_{32}-r_{23} \\ r_{13}-r_{31} \\ r_{21}-r_{12} \end{bmatrix} \circ \tag{3.22}$$

另外，再比較

$$r_{11}-r_{22}-r_{33} = 2\left(q_x^2-q_y^2-q_z^2-q_0^2\right)+1 = 2\left(2q_x^2-1\right)+1 = 4q_x^2-1 \text{，}$$

我們可得

$$q_x = \text{sgn}(r_{32}-r_{23})\frac{1}{2}\sqrt{r_{11}-r_{22}-r_{33}+1} \text{，其中 } \text{sgn}(x) = \begin{cases} 1 & x \geq 0 \\ -1 & x < 0 \end{cases} \circ$$

同理可得

$$q_y = \text{sgn}(r_{13}-r_{31})\frac{1}{2}\sqrt{r_{22}-r_{33}-r_{11}+1}$$

以及

$$q_z = \operatorname{sgn}(r_{21} - r_{12}) \frac{1}{2} \sqrt{r_{33} - r_{11} - r_{22} + 1} \text{ 。}$$

因此，q_v 的另一個表示式為

$$q_v = \begin{bmatrix} q_x \\ q_y \\ q_z \end{bmatrix} = \frac{1}{2} \begin{bmatrix} \operatorname{sgn}(r_{32} - r_{23})\sqrt{r_{11} - r_{22} - r_{33} + 1} \\ \operatorname{sgn}(r_{13} - r_{31})\sqrt{r_{22} - r_{33} - r_{11} + 1} \\ \operatorname{sgn}(r_{21} - r_{12})\sqrt{r_{33} - r_{11} - r_{22} + 1} \end{bmatrix} \text{ 。}$$

比較單位四元數旋轉矩陣 $R(q)$，

$$R(q) = \begin{bmatrix} 2(q_0^2 + q_x^2) - 1 & 2(q_x q_y - q_0 q_z) & 2(q_x q_z + q_0 q_y) \\ 2(q_x q_y + q_0 q_z) & 2(q_0^2 + q_y^2) - 1 & 2(q_y q_z - q_0 q_x) \\ 2(q_x q_z - q_0 q_y) & 2(q_y q_z + q_0 q_x) & 2(q_0^2 + q_z^2) - 1 \end{bmatrix}$$

與對任意軸旋轉矩陣 $R(k, \theta)$，

$$R(k,\theta) = \begin{bmatrix} n_x^2 + (1 - n_x^2)c_\theta & n_x n_y(1 - c_\theta) - n_z s_\theta & n_x n_z(1 - c_\theta) + n_y s_\theta \\ n_y n_x(1 - c_\theta) + n_z s_\theta & n_y^2 + (1 - n_y^2)c_\theta & n_y n_z(1 - c_\theta) - n_x s_\theta \\ n_z n_x(1 - c_\theta) - n_y s_\theta & n_z n_y(1 - c_\theta) + n_x s_\theta & n_z^2 + (1 - n_z^2)c_\theta \end{bmatrix},$$

不難推測出兩者存在有一對一的對應關係，

$$q_0 = \cos(\frac{\theta}{2}) \text{ 、 } q_v = \sin(\frac{\theta}{2})k \text{ 。}$$

首先比較旋轉矩陣對角線之和，

$$r_{11} + r_{22} + r_{33} = 4q_0^2 - 1 = 1 + 2\cos\theta$$

以及

$$q_0^2 = \frac{1 + \cos\theta}{2} = \cos^2(\frac{\theta}{2}) \text{ ; }$$

再經由

$$\cos\theta = 2\cos^2(\frac{\theta}{2}) - 1 = \frac{1}{2}(r_{11} + r_{22} + r_{33} - 1)$$

$$\cos^2(\frac{\theta}{2}) = \frac{1}{4}(r_{11} + r_{22} + r_{33} + 1)$$

我們可得，

$$q_0 = \cos(\frac{\theta}{2}) = \frac{1}{2}\sqrt{r_{11} + r_{22} + r_{33} + 1} \quad \circ \tag{3.23}$$

比較

$$r_{11} - r_{22} - r_{33} = n_x^2 - n_y^2 - n_z^2 + (1 - n_x^2 - 1 + n_y^2 - 1 + n_z^2)\cos\theta = 2n_x^2(1 - \cos\theta) - 1$$

$$r_{11} - r_{22} - r_{33} + 1 = 2n_x^2(1 - \cos\theta) = 2n_x^2(1 - 2\cos^2\frac{\theta}{2} + 1)$$

$$= 4n_x^2(1 - \cos^2\frac{\theta}{2}) = 4n_x^2\sin^2\frac{\theta}{2}$$

以及

$$r_{11} - r_{22} - r_{33} = 4q_x^2 - 1$$

因此，

$$q_x = \frac{1}{2}\sqrt{r_{11} - r_{22} - r_{33} + 1} = n_x\sin(\frac{\theta}{2}) \quad \circ$$

同理可得，

$$q_v = \begin{bmatrix} q_x \\ q_y \\ q_z \end{bmatrix} = \begin{bmatrix} n_x \\ n_y \\ n_z \end{bmatrix}\sin(\frac{\theta}{2}) = k\sin(\frac{\theta}{2}) \quad \circ \tag{3.24}$$

反之，我們亦可得到下列對應關係：

$$\theta = 2\cos^{-1}(q_0) \, \text{、} \, k = \frac{1}{\sin(\frac{\theta}{2})} q_v \text{。}$$ (3.25)

註解 1：$q = \begin{cases} 3 \text{ rotation angles} & q_0 \neq 0 \\ 3D \text{ point} & q_0 = 0 \end{cases}$。

註解 2：$\begin{cases} q_0 = \cos(\frac{\theta}{2}) \neq 0 & -\pi < \theta < \pi \\ q_0 = \cos(\frac{\theta}{2}) = 0 & \theta = \pm\pi \end{cases}$。

■ 3.8 最佳三度空間旋轉問題

使用單位四元數來表示三度空間旋轉的優勢之一爲可應用矩陣與線性代數定理與技巧來克服三度空間旋轉的相關問題。以下考慮最佳三度空間旋轉問題。

令單位四元數 $q = q_0 + iq_x + jq_y + kq_z$，$\|q\| = 1$，以及位置向量 $p_1 = (0, v_1) = (0, x_1, y_1, z_1)$ 與 $p_2 = (0, v_2) = (0, x_2, y_2, z_2)$，位置向量 p_1 經旋轉後與位置向量 p_2 之內積 $p_2^T q p_1 q^{-1} = q^T S q$，$S = S^T$ 可表示爲單位四元數之二次式形式。其推導如下：

$$p_2^T q p_1 q^{-1} = p_2^T \begin{bmatrix} q_0 & -q_x & -q_y & -q_z \\ q_x & q_0 & -q_z & q_y \\ q_y & q_z & q_0 & -q_x \\ q_z & -q_y & q_x & q_0 \end{bmatrix} \begin{bmatrix} q_0 & q_x & q_y & q_z \\ -q_x & q_0 & -q_z & q_y \\ -q_y & q_z & q_0 & -q_x \\ -q_z & -q_y & q_x & q_0 \end{bmatrix} p_1$$

$$p_1 q^{-1} = \begin{bmatrix} q_0 & q_x & q_y & q_z \\ -q_x & q_0 & -q_z & q_y \\ -q_y & q_z & q_0 & -q_x \\ -q_z & -q_y & q_x & q_0 \end{bmatrix} \begin{bmatrix} 0 \\ x_1 \\ y_1 \\ z_1 \end{bmatrix} = \begin{bmatrix} 0 & x_1 & y_1 & z_1 \\ x_1 & 0 & z_1 & -y_1 \\ y_1 & -z_1 & 0 & x_1 \\ z_1 & y_1 & -x_1 & 0 \end{bmatrix} \begin{bmatrix} q_0 \\ q_x \\ q_y \\ z \end{bmatrix}$$

$$p_2^T q = \begin{bmatrix} 0 \\ x_2 \\ y_2 \\ z_2 \end{bmatrix}^T \begin{bmatrix} q_0 & -q_x & -q_y & -q_z \\ q_x & q_0 & -q_z & q_y \\ q_y & q_z & q_0 & -q_x \\ q_z & -q_y & q_x & q_0 \end{bmatrix} = \begin{bmatrix} q_0 \\ q_x \\ q_y \\ q_z \end{bmatrix}^T \begin{bmatrix} 0 & x_2 & y_2 & z_2 \\ x_2 & 0 & z_2 & -y_2 \\ y_2 & -z_2 & 0 & x_2 \\ z_2 & y_2 & -x_2 & 0 \end{bmatrix}$$

$$p_2^T q p_1 q^{-1} = q^T S q = \begin{bmatrix} q_0 \\ q_x \\ q_y \\ q_z \end{bmatrix}^T \begin{bmatrix} 0 & x_2 & y_2 & z_2 \\ x_2 & 0 & z_2 & -y_2 \\ y_2 & -z_2 & 0 & x_2 \\ z_2 & y_2 & -x_2 & 0 \end{bmatrix} \begin{bmatrix} 0 & x_1 & y_1 & z_1 \\ x_1 & 0 & z_1 & -y_1 \\ y_1 & -z_1 & 0 & x_1 \\ z_1 & y_1 & -x_1 & 0 \end{bmatrix} \begin{bmatrix} q_0 \\ q_x \\ q_y \\ q_z \end{bmatrix},$$

因此，對稱矩陣

$$S = \begin{bmatrix} x_1 x_2 + y_1 y_2 + z_1 z_2 & y_1 z_2 - z_1 y_2 & z_1 x_2 - x_1 z_2 & x_1 y_2 - y_1 x_2 \\ y_1 z_2 - z_1 y_2 & x_1 x_2 - y_1 y_2 - z_1 z_2 & x_1 y_2 + y_1 x_2 & x_1 z_2 + z_1 x_2 \\ z_1 x_2 - x_1 z_2 & x_1 y_2 + y_1 x_2 & -x_1 x_2 + y_1 y_2 - z_1 z_2 & y_1 z_2 + z_1 y_2 \\ x_1 y_2 - y_1 x_2 & x_1 z_2 + z_1 x_2 & y_1 z_2 + z_1 y_2 & -x_1 x_2 - y_1 y_2 + z_1 z_2 \end{bmatrix},$$

或者

$$S = \begin{bmatrix} v_1^T v_2 & (v_1 \times v_2)^T \\ v_1 \times v_2 & [v_2 \times][v_1 \times] + v_2 v_1^T \end{bmatrix}。$$

　　最佳三度空間旋轉問題：已知點集合 $\{x_i\}_{i=1}^n$ 與 $\{y_i\}_{i=1}^n$ 分別為三度空間同一個剛體在不同觀察角度的相對應點並假設兩者點集合之中心點皆為原點，尋求最佳旋轉矩陣 R 使得 $R = \text{argmax.} \sum_{i=1}^n y_i^T R x_i$，亦即點集合 $\{x_i\}_{i=1}^n$ 經旋轉矩陣 R 後愈接近點集合 $\{y_i\}_{i=1}^n$ 愈好，$y_i \approx R x_i = q x_i q^{-1}$，$i = 1, 2, \cdots, n$。

　　定義目標函數 $f(R) = \sum_{i=1}^n y_i^T R x_i$ 之單位四元數 $\|q\| = 1$ 二次式形式(quadratic form)為如下所示：

$$f(q) = \sum_{i=1}^n y_i^T R(q) x_i = \sum_{i=1}^n y_i^T q x_i q^{-1} = q^T (\sum_{i=1}^n S_i) q = q^T S q ;$$

最佳三度空間旋轉之解可依據下述之 2 個步驟來得到。

步驟 1：計算對稱矩陣 $S = \sum_{i=1}^n S_i$ 之最大固有值 $\lambda_{\max}$ 及對應的單位四元數固有向量 q，
　　　　 $S q = \lambda_{\max} q$。

步驟 2：計算對應單位四元數之旋轉矩陣 $R = R(q)$。

應用例：使用單位四元數法尋求最接近 3×3 矩陣 A 之旋轉矩陣 R。

令單位矩陣 $I = \begin{bmatrix} e_1 & e_2 & e_3 \end{bmatrix} = \begin{bmatrix} 1 & 0 & 0 \\ 0 & 1 & 0 \\ 0 & 0 & 1 \end{bmatrix}$ 以及 $A = \begin{bmatrix} c_1 & c_2 & c_3 \end{bmatrix} = \begin{bmatrix} x_1 & x_2 & x_3 \\ y_1 & y_2 & y_3 \\ z_1 & z_2 & z_3 \end{bmatrix}$，

則我們可求得 $q = \arg\max. \, q^T S q$，其中

$$S = \begin{bmatrix} trace(A) & (e_1 \times c_1 + e_2 \times c_2 + e_3 \times c_3)^T \\ e_1 \times c_1 + e_2 \times c_2 + e_3 \times c_3 & A + A^T - trace(A)I \end{bmatrix},$$

或者
$$S = \begin{bmatrix} a_{11} + a_{22} + a_{33} & a_{32} - a_{23} & a_{13} - a_{31} & a_{21} - a_{12} \\ a_{32} - a_{23} & a_{11} - a_{22} - a_{33} & a_{21} + a_{12} & a_{31} + a_{13} \\ a_{13} - a_{31} & a_{21} + a_{12} & a_{22} - a_{11} - a_{33} & a_{32} + a_{23} \\ a_{21} - a_{12} & a_{31} + a_{13} & a_{32} + a_{23} & a_{33} - a_{11} - a_{22} \end{bmatrix}.$$

其推導如下。

$$e_1 \to c_1, \quad S_1 = \begin{bmatrix} 0 & x_1 & y_1 & z_1 \\ x_1 & 0 & z_1 & -y_1 \\ y_1 & -z_1 & 0 & x_1 \\ z_1 & y_1 & -x_1 & 0 \end{bmatrix} \begin{bmatrix} 0 & 1 & 0 & 0 \\ 1 & 0 & 0 & 0 \\ 0 & 0 & 0 & 1 \\ 0 & 0 & -1 & 0 \end{bmatrix} = \begin{bmatrix} x_1 & 0 & -z_1 & y_1 \\ 0 & x_1 & y_1 & z_1 \\ -z_1 & y_1 & -x_1 & 0 \\ y_1 & z_1 & 0 & -x_1 \end{bmatrix}$$

$$e_2 \to c_2, \quad S_2 = \begin{bmatrix} 0 & x_2 & y_2 & z_2 \\ x_2 & 0 & z_2 & -y_2 \\ y_2 & -z_2 & 0 & x_2 \\ z_2 & y_2 & -x_2 & 0 \end{bmatrix} \begin{bmatrix} 0 & 0 & 1 & 0 \\ 0 & 0 & 0 & -1 \\ 1 & 0 & 0 & 0 \\ 0 & 1 & 0 & 0 \end{bmatrix} = \begin{bmatrix} y_2 & z_2 & 0 & -x_2 \\ z_2 & -y_2 & x_2 & 0 \\ 0 & x_2 & y_2 & z_2 \\ -x_2 & 0 & z_2 & -y_2 \end{bmatrix}$$

$$e_3 \to c_3, \quad S_3 = \begin{bmatrix} 0 & x_3 & y_3 & z_3 \\ x_3 & 0 & z_3 & -y_3 \\ y_3 & -z_3 & 0 & x_3 \\ z_3 & y_3 & -x_3 & 0 \end{bmatrix} \begin{bmatrix} 0 & 0 & 0 & 1 \\ 0 & 0 & 1 & 0 \\ 0 & -1 & 0 & 0 \\ 1 & 0 & 0 & 0 \end{bmatrix} = \begin{bmatrix} z_3 & -y_3 & x_3 & 0 \\ -y_3 & -z_3 & 0 & x_3 \\ x_3 & 0 & -z_3 & y_3 \\ 0 & x_3 & y_3 & z_3 \end{bmatrix}$$

$$S = S_1 + S_2 + S_3 = \begin{bmatrix} x_1 + y_2 + z_3 & z_2 - y_3 & -z_1 + x_3 & y_1 - x_2 \\ z_2 - y_3 & x_1 - y_2 - z_3 & y_1 + x_2 & z_1 + x_3 \\ -z_1 + x_3 & y_1 + x_2 & -x_1 + y_2 - z_3 & z_2 + y_3 \\ y_1 - x_2 & z_1 + x_3 & z_2 + y_3 & -x_1 - y_2 + z_3 \end{bmatrix}.$$

CHAPTER 3

步驟 1：計算對稱矩陣 S 之最大固有值 λ_{max} 及對應的單位四元數固有向量 q。

步驟 2：計算對應單位四元數之旋轉矩陣 $R = R(q)$。

MATLAB 例：

```
>> A = randn(3,3)
A =
   2.7694    0.7254   -0.2050
  -1.3499   -0.0631   -0.1241
   3.0349    0.7147    1.4897
```

```
% Method 1. Blais' method with Rayley's formula:
% S=(I+A)^-1-(I+A)^-T,  R=(I-S)(I+S)^-1
>> S = (eye(3)+A)^(-1); S = S - S.';
>> R = (eye(3)-S)*(eye(3)+S)^(-1)
R =
   0.5757    0.5858   -0.5704
  -0.6894    0.7229    0.0467
   0.4397    0.3663    0.8200
```

```
% Method 2.  SVD approach: A=UΣV^T,R= UV^T
>> [U, Sigma, V] = svd(A);
>> R = U*V.'
R =
   0.6632    0.4749   -0.5785
  -0.5229    0.8470    0.0960
   0.5355    0.2388    0.8100
```

```
% Method 3: unit quaternion approach
>> e1 = [1;0;0];  e2 = [0;1;0];  e3 = [0;0;1];
>> c1 = A(:,1);  c2=A(:,2);  c3=A(:,3);
>> S=zeros(4,4);
>> S(:,1) = [trace(A); cross(e1,c1)+cross(e2,c2)+cross(e3,c3)]; S(1,2:4)
= S(2:4,1).';
>> S(2:4,2:4) = A+A.' - trace(A)*eye(3);
>> [V,D] = eig(S)
V =
  -0.3105    0.2557   -0.0905   -0.9111
  -0.0566   -0.5114   -0.8566   -0.0392
  -0.9487   -0.0376    0.0711    0.3057
   0.0180    0.8195   -0.5031    0.2738
```

```
D =
  -5.4309        0        0        0
        0  -3.6573        0        0
        0        0   3.1453        0
        0        0        0   5.9429
>> q = -V(:,4);           % 取q_0>0
>> theta = 2*acos(q(1));
>> k = q(2:4,:)/sin(0.5*theta);
>> R = Ra(k, theta)
R =
   0.6632    0.4749   -0.5785
  -0.5229    0.8470    0.0960
   0.5355    0.2388    0.8100
```

■ 3.9　三度空間旋轉表示法綜合整理

(1)　旋轉矩陣 R

$$R^T R = RR^T = I, \quad R = \begin{bmatrix} r_1 & r_2 & r_3 \end{bmatrix}$$

$$q = Rp = p_x r_1 + p_y r_2 + p_z r_3, \quad p = \begin{bmatrix} p_x & p_y & p_z \end{bmatrix}^T, \quad q = \begin{bmatrix} q_x & q_y & q_z \end{bmatrix}^T$$

(2)　XYZ 尤拉角(or PRY Euler angles) (A,B,C)

$$R = R_z(C)R_y(B)R_x(A),$$

基本旋轉矩陣 $R_x(\theta) = \begin{bmatrix} 1 & 0 & 0 \\ 0 & c_\theta & -s_\theta \\ 0 & s_\theta & c_\theta \end{bmatrix}$, $R_y(\theta) = \begin{bmatrix} c_\theta & 0 & s_\theta \\ 0 & 1 & 0 \\ -s_\theta & 0 & c_\theta \end{bmatrix}$,

$$R_z(\theta) = \begin{bmatrix} c_\theta & -s_\theta & 0 \\ s_\theta & c_\theta & 0 \\ 0 & 0 & 1 \end{bmatrix} 。$$

(3)　對任意軸旋轉 $R(k,\theta)$, $\|k\|=1$ 及 Rodrigues 旋轉公式

$$R = R(k,\theta) = c_\theta I + (1-c_\theta)kk^T + s_\theta [k\times], \quad k = \begin{bmatrix} n_x \\ n_y \\ n_z \end{bmatrix}, \quad \|k\|=1,$$

$$[k\times] = \begin{bmatrix} 0 & -n_z & n_y \\ n_z & 0 & -n_x \\ -n_y & n_x & 0 \end{bmatrix}$$

$$q = R(k,\theta)p = c_\theta p + (1-c_\theta)k(k \cdot p) + s_\theta k \times p \ , \quad \frac{dR}{d\theta} = [k\times]R,$$

$$\dot{R} = \frac{dR}{d\theta}\dot{\theta} = [k\times]R\dot{\theta}$$

(4) Cayley 旋轉矩陣公式及反旋轉公式

   (a) $R = (I-S)(I+S)^{-1} = (I+S)^{-1}(I-S),$

      $S = (I+R)^{-1} - (I+R)^{-T} = -\tan(\frac{\theta}{2})[k\times]$

   (b) $R = (I+S)(I-S)^{-1} = (I-S)^{-1}(I+S),$

      $S = (I+R)^{-T} - (I+R)^{-1} = \tan(\frac{\theta}{2})[k\times]$

(5) 單位四元數 r

$$r = (\cos(\frac{\theta}{2}),\ \sin(\frac{\theta}{2})k)\ , \quad \|k\| = 1\ ; \quad r^{-1} = (\cos(\frac{\theta}{2}),\ -\sin(\frac{\theta}{2})k)$$

$$p = (0,\ p)\ , \quad q = (0,\ q)\ , \quad q = r^{-1}pr$$

(6) 尋求最接近矩陣 $A = [a_{ij}] \in R^{3\times3}$ 之旋轉矩陣 R

   (a) Cayley 正交矩陣定理法

      步驟 1：令反對稱矩陣 $S = (I+A)^{-1} - (I+A)^{-T}$

      步驟 2：Cayley 對稱矩陣公式 $R = (I-S)(I+S)^{-1}$。

   (b) 單位四元數法

      步驟 1：計算對稱矩陣 S 之最大固有值 λ_{max} 及對應的單位四元數

         固有向量 q，

$$S = \begin{bmatrix} x_1+y_2+z_3 & z_2-y_3 & -z_1+x_3 & y_1-x_2 \\ z_2-y_3 & x_1-y_2-z_3 & y_1+x_2 & z_1+x_3 \\ -z_1+x_3 & y_1+x_2 & -x_1+y_2-z_3 & z_2+y_3 \\ y_1-x_2 & z_1+x_3 & z_2+y_3 & -x_1-y_2+z_3 \end{bmatrix},$$

$$A = \begin{bmatrix} x_1 & x_2 & x_3 \\ y_1 & y_2 & y_3 \\ z_1 & z_2 & z_3 \end{bmatrix}。$$

步驟 2：旋轉矩陣 $R = R(q)$。

(c) SVD 奇異值分解法

步驟 1：奇異值分解 $A = U \Sigma V^T$；

步驟 2：旋轉矩陣 $R = U V^T$。(原理說明：奇異值 $\sigma(R) = \{1,1,1\}$)

參考文獻

[1] W. Keith Nicholson, Linear algebra with applications, 7/e (IE-Paperback), McGraw-Hill 2012.

[2] J. B. Kuipers. Quaternions and rotation sequences, Princeton University Press, 1999.

[3] Simon L. Altmann, Hamilton, Rodrigues, and the quaternion scandal, Mathematics Magazine, Vol. 62, No. 5, pp. 291-308, 1989.

[4] Jean Gallier and Jocelyn Quaintance, Linear algebra for computer vision, robotics, and machine learning, 2020.

[5] Siddika Ozkaldi and Halit Gundogan, Cayley formula, ruler parameters and rotations in Lorentzian space, Advances in Applied Clifford Algebras, Vol. 20, pp. 367-377, 2010.

[6] https://planetmath.org/proofofrodriguesrotationformula

CHAPTER **4**

齊次轉換矩陣與透視轉換矩陣

■ 4.1　線性轉換與仿射轉換

從向量空間 R^n 映射至向量空間 R^m 之線性轉換(linear transformation) $y = L(x)$ ，$x \in R^n$、 $y \in R^m$，具有下列特性。

(1) 齊次性(homogeneity)： $L(cx) = cL(x)$ ，其中 $x \in R^n$、 $c \in R$

(2) 疊加性(superposition)： $L(x + y) = L(x) + L(y)$ ，其中 $x, y \in R^n$

(3) 線性轉換皆有唯一的矩陣表示法： $y = L(x) = A_{m \times n} x$

(4) 合成的線性轉換(composite linear transformation)與矩陣相乘：$L_2(L_1(x)) = A_2 A_1 x$

從 R^3 映射至 R^3 之線性轉換例包括有旋轉(rotation)、反射(refection)、等比例放大縮小(scaling)、變形(shearing)等等。

從向量空間 R^n 映射至向量空間 R^m 之仿射轉換(affine transformation)為線性轉換再加上固定向量 $b \in R^n$， $y = affine(x) = Ax + b$ ， $x \in R^n$, $y \in R^m$ 。

三度空間剛體轉換(rigid or Cartesian transformation)為仿射轉換，它包括有單純的原地旋轉 $q = Rp$ 、簡單的平移 $q = p + t$ ， $p, q, t \in R^3$ 以及同時旋轉與平移之矩陣乘法表示式

$$q = R_{3 \times 3} p + t = \begin{bmatrix} R & t \end{bmatrix}_{3 \times 4} \begin{bmatrix} p \\ 1 \end{bmatrix} \tag{4.1}$$

以及

$$\begin{bmatrix} q \\ 1 \end{bmatrix} = \begin{bmatrix} R & t \\ 0_{1\times3} & 1 \end{bmatrix}_{4\times4} \begin{bmatrix} p \\ 1 \end{bmatrix} = T_{4\times4} \begin{bmatrix} p \\ 1 \end{bmatrix},$$ (4.2)

上式中 $\begin{bmatrix} p \\ 1 \end{bmatrix}, \begin{bmatrix} q \\ 1 \end{bmatrix} \in P^3$ 在原卡氏座標增加第 4 維度 1 稱之為齊次座標(homogeneous coordinate)，$T = \begin{bmatrix} R & t \\ 0_{1\times3} & 1 \end{bmatrix}$ 稱為齊次轉換(homogeneous transformation)。因此，在三度空間之仿射轉換 $q = R_{3\times3} p + t$，若將其表示於齊次座標上則可視為線性轉換 $\begin{bmatrix} q \\ 1 \end{bmatrix} = T_{4\times4} \begin{bmatrix} p \\ 1 \end{bmatrix}$。特例，在平面空間的剛體轉換具有 1 個自由度的旋轉及 2 個自由度的平移，在齊次座標可表示為

$$\begin{bmatrix} u \\ v \\ 1 \end{bmatrix} = \begin{bmatrix} c_\theta & -s_\theta & a \\ s_\theta & c_\theta & b \\ 0 & 0 & 1 \end{bmatrix} \begin{bmatrix} x \\ y \\ 1 \end{bmatrix} = T_{3\times3} \begin{bmatrix} x \\ y \\ 1 \end{bmatrix}。$$ (4.3)

卡氏座標(Cartesian coordinate) R^3 上的一點 (x, y, z) 對應到齊次座標(homogeneous coordinate) P^3 上的一個射線(ray)，$(x, y, z, 1) = w(x, y, z, 1) = (wx, wy, wz, w)$，$w \in R$。從卡氏座標 $(x, y, z) \in R^3$ 對應到齊次座標 $(X, Y, Z, W) \in P^3$，$R^3 \rightarrow P^3$ 是一對多映射：

$$(X, Y, Z, W) = (x, y, z, 1) = (wx, wy, wz, w)。$$

反之，從齊次座標 $(X, Y, Z, W) \in P^3$ 對應到卡氏座標 $(x, y, z) \in R^3$，$P^3 \rightarrow R^3$ 是多對一映射：

$$(x, y, z) = (\frac{X}{W}, \frac{Y}{W}, \frac{Z}{W})。$$

定理 1：仿射轉換 $F(x) = Ax + b$ 當線性組合(linear combination)之係數和等於 1 時保有線性組合特性；亦即，若 $\alpha_1 + \cdots + \alpha_n = 1$，則

$$F(\alpha_1 x_1 + \cdots + \alpha_n x_n) = \alpha_1 F(x_1) + \cdots + \alpha_n F(x_n)。$$

證明：

$$F(\alpha_1 x_1 + \cdots + \alpha_n x_n) = A(\alpha_1 x_1 + \cdots + \alpha_n x_n) + b$$

$$= A(\alpha_1 x_1 + \cdots + \alpha_n x_n) + (\alpha_1 + \cdots + \alpha_n)b$$

$$= \alpha_1(Ax_1 + b) + \cdots + \alpha_n(Ax_n + b) = \alpha_1 F(x_1) + \cdots + \alpha_n F(x_n) \, \circ$$

仿射轉換之特性：

(1) 直線 $(1-t)p + tq$，$t \in R$ 經仿射轉換後亦為直線；線性組合係數和 $(1-t) + t = 1$。

(2) 線段 pq 之中點 $\frac{1}{2}p + \frac{1}{2}q$ 經仿射轉換後亦為仿射線段之中點；線性組合係數和等於 1。

(3) 平行四邊形 $pqrs$ 經仿射轉換後亦為平行四邊形；$s = p - q + r$ 線性組合係數和等於 1。

(4) 直線上 p, q, r 各點之間的距離比率維持不變；參考圖 4-1 例，$\dfrac{\|pq\|}{\|qr\|} = \dfrac{s}{t} = \dfrac{\|p'q'\|}{\|q'r'\|}$。

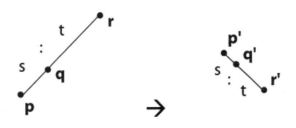

圖 4-1　仿射轉換距離比率維持不變

■ 4.2　三度空間剛體轉換與齊次轉換矩陣

三度空間剛體轉換代表一個姿態(pose)計有 3 個平移自由度 (x, y, z) 以及 3 個旋轉自由度，其中 3 個旋轉自由度可以使用 3 × 3 旋轉矩陣 R 或 3 個尤拉角 (A, B, C) 來表示。因此，一個剛體轉換可以使用 6×1 向量 $pose = (x, y, z, A, B, C)$ 或 4×4 齊次轉換矩陣(homogeneous transformation matrix) T 來表示，

$$T = \begin{bmatrix} R_{3\times3} & t_{3\times1} \\ 0_{1\times3} & 1 \end{bmatrix}, \quad t = \begin{bmatrix} x \\ y \\ z \end{bmatrix} \, \circ$$

CHAPTER 4

三度空間剛體轉換之向量表示法為較繁複的非線性表示法，齊次轉換表示法具線性轉換特性，只需使用矩陣乘法與反矩陣即可解決大部分的剛體轉換問題。

齊次轉換矩陣 $T = \begin{bmatrix} R & t \\ 0 & 1 \end{bmatrix}$ 本身也可代表一個新的三度空間座標系統 {B}，其中 t 為相對於舊的參考座標系統 {A} 之原點位置及 $R = \begin{bmatrix} r_1 & r_2 & r_3 \end{bmatrix}$ 為相對於參考座標系統 {A} 之 3 個垂直座標軸。我們特別以符號 ${}^A T_B = \begin{bmatrix} {}^A R_B & {}^A p_{A,B} \\ 0 & 1 \end{bmatrix}$ 來表示兩者座標系統之相對關係，以及

$${}^B T_A = {}^A T_B^{-1} = \begin{bmatrix} {}^A R_B & {}^A p_{A,B} \\ 0 & 1 \end{bmatrix}^{-1} = \begin{bmatrix} {}^A R_B^T & -{}^A R_B^T {}^A p_{A,B} \\ 0 & 1 \end{bmatrix} 。 \qquad (4.4)$$

連續的座標系統關係則以矩陣相乘來表示。例如：${}^A T_C = {}^A T_B {}^B T_C$、${}^C T_A = {}^C T_B {}^B T_A$。三度空間特定點 $p \in R^3$ 於不同座標系統之座標轉換可以 ${}^A p = {}^A T_B {}^B p$ 或 ${}^A p = {}^A T_B {}^B T_C {}^C p$ 來表示。

基本的齊次轉換為如下所列。

(1) 單純平移：

$q = p + t,\ T = \begin{bmatrix} I_{3\times3} & t \\ 0_{1\times3} & 1 \end{bmatrix},\ p, q, t \in R^3 。$

(2) 單純對原點旋轉：

$q = R p,\ T = \begin{bmatrix} R & 0_{3\times1} \\ 0_{1\times3} & 1 \end{bmatrix} 。$

(3) 先對原點旋轉再平移：

$q = R p + t,\ T = \begin{bmatrix} I & t \\ 0 & 1 \end{bmatrix} \begin{bmatrix} R & 0 \\ 0 & 1 \end{bmatrix} = \begin{bmatrix} R & t \\ 0 & 1 \end{bmatrix} 。$

(4) 先對原點旋轉再平移之反齊次轉換：

$p = R^T(q - t),\ T^{-1} = \begin{bmatrix} R & t \\ 0 & 1 \end{bmatrix}^{-1} = \begin{bmatrix} R^T & -R^T t \\ 0 & 1 \end{bmatrix} 。$

(5) 先平移再對原點旋轉：

$q = R(p + t),\ T = \begin{bmatrix} R & Rt \\ 0 & 1 \end{bmatrix},\ T^{-1} = \begin{bmatrix} R^T & -t \\ 0 & 1 \end{bmatrix} 。$

(6) 對特定 k 軸同時旋轉與平移(screw transformation about k-axis)：

$$T = \begin{bmatrix} I & dk \\ 0 & 1 \end{bmatrix}\begin{bmatrix} R(k,\theta) & 0 \\ 0 & 1 \end{bmatrix} = \begin{bmatrix} R(k,\theta) & 0 \\ 0 & 1 \end{bmatrix}\begin{bmatrix} I & dk \\ 0 & 1 \end{bmatrix} = \begin{bmatrix} R(k,\theta) & dk \\ 0 & 1 \end{bmatrix}。$$

(7) 對固定座標系統連續的剛體轉換與矩陣前乘(pre-multiplication)：

$$q = T_2(T_1\, p) = T_2 T_1\, p。$$

(8) 對新系統連續的剛體轉換與矩陣後乘(post-multiplication)：

$$^0 p = {}^0T_1\, {}^1 p = {}^0T_1 {}^1T_2\, {}^2 p。$$

■ 4.3　機器人座標系統轉換圖

令 ${}^aT_b = \begin{bmatrix} {}^aR_b & {}^ap_{a,b} \end{bmatrix}$ 表示座標 {b} 相對於座標 {a} 之齊次轉換矩陣，則

${}^bT_a = \begin{bmatrix} {}^bR_a & {}^bp_{b,a} \end{bmatrix} = {}^aT_b^{-1} = \begin{bmatrix} {}^aR_b & {}^ap_{a,b} \end{bmatrix}^{-1} = \begin{bmatrix} {}^aR_b^T & -{}^aR_b^T\, {}^ap_{a,b} \end{bmatrix}$。${}^aT_b$ 及 ${}^bT_a$ 之幾何

意義可使用圖 4-2 所示之座標轉換圖形(transformation graph)來顯現兩者之相對關係。

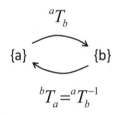

圖 4-2　${}^aT_b$ 及 ${}^bT_a$ 座標轉換圖

通常機械臂與相機及工作物件所組成之機器人系統需建立多組座標系統。一個典型的 6 軸機械臂座標系統計有機械臂底部座標 {0}、機械臂末端座標 {6}、手部工具座標 {e}、眼部相機座標 {c} 及世界座標 {w}。應用座標轉換圖形可快速的求得兩兩座標之間的轉換關係。例如，假設 ${}^0T_6$、${}^6T_e$、${}^6T_c$ 及 ${}^0T_w$ 為已知，則由圖 4-3 所示之轉換圖我們可以求得 ${}^0T_e = {}^0T_6\, {}^6T_e$、${}^0T_c = {}^0T_6\, {}^6T_c$、${}^0T_w = {}^0T_c\, {}^cT_e\, {}^eT_w = {}^0T_e\, {}^eT_c\, {}^cT_w$、${}^cT_w = {}^cT_6\, {}^6T_0\, {}^0T_w$、${}^eT_w = {}^eT_6\, {}^6T_0\, {}^0T_w$ 等等座標轉換關係式。又例如，圖 4-4 所示為相機在不同位置時相對於世界座標固定工件之座標轉換圖。若固定工件對目前位置相機之

轉換矩陣 ^cT_w 及其理想的轉換矩陣 $^{c'}T_w$ 為已知，則新理想相機位置之齊次轉換為 $^cT_{c'} = {}^cT_w \, {}^{c'}T_w^{-1}$。

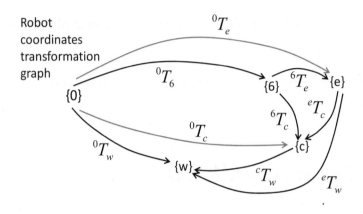

圖 4-3　機器人系統座標轉換圖

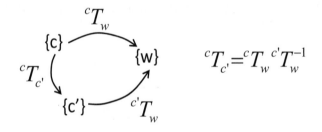

圖 4-4　世界座標固定工件與移動相機之座標轉換圖

■ 4.4　齊次轉換矩陣方程式

問題 1：解 $X = AB$，其中齊次轉換矩陣 A, B 為已知。

機械臂手部運動例。

(1)　前乘法：相對於固定的底部座標系統

　　令 $^0T_{\Delta e}$ 為機械臂手部相對於固定底部座標{0}之相對移動轉換矩陣，

　　則 $^0X_{e'} = {}^0T_{\Delta e} \, {}^0T_e$。

(2) 後乘法：相對於手部新座標系統

令 $^eT_{e'}$ 為機械臂手部相對於手部座標 $\{e\}$ 之相對移動轉換矩陣，

則 $^0X_{e'} = {}^0T_e\,{}^eT_{e'}$ 。

(3) $^0T_{\Delta e}$ 與 $^eT_{e'}$ 之關係式

因為 $^0X_{e'} = {}^0T_{\Delta e}\,{}^0T_e = {}^0T_e\,{}^eT_{e'}$ ，故所以

$^0T_{\Delta e} = {}^0T_e\,{}^eT_{e'}\,{}^0T_e^{-1} = {}^0T_e\,{}^eT_{e'}\,{}^eT_0$

$^eT_{e'} = {}^eT_0\,{}^0T_{\Delta e}\,{}^0T_0^{-1} = {}^eT_0\,{}^0T_{\Delta e}\,{}^0T_e$ 。

問題 2：解 $AX = B$ 或 $XA = B$ ，其中齊次轉換矩陣 A, B 為已知。

眼在手相機對位(eye-in-hand camera alignment)例(圖 4-5)，假設 ^cT_w 與 $^{c'}T_w$ 分別為目前與理想的相對於相機座標系統之齊次轉換矩陣，因為

$^0T_{c'} = {}^0T_c\,{}^cX_{c'} = {}^0T_c\,{}^cT_w\,{}^{c'}T_w^{-1}$ ，故所以 $^cT_w = {}^cX_{c'}\,{}^{c'}T_w$ 以及 $^cX_{c'} = {}^cT_w\,{}^{c'}T_w^{-1}$ 。

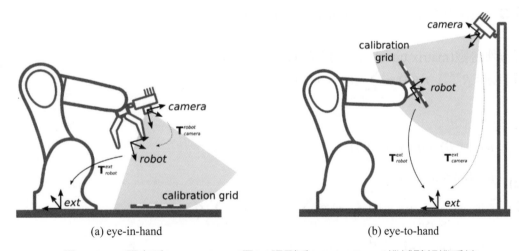

(a) eye-in-hand　　　　　(b) eye-to-hand

圖 4-5　(a)眼在手(eye-in-hand)及(b)眼到手(eye-to-hand)機械臂相機系統

問題 3：解 $AX = XB$ ，其中齊次轉換矩陣 A, B 為已知。

手眼校正(hand-eye calibration)問題，機械臂手眼系統在不同的地點觀察工作空間。

(1) $^0T_{\Delta e}\,{}^0X_e = {}^0X_e\,{}^eT_{e'}$ ，其中 $^0T_{\Delta e}$ 及 $^eT_{e'}$ 為已知，$X = {}^0T_e$ 為未知。

(2) $^eT_{e'}\,{}^eX_c = {}^eX_c\,{}^cT_{c'}$ ，其中 $^eT_{e'}$ 及 $^cT_{c'}$ 為已知，$X = {}^eT_c$ 為未知。

有關齊次方程式 $AX = XB$ 的解法請本章參考文獻[8]、[9]。

■ 4.5　剛體最佳旋轉與平移問題

問題描述：假設點集合 $\{p_i\}_{i=1}^n$ 及 $\{q_i\}_{i=1}^n$ 分別為某一剛體的相對應點，試尋找最佳的旋轉矩陣及平移向量使得 $(R,t) = \text{argmin} \sum_{i=1}^n \|(Rp_i + t) - q_i\|^2$。

此問題解法之步驟為如下所述。

步驟 1：計算點集合 $\{p_i\}_{i=1}^n$ 及 $\{q_i\}_{i=1}^n$ 之中心點　$p_c = \frac{1}{n}\sum_{i=1}^n p_i$、$q_c = \frac{1}{n}\sum_{i=1}^n q_i$ 以及以中心點為原點之點集合 $\{x_i\}_{i=1}^n = \{p_i - p_c\}_{i=1}^n$、$\{y_i\}_{i=1}^n = \{q_i - q_c\}_{i=1}^n$。

步驟 2：計算共變異數矩陣(covariance matrix)　$A = XY^T$，其中 $X = \begin{bmatrix} x_1 & x_2 & \cdots & x_n \end{bmatrix}$、$Y = \begin{bmatrix} y_1 & y_2 & \cdots & y_n \end{bmatrix}$ 及其奇異值分解(singular value decomposition, SVD) $A = U\Sigma V^T$；接著，得到最佳的旋轉矩陣為 $R = VU^T$。

步驟 3：最後計算最佳的平移向量為　$t = q_c - R\,p_c$。

複習方陣跡數(matrix trace)之定義與特性。

定義：$A \in R^{n \times n}$，$tr(A) = \sum_{1 \le i \le n} a_{i,i} = tr(A^T)$

特性：

(1)　$tr(A+B) = tr(A) + tr(B)$

(2)　$tr(AB) = tr(BA)$

(3)　$\|A\|_F^2 = \sum_{1 \le i,j \le n} a_{i,j}^2 = tr(A^T A) = \sum_{1 \le i \le n} \lambda(A^T A) = \sum_{1 \le i \le r} \sigma_i^2$

(4)　$\frac{\partial}{\partial A} tr(AB) = B^T$、$\frac{\partial}{\partial B} tr(AB) = A^T$。

步驟 2 最佳旋轉矩陣之證明：

$$E(R) = \|RX - Y\|_F^2 = tr((RX-Y)^T(RX-Y)) = tr(X^T X + Y^T Y - 2Y^T RX)，$$

$$tr(Y^T RX) = tr(XY^T R) = tr(U\Sigma V^T R) = tr(\Sigma V^T RU)；$$

因此，$\min. E(R)$　等同於　$\max. tr(Y^T RX)$。

$\max. tr(Y^T R X) = \max. tr(\Sigma V^T R U)$ 之最佳解需滿足爲 $V^T R U = I$；故因此，最佳解之旋轉矩陣爲 $R = VU^T$。

例 4-1

已知向量 $a, b \in R^3$，$\|a\| = \|b\| = 1$，尋求旋轉矩陣 R 使得 $Ra = b$。

解答

令 $A = ab^T$ 並推測左奇異向量 $u_1 = a$，驗證右奇異向量 $v_1 = A^T u_1 = ba^T a = b$；因此，矩陣 A 之奇異值爲 $\sigma_1 = 1$、$\sigma_2 = \sigma_3 = 0$。

接著，求方程式 $A^T [u_2 \quad u_3] = 0$ 並滿足 $u_2^T u_3 = 0$、$\|u_2\| = \|u_3\| = 1$ 之解；以及求方程式 $A[v_2 \quad v_3] = 0$ 並滿足 $v_2^T v_3 = 0$、$\|v_2\| = \|v_3\| = 1$ 之解。

最後，矩陣 A 奇異值分解 $A = ab^T = U\Sigma V^T = \begin{bmatrix} a & u_2 & u_3 \end{bmatrix} \begin{bmatrix} 1 & 0 & 0 \\ 0 & 0 & 0 \\ 0 & 0 & 0 \end{bmatrix} \begin{bmatrix} b^T \\ v_2^T \\ v_3^T \end{bmatrix}$，

故因此，旋轉矩陣 $R = VU^T = \begin{bmatrix} b & v_2 & v_3 \end{bmatrix} \begin{bmatrix} a^T \\ u_2^T \\ u_3^T \end{bmatrix} = ba^T + v_2 u_2^T + v_3 u_3^T$。

■ 4.6 相機透視轉換模型

由世界座標至影像座標轉換之相機透視轉換模型由淺入深說明如下。

(1) 相機座標(camera coordinate)至螢幕座標(screen coordinate)轉換

假設相機顯相原理爲理想的針孔模型(pin-hole model)，則三度空間相機座標點 (x_c, y_c, z_c) 至平面螢幕座標點 (x_s, y_s) 之關係式可表示爲

$$\frac{x_s}{x_c} = \frac{y_s}{y_c} = \frac{\lambda}{z_c} , \tag{4.5}$$

其中 λ 爲螢幕座標原點至相機的深度(depth)或距離；將上式改寫爲矩陣型式可得

$$\begin{bmatrix} z_c x_s \\ z_c y_s \end{bmatrix} = \begin{bmatrix} \lambda & 0 \\ 0 & \lambda \end{bmatrix} \begin{bmatrix} x_c \\ y_c \end{bmatrix} , \qquad (4.6)$$

再進一步得到相機座標至螢幕座標之多對一齊次轉換矩陣。

$$T_1 : (x_c, y_c, z_c) \rightarrow w(x_s, y_s, 1)$$

$$w \begin{bmatrix} x_s \\ y_s \\ 1 \end{bmatrix} = T_1 \begin{bmatrix} x_c \\ y_c \\ z_c \end{bmatrix} = \begin{bmatrix} \lambda & 0 & 0 \\ 0 & \lambda & 0 \\ 0 & 0 & 1 \end{bmatrix} \begin{bmatrix} x_c \\ y_c \\ z_c \end{bmatrix} 。 \qquad (4.7)$$

(2) 螢幕座標至影像座標(image coordinate)轉換

螢幕座標至影像座標是直接一對一的轉換矩陣 $T_2 : (x_s, y_s, 1) \rightarrow (u, v, 1)$

$$\begin{bmatrix} u \\ v \\ 1 \end{bmatrix} = T_2 \begin{bmatrix} x_s \\ y_s \\ 1 \end{bmatrix} = \begin{bmatrix} s_u & \gamma_s & u_0 \\ 0 & s_v & v_0 \\ 0 & 0 & 1 \end{bmatrix} \begin{bmatrix} x_s \\ y_s \\ 1 \end{bmatrix} , \qquad (4.8)$$

其中 (u_0, v_0) 為相機中心點之影像座標位置、(s_u, s_v) 為比例值以及 γ_s 為歪斜率。

(3) 相機座標至影像座標轉換

將矩陣 T_2 及 T_1 相乘即可形成相機座標至影像座標之齊次轉換矩陣，

$$w \begin{bmatrix} u \\ v \\ 1 \end{bmatrix} = K \begin{bmatrix} x_c \\ y_c \\ z_c \end{bmatrix} = \begin{bmatrix} s_u & \gamma_s & u_0 \\ 0 & s_v & v_0 \\ 0 & 0 & 1 \end{bmatrix} \begin{bmatrix} \lambda & 0 & 0 \\ 0 & \lambda & 0 \\ 0 & 0 & 1 \end{bmatrix} \begin{bmatrix} x_c \\ y_c \\ z_c \end{bmatrix} = \begin{bmatrix} k_u & \gamma & u_0 \\ 0 & k_v & v_0 \\ 0 & 0 & 1 \end{bmatrix} \begin{bmatrix} x_c \\ y_c \\ z_c \end{bmatrix} , \qquad (4.9)$$

矩陣 $K = \begin{bmatrix} k_u & \gamma & u_0 \\ 0 & k_v & v_0 \\ 0 & 0 & 1 \end{bmatrix}$ 即稱為相機內部參數(camera internal parameters)。由

$z_c \Delta u = k_u \Delta x_c$ 可得知參數 $k_u = z_c \dfrac{\Delta u}{\Delta x_c}$ ；同理，可得 $z_c \Delta v = k_v \Delta y_c$ 及參數

$k_v = z_c \dfrac{\Delta v}{\Delta y_c}$。更進一步，我們可得 $z_c = \sqrt{k_u k_v} \dfrac{\sqrt{\Delta x_c \Delta y_c}}{\sqrt{\Delta u \Delta v}}$，影像面積 $\Delta u \Delta v$ 與相機

之距離 z_c 成反比。

(4) 世界座標至相機座標轉換

最後，世界座標至相機座標轉換為標準的旋轉與平移之剛體轉換，

$$\begin{bmatrix} x_c \\ y_c \\ z_c \end{bmatrix} = \begin{bmatrix} R_{3\times3} & t_{3\times1} \end{bmatrix} \begin{bmatrix} x \\ y \\ z \\ 1 \end{bmatrix},$$ (4.10)

其中 $\begin{bmatrix} R_{3\times3} & t_{3\times1} \end{bmatrix}$ 又稱為相機的外部參數(camera external parameters)。

(5) 世界座標至影像座標轉換

$$w \begin{bmatrix} u \\ v \\ 1 \end{bmatrix} = \begin{bmatrix} k_u & \gamma & u_0 \\ 0 & k_v & v_0 \\ 0 & 0 & 1 \end{bmatrix} \begin{bmatrix} r_1 & r_2 & r_3 & t \end{bmatrix} \begin{bmatrix} x \\ y \\ z \\ 1 \end{bmatrix}$$

$$= \begin{bmatrix} m_{11} & m_{12} & m_{13} & m_{14} \\ m_{21} & m_{22} & m_{23} & m_{24} \\ m_{31} & m_{32} & m_{33} & m_{34} \end{bmatrix} \begin{bmatrix} x \\ y \\ z \\ 1 \end{bmatrix} = M_{3\times4} \begin{bmatrix} x \\ y \\ z \\ 1 \end{bmatrix}$$ (4.11)

其中

$$M_{3\times4} = K \begin{bmatrix} R & t \end{bmatrix} 。$$

相機透視轉換矩陣 M 為 3×4 齊次矩陣，它只有 11 個未知參數；5 個內部參數($k_u, k_v, u_0, v_0, \gamma$)以及 6 個外部參數 $\begin{bmatrix} R & t \end{bmatrix}$；因此，我們需要最少 6 個 3D 到 2D 的對應點 $(x_i, y_i, z_i) \leftrightarrow (u_i, v_i)$, $i = 1, 2, \cdots, n$, $n \geq 6$，來求得 M 矩陣。

相機校正(camera calibration)問題為藉由一組世界座標點集合與對應至影像座標的點集合來求得相機的 11 個內外部參數。

(6) 平面至平面同形異構轉換

當世界座標之工作空間局限於三度空間的平面時，世界座標映射至影像平面座標稱為同形異構轉換(homograph)或者稱為四邊形至四邊形轉換(quadrilateral-to-quadrilateral transformation)。例如，$z = 0$ 平面映射至影像平面座標之透視轉換矩陣為 3×3 齊次矩陣 H，

$$w \begin{bmatrix} u \\ v \\ 1 \end{bmatrix} = \begin{bmatrix} k_u & \gamma & u_0 \\ 0 & k_v & v_0 \\ 0 & 0 & 1 \end{bmatrix} \begin{bmatrix} r_1 & r_2 & t \end{bmatrix} \begin{bmatrix} x \\ y \\ 1 \end{bmatrix} = \begin{bmatrix} h_{11} & h_{12} & h_{13} \\ h_{21} & h_{22} & h_{23} \\ h_{31} & h_{32} & h_{33} \end{bmatrix} \begin{bmatrix} x \\ y \\ 1 \end{bmatrix} = H_{3\times3} \begin{bmatrix} x \\ y \\ 1 \end{bmatrix} ,$$

(4.12)

其中

$$H_{3\times3} = K \begin{bmatrix} r_1 & r_2 & t \end{bmatrix} 。$$

同形異構轉換矩陣 H 為正矩陣,因此存在有同形異構逆轉換矩陣 H^{-1},

$$w \begin{bmatrix} x \\ y \\ 1 \end{bmatrix} = H^{-1} \begin{bmatrix} u \\ v \\ 1 \end{bmatrix} ;$$

(4.13)

我們只需要平面與平面之間 4 個對應點 $(x_i, y_i) \leftrightarrow (u_i, v_i)$, $i = 1, 2, 3, 4$,我們即可解得 H 及 H^{-1} 矩陣。

如何求得同形異構轉換矩陣 H?

方法 1:4 點對應法

令 $h_{33} = 1$ 及 4 個對應點 $(x_i, y_i) \leftrightarrow (u_i, v_i)$, $i = 1, 2, 3, 4$,我們可得

$$\begin{cases} h_{11}x_i + h_{12}y_i + h_{13} - w_iu_i = 0 \\ h_{21}x_i + h_{22}y_i + h_{23} - w_iv_i = 0 \end{cases},$$

$$w_i = h_{31}x_i + h_{32}y_i + 1, \quad i = 1, 2, 3, 4.$$

將上式改寫成矩陣方程式

$$Ax = \begin{bmatrix} x_1 & y_1 & 1 & 0 & 0 & 0 & -u_1x_1 & -u_1y_1 \\ x_2 & y_2 & 1 & 0 & 0 & 0 & -u_2x_2 & -u_2y_2 \\ x_3 & y_3 & 1 & 0 & 0 & 0 & -u_3x_3 & -u_3y_3 \\ x_4 & y_4 & 1 & 0 & 0 & 0 & -u_4x_4 & -u_4y_4 \\ 0 & 0 & 0 & x_1 & y_1 & 1 & -v_1x_1 & -v_1y_1 \\ 0 & 0 & 0 & x_2 & y_2 & 1 & -v_2x_2 & -v_2y_2 \\ 0 & 0 & 0 & x_3 & y_3 & 1 & -v_3x_3 & -v_3y_3 \\ 0 & 0 & 0 & x_4 & y_4 & 1 & -v_4x_4 & -v_4y_4 \end{bmatrix}_{8\times8} \begin{bmatrix} h_{11} \\ h_{12} \\ h_{13} \\ h_{21} \\ h_{22} \\ h_{23} \\ h_{31} \\ h_{32} \end{bmatrix} = \begin{bmatrix} u_1 \\ u_2 \\ u_3 \\ u_4 \\ v_1 \\ v_2 \\ v_3 \\ v_4 \end{bmatrix} = b ,$$

求其解可得向量 $x = A^{-1}b$,然後再重新排列(reshape)得到 H 矩陣。

方法 2：當有大於 4 個對應點 $(x_i, y_i) \leftrightarrow (u_i, v_i)$ 時，我們可使用最小平方法或 RANSAC 演算法[13]。

如何求得同形異構逆轉換矩陣 H^{-1}？

方法 1：上述之方法中互換對應點角色 $(x_i, y_i) \leftrightarrow (u_i, v_i)$ 即可求得矩陣 H^{-1}。

方法 2：先矩陣 H 求取再計算反矩陣 H^{-1}。

(7) 分析式同形異構轉換矩陣 H

特殊情況：世界座標 $z = 0$ 平面

$$w\begin{bmatrix} u \\ v \\ 1 \end{bmatrix} = \begin{bmatrix} k_u & \gamma & u_0 \\ 0 & k_v & v_0 \\ 0 & 0 & 1 \end{bmatrix} \begin{bmatrix} r_1 & r_2 & r_3 & t \end{bmatrix} \begin{bmatrix} x \\ y \\ z \\ 1 \end{bmatrix},$$

$$w\begin{bmatrix} u \\ v \\ 1 \end{bmatrix} = H\begin{bmatrix} x \\ y \\ 1 \end{bmatrix} = \begin{bmatrix} k_u & \gamma & u_0 \\ 0 & k_v & v_0 \\ 0 & 0 & 1 \end{bmatrix} \begin{bmatrix} r_1 & r_2 & t \end{bmatrix} \begin{bmatrix} x \\ y \\ 1 \end{bmatrix} 、 w\begin{bmatrix} x \\ y \\ 1 \end{bmatrix} = H^{-1}\begin{bmatrix} u \\ v \\ 1 \end{bmatrix}$$

因此 $H = KB$， $K = \begin{bmatrix} k_u & \gamma & u_0 \\ 0 & k_v & v_0 \\ 0 & 0 & 1 \end{bmatrix}$、 $B = \begin{bmatrix} {}^c r_1 & {}^c r_2 & {}^c t_{c,w} \end{bmatrix}$ 以及

$${}^c T_w = \begin{bmatrix} {}^c r_1 & {}^c r_2 & {}^c r_3 & {}^c t_{c,w} \end{bmatrix}, \quad {}^c T_w = \begin{bmatrix} {}^w R_c^T & -{}^w R_c^T t_{w,c} \end{bmatrix} 。$$

一般情況：世界座標平面 $n^T x + d = 0$ 或 $\dfrac{n^T x}{d} = -1$

$$p = K({}^c R_w x + {}^c t_{c,w}) = K({}^c R_w x - {}^c t_{c,w} \frac{n^T x}{d}) = K({}^c R_w - {}^c t_{c,w} \frac{n^T}{d})x = Hx ，$$

$$w\begin{bmatrix} u \\ v \\ 1 \end{bmatrix} = H\begin{bmatrix} x \\ y \\ z \end{bmatrix} = K({}^c R_w - \frac{1}{d}{}^c t_{c,w} n^T)\begin{bmatrix} x \\ y \\ z \end{bmatrix},$$

$$H = K({}^c R_w - \frac{1}{d}{}^c t_{c,w} n^T) 。$$

■ 4.7 基於同形異構轉換之相機校正

世界座標 $z = 0$ 平面之同形異構轉換可表示為

$$z \begin{bmatrix} c \\ r \\ 1 \end{bmatrix} = H \begin{bmatrix} x \\ y \\ 1 \end{bmatrix} = K \begin{bmatrix} r_1 & r_2 & p \end{bmatrix} \begin{bmatrix} x \\ y \\ 1 \end{bmatrix} \tag{4.14}$$

或者

$$\begin{bmatrix} c \\ r \\ 1 \end{bmatrix} = H \begin{bmatrix} x \\ y \\ 1 \end{bmatrix} = z^{-1} K \begin{bmatrix} r_1 & r_2 & p \end{bmatrix} \begin{bmatrix} x \\ y \\ 1 \end{bmatrix} ; \tag{4.15}$$

基於同形異構轉換之相機校正問題為當同形異構轉換矩陣 H 為已知時，如何求得相機的內外部參數 K 及 $\begin{bmatrix} R & t \end{bmatrix} = \begin{bmatrix} r_1 & r_2 & r_3 & p \end{bmatrix}$ 以滿足限制條件

$$z^{-1} K \begin{bmatrix} r_1 & r_2 & p \end{bmatrix} = H = \begin{bmatrix} h_1 & h_2 & h_3 \end{bmatrix} ,$$

或者滿足 $r_1 = zK^{-1}h_1$、$r_2 = zK^{-1}h_2$ 與 $p = zK^{-1}h_3$ 以及 $\begin{cases} r_1^T r_2 = 0 \\ r_1^T r_1 = r_2^T r_2 = 1 \end{cases}$ 等限制條件。

因此，對每一組同形異構轉換矩陣 $H^{(i)}$，$i = 1, 2, \cdots$，需滿足下列條件：

$$\begin{cases} h_1^T K^{-T} K^{-1} h_2 = 0 \\ z^2 h_1^T K^{-T} K^{-1} h_1 = z^2 h_2^T K^{-T} K^{-1} h_2 = 1 \end{cases} 。$$

令待求之對稱正定矩陣 $X = \begin{bmatrix} X_{i,j} \end{bmatrix}_{3 \times 3} = K^{-T} K^{-1}$ 以未知向量

$x = \begin{bmatrix} X_{11} & X_{12} & X_{13} & X_{22} & X_{23} & X_{33} \end{bmatrix}^T$ 來表示。

$$K = \begin{bmatrix} k_u & \gamma & u_0 \\ 0 & k_v & v_0 \\ 0 & 0 & 1 \end{bmatrix} 、 K^{-1} = \begin{bmatrix} k_u^{-1} & -k_u^{-1} k_v^{-1} \gamma & -k_u^{-1} k_v^{-1} (k_v u_0 - \gamma v_0) \\ 0 & k_v^{-1} & -k_v^{-1} v_0 \\ 0 & 0 & 1 \end{bmatrix} \text{ 以及}$$

$X = K^{-T}K^{-1}$

$$= \begin{bmatrix} k_u^{-2} & -k_u^{-2}k_v^{-1}\gamma & -k_u^{-2}k_v^{-1}(k_v u_0 - \gamma v_0) \\ -k_u^{-2}k_v^{-1}\gamma & k_v^{-2}+k_u^{-2}k_v^{-2}\gamma^2 & k_u^{-2}k_v^{-2}\gamma(k_v u_0 - \gamma v_0)-k_v^{-2}v_0 \\ -k_u^{-2}k_v^{-1}(k_v u_0 - \gamma v_0) & k_u^{-2}k_v^{-2}\gamma(k_v u_0 - \gamma v_0)-k_v^{-2}v_0 & 1+k_v^{-2}v_0^2+k_u^{-2}k_v^{-2}(k_v u_0 - \gamma v_0)^2 \end{bmatrix}$$

相機的內外部參數校正步驟為如下所示。

步驟 1：令 $H^{(i)} = \begin{bmatrix} h_1^{(i)} & h_2^{(i)} & h_3^{(i)} \end{bmatrix}$，$i=1,2,\cdots,n$，$n \geq 3$ 為已知的同形異構轉換矩陣。

步驟 2：將下列限制條件

$$\begin{cases} h_1^{(i)T} X h_2^{(i)} = 0 \\ h_1^{(i)T} X h_1^{(i)} - h_2^{(i)T} X h_2^{(i)} = 0 \end{cases}, \quad i=1,2,\cdots,n$$

改寫為齊次方程式 $A_{2n\times6}x_{6\times1} = 0_{2n\times1}$，$n \geq 3$ 以及 $\|x\| = 1$ 為如下所示

$$A_{2n\times6}x = \begin{bmatrix} h_1^T X h_2 \\ h_1^T X h_1 - h_2^T X h_2 \\ \vdots \end{bmatrix}_{2n\times6} = \begin{bmatrix} 0 \\ 0 \\ \vdots \end{bmatrix},$$

$h_i^T X h_j = \begin{bmatrix} H_{1i}H_{1j} & H_{1i}H_{2j}+H_{2i}H_{1j} & H_{1i}H_{3j}+H_{3i}H_{1j} & H_{2i}H_{2j} & H_{2i}H_{3j}+H_{3i}H_{2j} & H_{3i}H_{3j} \end{bmatrix}^T x$

步驟 3：解 x 為對應到最小奇異值 $\sigma_{\min}(A)$ 之奇異向量以及解 $X = \begin{bmatrix} x_{i,j} \end{bmatrix}_{3\times3}$。

步驟 4：由 $\lambda K^{-T}K^{-1} = X$ 求解內部參數 $(k_u, k_v, u_0, v_0, \gamma)$

已知

$$\lambda \begin{bmatrix} k_u^{-2} & -k_u^{-2}k_v^{-1}\gamma & -k_u^{-2}k_v^{-1}(k_v u_0 - \gamma v_0) \\ -k_u^{-2}k_v^{-1}\gamma & k_v^{-2}+k_u^{-2}k_v^{-2}\gamma^2 & k_u^{-2}k_v^{-2}\gamma(k_v u_0 - \gamma v_0)-k_v^{-2}v_0 \\ -k_u^{-2}k_v^{-1}(k_v u_0 - \gamma v_0) & k_u^{-2}k_v^{-2}\gamma(k_v u_0 - \gamma v_0)-k_v^{-2}v_0 & 1+k_v^{-2}v_0^2+k_u^{-2}k_v^{-2}(k_v u_0 - \gamma v_0)^2 \end{bmatrix} = X$$

CHAPTER 4

計算

$$\Delta_{12} = \begin{vmatrix} X_{11} & X_{12} \\ X_{21} & X_{22} \end{vmatrix} = \lambda^2 k_u^{-2} k_v^{-2} > 0, \quad X_{11}, X_{22} > 0$$

$$\Delta_{23} = \begin{vmatrix} X_{12} & X_{13} \\ X_{22} & X_{23} \end{vmatrix} = \lambda^2 k_u^{-2} k_v^{-2} u_0 > 0$$

$$\Delta_{31} = \begin{vmatrix} X_{13} & X_{11} \\ X_{23} & X_{21} \end{vmatrix} = \lambda^2 k_u^{-2} k_v^{-2} v_0 > 0 \text{ ；}$$

因此，$u_0 = \dfrac{\Delta_{23}}{\Delta_{12}}$ 、 $v_0 = \dfrac{\Delta_{31}}{\Delta_{12}}$ 。經由

$$\left(X_{13}^2 + v_0 \Delta_{31} \right) / X_{11} = \lambda k_u^{-2} k_v^{-2} (k_v u_0 + \gamma v_0)^2 + \lambda k_v^{-2} v_0^2 = X_{33} - \lambda \text{ ，}$$

可以得到

$$\lambda = \left| X_{33} - \frac{X_{13}^2 + v_0 \Delta_{31}}{X_{11}} \right| \text{ 。}$$

由 $X_{11} = \lambda k_u^{-2}$, $\lambda > 0$，得知 $k_u = \sqrt{\lambda / X_{11}}$ ；

再經由 $\Delta_{12} = \lambda^2 k_u^{-2} k_v^{-2} = \lambda X_{11} k_v^{-2}$，得知 $k_v = \sqrt{\lambda X_{11} / \Delta_{12}}$ ；

最後由 $X_{12} = \lambda k_u^{-2} k_v^{-1} \gamma$，可以得知 $\gamma = -X_{12} / \lambda k_u^{-2} k_v^{-1}$ 。

步驟 5：求解外部參數 ${}^c T_w = \begin{bmatrix} R & p \end{bmatrix} = \begin{bmatrix} r_1 & r_2 & r_1 \times r_2 & p \end{bmatrix}$, ${}^w T_c = {}^c T_w^{-1} = \begin{bmatrix} R^T & -Rp \end{bmatrix}$

令 $z = \left\| K^{-1} h_1^{(i)} \right\|^{-1} = \left\| K^{-1} h_2^{(i)} \right\|^{-1}$ ，

則 $\begin{bmatrix} r_1^{(i)} & r_2^{(i)} & p^{(i)} \end{bmatrix} = z K^{-1} H^{(i)}$, $i = 1, 2, \cdots, n$ 。

■ 4.8 三度空間之相機校正

雖然透視轉換矩陣 M 有 12 個元素，但它只有 11 個獨立變數，其中 5 個為相機內部參數 $(k_u, k_v, u_0, v_0, \gamma)$ 及 6 個為相機外部參數 (R, t)，

$$w\begin{bmatrix} u \\ v \\ 1 \end{bmatrix} = M\begin{bmatrix} x \\ y \\ z \\ 1 \end{bmatrix} = \begin{bmatrix} k_u & \gamma & u_0 \\ 0 & k_v & v_0 \\ 0 & 0 & 1 \end{bmatrix}\begin{bmatrix} R & t \end{bmatrix}\begin{bmatrix} x \\ y \\ z \\ 1 \end{bmatrix} \circ \tag{4.16}$$

三度空間之相機校正問題為已知對應點 $(x_i, y_i, z_i) \leftrightarrow (u_i, v_i)$，$i = 1, 2, \cdots, n$，$n \geq 6$，來求得透視轉換 M 矩陣及相機之內外部參數。

Faugeras 方法：

步驟 1：計算矩陣 $A = m_{34}^{-1}M$

透視轉換

$$w\begin{bmatrix} u \\ v \\ 1 \end{bmatrix} = M\begin{bmatrix} x \\ y \\ z \\ 1 \end{bmatrix} = \begin{bmatrix} m_{11} & m_{12} & m_{13} & m_{14} \\ m_{21} & m_{22} & m_{23} & m_{24} \\ m_{31} & m_{32} & m_{33} & m_{34} \end{bmatrix}\begin{bmatrix} x \\ y \\ z \\ 1 \end{bmatrix}$$

滿足

$$\begin{cases} u = \dfrac{wu}{w} = \dfrac{m_{11}x + m_{12}y + m_{13}z + m_{14}}{m_{31}x + m_{32}y + m_{33}z + m_{34}} \\ v = \dfrac{wv}{w} = \dfrac{m_{21}x + m_{22}y + m_{23}z + m_{24}}{m_{31}x + m_{32}y + m_{33}z + m_{34}} \end{cases}$$

亦即

$$\begin{cases} m_{11}x + m_{12}y + m_{13}z + m_{14} - m_{31}xu - m_{32}yu - m_{33}zu = m_{34}u \\ m_{21}x + m_{22}y + m_{23}z + m_{24} - m_{31}xv - m_{32}yv - m_{33}zv = m_{34}v \end{cases} \circ$$

假設 $m_{34} = t_z \neq 0$，並令 $a_{i,j} = m_{i,j}/m_{34}$，

上述之條件簡化為

$$\begin{cases} a_{11}x + a_{12}y + a_{13}z + a_{14} - a_{31}xu - a_{32}yu - a_{33}zu = u \\ a_{21}x + a_{22}y + a_{23}z + a_{24} - a_{31}xv - a_{32}yv - a_{33}zv = v \end{cases}$$

令 $x = \begin{bmatrix} a_{11} & a_{12} & a_{13} & a_{14} & a_{21} & a_{22} & a_{23} & a_{24} & a_{31} & a_{32} & a_{33} \end{bmatrix}^T$，

由對應點 $(x_i, y_i, z_i) \leftrightarrow (u_i, v_i)$，$i = 1, 2, \cdots, n$ 之關係式

$$\begin{cases} a_{11}x_i + a_{12}y_i + a_{13}z_i + a_{14} - a_{31}x_iu_i - a_{32}y_iu_i - a_{33}z_iu_i = u_i \\ a_{21}x_i + a_{22}y_i + a_{23}z_i + a_{24} - a_{31}x_iv_i - a_{32}y_iv_i - a_{33}z_iv_i = v_i \end{cases}, \quad i = 1, 2, \cdots, n,$$

整理後可得線性方程式 $A_{2n \times 11} x_{11 \times 1} = b_{2n \times 1}$，其中

$$A = \begin{bmatrix} x_1 & y_1 & z_1 & 1 & 0 & 0 & 0 & 0 & -u_1x_1 & -u_1y_1 & -u_1z_1 \\ \vdots & & & & \vdots & & & & \vdots & & \\ x_n & y_n & z_n & 1 & 0 & 0 & 0 & 0 & -u_nx_n & -u_ny_n & -u_nz_n \\ 0 & 0 & 0 & 0 & x_1 & y_1 & z_1 & 1 & -v_1x_1 & -v_1y_1 & -v_1z_1 \\ \vdots & & & & \vdots & & & & \vdots & & \\ 0 & 0 & 0 & 0 & x_n & y_n & z_n & 1 & -v_nx_n & -v_ny_n & -v_nz_n \end{bmatrix}, \quad b = \begin{bmatrix} u_1 \\ \vdots \\ u_n \\ v_1 \\ \vdots \\ v_n \end{bmatrix};$$

以及其最小平方誤差解 $x = A^+ b = (A^T A)^{-1} A^T b$。

步驟 2：解 $K[R \quad t] = M$，其中 $K = \begin{bmatrix} k_u & 0 & u_0 \\ 0 & k_v & v_0 \\ 0 & 0 & 1 \end{bmatrix}$，求得相機內外部參數。

【方法 1】

令 $K[R \quad t] = \alpha M = \alpha[N \quad c]$，經由比較下式

$$KRR^TK^T = KK^T = \begin{bmatrix} k_u^2 + u_0^2 & u_0v_0 & u_0 \\ u_0v_0 & k_v^2 + v_0^2 & v_0 \\ u_0 & v_0 & 1 \end{bmatrix} = \alpha^2 NN^T$$

我們可得

$$\alpha = 1/\sqrt{(NN^T)_{3,3}},$$

以及內部參數

$$u_0 = \alpha^2 (NN^T)_{1,3}$$

$$v_0 = \alpha^2 (NN^T)_{2,3}$$

$$k_u = \sqrt{\alpha^2 (NN^T)_{1,1} - u_0^2}$$

$$k_v = \sqrt{\alpha^2 (NN^T)_{2,2} - v_0^2} \quad \text{。}$$

最後，$R = \alpha K^{-1} N$、$t = \alpha K^{-1} c$。

【方法 2】

令 $M = \begin{bmatrix} m_1^T & m_{14} \\ m_2^T & m_{24} \\ m_3^T & m_{34} \end{bmatrix} = m_{34} \begin{bmatrix} a_1^T & a_{14} \\ a_2^T & a_{24} \\ a_3^T & 1 \end{bmatrix}$，則

$$M = \begin{bmatrix} k_u & 0 & u_0 \\ 0 & k_v & v_0 \\ 0 & 0 & 1 \end{bmatrix} \begin{bmatrix} R_{3\times 3} & t_{3\times 1} \end{bmatrix}$$

$$= \begin{bmatrix} k_u & 0 & u_0 \\ 0 & k_v & v_0 \\ 0 & 0 & 1 \end{bmatrix} \begin{bmatrix} r_1^T & t_x \\ r_2^T & t_y \\ r_3^T & t_z \end{bmatrix} = \begin{bmatrix} k_u r_1^T + u_0 r_3^T & k_u t_x + u_0 t_z \\ k_v r_2^T + v_0 r_3^T & k_v t_y + v_0 t_z \\ r_3^T & t_z \end{bmatrix} \text{。}$$

經由比較上式左右兩邊，我們可得

$$\left\| m_3^T \right\| = m_{34} \left\| a_3^T \right\| = \left\| r_3^T \right\| = 1$$

$$t_z = m_{34} = \left\| a_3^T \right\|^{-1}$$

$$r_3^T = m_3^T \quad ;$$

以及內部參數

$$k_u = \left\| (k_u r_1 + u_0 r_3) \times r_3 \right\| = \left\| m_1 \times m_3 \right\|,$$
$$k_v = \left\| (k_v r_2 + v_0 r_3) \times r_3 \right\| = \left\| m_2 \times m_3 \right\|;$$

$$u_0 = (k_u r_1 + u_0 r_3)^T r_3 = m_1^T m_3,$$

$$v_0 = (k_v r_2 + v_0 r_3)^T r_3 = m_2^T m_3 \text{ 。}$$

最後，

$$r_1^T = \frac{1}{k_u}(m_1^T - u_0 m_3^T), \quad r_2^T = \frac{1}{k_v}(m_2^T - v_0 m_3^T);$$

$$t_x = \frac{1}{k_u}(m_{14} - u_0 m_{34}), \quad t_y = \frac{1}{k_v}(m_{24} - v_0 m_{34}) \text{ 。}$$

參考文獻

[1] Faugeras, Three-dimensional computer vision: a geometric viewpoint, The MIT Press 1993.

[2] Z. Zhang, A Flexible new technique for camera calibration, IEEE Trans. on Pattern Analysis and Machine Intelligence, Vol. 22, No. 11, pp. 1330-1334, 2000.

[3] H. Malm and A. Heyden, Simplified intrinsic camera calibration and hand-eye calibration for robot vision, Proceedings of the 2003 IEEE/RSJ Intl. Conf. on Intelligent Robots and Systems, pp. 1037-1043, 2003.

[4] R. Horaud and F. Dornaika, Hand-eye calibration, The Inter. Journal of Robotics Research, Vol. 14, No. 3, pp. 195-210, 1995.

[5] Grégory Flandin, François Chaumette and E. Marchand, Eye-in-hand / eye-to-hand cooperation for visual servoing, IEEE International Conference on Robotics and Automation, ICRA2000 San Francisco, April 2000.

[6] Vincenzo Lippiello, Bruno Siciliano and Luigi Villani, Eye-in-hand/eye-to-hand multi-camera visual servoing, Proceedings of the 44th IEEE Conference on Decision and Control, and the European Control Conference 2005 Seville, Spain, pp. 5354-5359, December 12-15, 2005.

[7] Chichyang Chen, Steven Stitt and Yuan F. Zheng , Robotic eye-in-hand calibration by calibrating optical axis and target pattern, Journal of Intelligent and Robotic Systems Vol. 12, pp. 155-173, 1995.

[8] Y. Shiu and S. Ahmad, Finding the mounting position of a sensor by solving a homogeneous transformation equation of the form AX = XB, in Proc. IEEE Int. Conf. Robotic and Automation, Vol. 3, 1987, pp. 1666-1671.

[9] H. A. Martins, J. R. Birk, and R. B. Kelly, Camera models based on data from two calibration planes, Computer Graphics and Image Processing 17, pp. 173-180, 1981.

CHAPTER 4

[10] Zhengyou Zhang, Rachid Deriche, Olivier Faugeras, and Quang-Tuan Luong, A robust technique for matching two uncalibrated images through the recovery of the unknown epipolar geometry, Artificial intelligence, Vol. 8, Issue 1-2, pp.87-119, Oct. 1, 1995.

[11] Rahul Raguram, Jan-Michael Frahm and Marc Pollefeys, A comparative analysis of RANSAC techniques leading to adaptive real-time random sample consensus, European Conference on Computer Vision ECCV 2008, pp. 500-513, 2008.

[12] Nister, D.: Preemptive RANSAC for live structure and motion estimation. In: Proc. ICCV, Vol. 1, pp. 199-206, 2003.

[13] Nister, D.: Preemptive RANSAC for live structure and motion estimation. In: Proc. ICCV, Vol. 1, pp. 199–206, 2003.

CHAPTER **5**

機械臂直接運動學

　　運動學(kinematics)為探討物體之位置、速度、加速度等運動特性而不考慮其作用力之緣由。動力學(dynamics)為探討物體在有作用力下之位置、速度、加速度等運動量之變化。機械臂運動學(kinematics of manipulator)為與機械臂所有幾何參數有關的運動特性。3 度空間標準機械臂需有 6 個自由度；通常 1 個馬達代表一個自由度，它可作為旋轉軸或平移軸。通常機械臂(如 PUMA 機械臂)自由度的設計安排為肩膀(shoulder) 2 個自由度、手肘(elbow) 1 個自由度及手腕(wrist) 3 個自由度；其中前 3 個自由度用來控制機械臂終端器的位置以及後 3 個自由度用來控制機械臂終端器的工作方位。若機械臂自由度超過 6 個自由度稱為具多餘自由度機械臂(redundant robot)；若機械臂自由度少於 6 個自由度稱為欠缺自由度機械臂(deficient robot)。

　　已知機械臂所有幾何參數及各個關節位置，計算機械臂終端器(end-effector or tool)之位置及方位(orientation)稱為機械臂直接運動學(direct kinematics)，如圖 5-1 所示。以數學觀點而言，直接運動學為終端器直角座標(Cartesian space)或工作座標(operational space or task space)與機械臂角關節座標(joint space)之函數關係。常用 n 個自由度機械臂之直接運動學有系統的計算方法計有：

方法一：自定座標齊次轉換法。

方法二：DH 參數齊次轉換法。

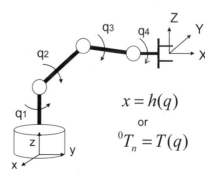

$$x = h(q)$$

or

$$^{0}T_{n} = T(q)$$

圖 5-1　機械臂運動學

■ 5.1　自定座標齊次轉換法

自定座標齊次轉換法為在每一個自由度關節處自定一組座標$\{i\}$，其中關節變數為

$$q_i = \begin{cases} \theta_i & \text{revolute joint} \\ d_i & \text{prismatic joint} \end{cases} ;$$

然後兩兩相鄰座標可使用齊次矩陣 A_i，$i = 1, 2, \cdots, n$ 來表示

$$A_i = A_i(q_i) = \begin{bmatrix} {}^{i-1}R_i & {}^{i-1}o_i \\ 0 & 1 \end{bmatrix} , \tag{5.1}$$

其中座標$\{0\}$為固定的基底參考座標、座標$\{n\}$為機械臂終端器座標。若 $j > i$，則座標$\{j\}$相對於座標$\{i\}$之齊次轉換 ${}^iT_j$ 為

$$^iT_j = \begin{bmatrix} {}^iR_j & {}^io_j \\ 0 & 1 \end{bmatrix} = A_{i+1}A_{i+2}\cdots A_{j-1}A_j , \tag{5.2}$$

$$^iR_j = {}^iR_{i+1}{}^{i+1}R_{i+2}\cdots{}^{j-2}R_{j-1}{}^{j-1}R_j$$

$$^io_j = {}^io_{i+1} + {}^iR_{i+1}{}^{i+1}o_{i+2} + \cdots + {}^iR_{j-2}{}^{j-2}o_{j-1} + {}^iR_{j-1}{}^{j-1}o_j 。$$

對所有座標$\{j\}$相對於座標$\{i\}$之齊次轉換 ${}^iT_j$ 可整理表示為

$$^iT_j = \begin{cases} A_{i+1}A_{i+2}\cdots A_{j-1}A_j & j > i \\ I & j = i \\ {}^jT_i^{-1} & j < i \end{cases} 。 \tag{5.3}$$

最後，機械臂終端器座標$\{n\}$相對於基底參考座標$\{0\}$之齊次轉換矩陣為

$$^0T_n = \begin{bmatrix} ^0R_n & ^0o_n \\ 0 & 1 \end{bmatrix} = A_1(q_1)\,A_2(q_2)\cdots A_{n-1}(q_{n-1})A_n(q_n) \qquad (5.4)$$

其中

$$^0R_n = {}^0R_1\,{}^1R_2\cdots{}^{n-2}R_{n-1}\,{}^{n-1}R_n$$

$$^0o_n = {}^0o_1 + {}^0R_1\,{}^1o_2 + \cdots + {}^0R_{n-2}\,{}^{n-2}o_{n-1} + {}^0R_{n-1}\,{}^{n-1}o_n$$

$$= {}^0o_1 + {}^0R_1({}^1o_2 + \cdots + {}^{n-3}R_{n-2}({}^{n-2}o_{n-1} + {}^{n-2}R_{n-1}\,{}^{n-1}o_n)\cdots)\,。$$

例 5-1　平面三軸機械臂自定座標齊次轉換法

平面三軸機械臂及自定之座標$\{0,1,2,3\}$如圖 5-2 所示，則兩兩相鄰座標之齊次轉換矩陣分別為

$$^0T_1 = R_z(\theta_1)Tran(a_1,0,0) = \begin{bmatrix} c_1 & -s_1 & 0 & 0 \\ s_1 & c_1 & 0 & 0 \\ 0 & 0 & 1 & 0 \\ 0 & 0 & 0 & 1 \end{bmatrix}\begin{bmatrix} 1 & 0 & 0 & a_1 \\ 0 & 1 & 0 & 0 \\ 0 & 0 & 1 & 0 \\ 0 & 0 & 0 & 1 \end{bmatrix} = \begin{bmatrix} c_1 & -s_1 & 0 & a_1c_1 \\ s_1 & c_1 & 0 & a_1s_1 \\ 0 & 0 & 1 & 0 \\ 0 & 0 & 0 & 1 \end{bmatrix}$$

$$^1T_2 = R_z(\theta_2)Tran(a_2,0,0) = \begin{bmatrix} c_2 & -s_2 & 0 & a_2c_2 \\ s_2 & c_2 & 0 & a_2s_2 \\ 0 & 0 & 1 & 0 \\ 0 & 0 & 0 & 1 \end{bmatrix},$$

以及

$$^2T_3 = R_z(\theta_3)Tran(a_3,0,0) = \begin{bmatrix} c_3 & -s_3 & 0 & a_3c_3 \\ s_3 & c_3 & 0 & a_3s_3 \\ 0 & 0 & 1 & 0 \\ 0 & 0 & 0 & 1 \end{bmatrix}\,。$$

最後，機械臂終端器座標$\{n\}$相對於基底參考座標$\{0\}$之齊次轉換矩陣為

$$
{}^0T_3 = {}^0T_1\,{}^1T_2\,{}^2T_3 = \begin{bmatrix} c_1 & -s_1 & 0 & a_1c_1 \\ s_1 & c_1 & 0 & a_1s_1 \\ 0 & 0 & 1 & 0 \\ 0 & 0 & 0 & 1 \end{bmatrix}\begin{bmatrix} c_2 & -s_2 & 0 & a_2c_2 \\ s_2 & c_2 & 0 & a_2s_2 \\ 0 & 0 & 1 & 0 \\ 0 & 0 & 0 & 1 \end{bmatrix}\begin{bmatrix} c_3 & -s_3 & 0 & a_3c_3 \\ s_3 & c_3 & 0 & a_3s_3 \\ 0 & 0 & 1 & 0 \\ 0 & 0 & 0 & 1 \end{bmatrix}
$$

$$
= \begin{bmatrix} c_{123} & -s_{123} & 0 & a_1c_1 + a_2c_{12} + a_3c_{123} \\ s_{123} & c_{123} & 0 & a_1s_1 + a_2s_{12} + a_3s_{123} \\ 0 & 0 & 1 & 0 \\ 0 & 0 & 0 & 1 \end{bmatrix}\ 。
$$

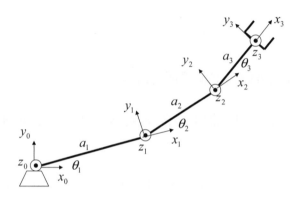

圖 5-2   平面三軸機械臂

例 5-2   三度空間五軸機械臂自定座標齊次轉換法

三度空間五軸機械臂及自定之座標$\{0,1,2,3,4,5\}$如圖 5-3 所示，則兩兩相鄰座標之齊次轉換矩陣分別為

$$
{}^0T_1 = \begin{bmatrix} R_z(\theta_1) & R_z(\theta_1)L_1e_3 \\ 0_{1\times3} & 1 \end{bmatrix}\ ,\quad {}^1T_2 = \begin{bmatrix} R_y(-\theta_2) & R_y(-\theta_2)L_2e_3 \\ 0_{1\times3} & 1 \end{bmatrix}\ ,
$$

$$
{}^2T_3 = \begin{bmatrix} R_y(-\theta_3) & R_y(-\theta_3)L_3e_3 \\ 0_{1\times3} & 1 \end{bmatrix}\ ,
$$

$$
{}^3T_4 = \begin{bmatrix} R_y(-\theta_4) & -R_y(-\theta_4)L_4e_1 \\ 0_{1\times3} & 1 \end{bmatrix}\ 以及\ \ {}^4T_5 = \begin{bmatrix} R_z(\theta_5) & R_z(\theta_5)L_5e_3 \\ 0_{1\times3} & 1 \end{bmatrix}\ 。
$$

機械臂終端器座標$\{n\}$相對於基底參考座標$\{0\}$之齊次轉換矩陣為

$$^0T_5 = \begin{bmatrix} ^0R_5 & ^0p_5 \\ 0_{1\times3} & 1 \end{bmatrix} = {}^0T_1\, {}^1T_2\, {}^2T_3\, {}^3T_4\, {}^4T_5$$

$$= \begin{bmatrix} R_z(\theta_1) & R_z(\theta_1)L_1e_3 \\ 0_{1\times3} & 1 \end{bmatrix} \begin{bmatrix} R_y(-\theta_2) & R_y(-\theta_2)L_2e_3 \\ 0_{1\times3} & 1 \end{bmatrix} \begin{bmatrix} R_y(-\theta_3) & R_y(-\theta_3)L_3e_3 \\ 0_{1\times3} & 1 \end{bmatrix}$$

$$\begin{bmatrix} R_y(-\theta_4) & -R_y(-\theta_4)L_4e_1 \\ 0_{1\times3} & 1 \end{bmatrix} \begin{bmatrix} R_z(\theta_5) & R_z(\theta_5)L_5e_3 \\ 0_{1\times3} & 1 \end{bmatrix}$$

最後，經整理終端器之旋轉矩陣$^0R_5$及位置向量$^0p_5$分別計算如下

$$^0R_5 = {}^0R_1\, {}^1R_2\, {}^2R_3\, {}^3R_4\, {}^4R_5 = R_z(\theta_1)R_y(-\theta_2)R_y(-\theta_3)R_y(-\theta_4)R_z(\theta_5)$$

$$= R_z(\theta_1)R_y(-\theta_2-\theta_3-\theta_4)R_z(\theta_5)$$

$$= \begin{bmatrix} c_1c_{234}c_5 - s_1s_5 & -c_1c_{234}s_5 - s_1c_5 & -c_1s_{234} \\ s_1c_{234}c_5 + c_1s_5 & -s_1c_{234}s_5 + c_1c_5 & -s_1s_{234} \\ s_{234}c_5 & -s_{234}s_5 & c_{234} \end{bmatrix}$$

及

$$^0p_5 = {}^0R_1\left(\begin{bmatrix} 0 \\ 0 \\ L_1 \end{bmatrix} + {}^1R_2\left(\begin{bmatrix} 0 \\ 0 \\ L_2 \end{bmatrix} + {}^2R_3\left(\begin{bmatrix} 0 \\ 0 \\ L_3 \end{bmatrix} + {}^3R_4\left(\begin{bmatrix} -L_4 \\ 0 \\ 0 \end{bmatrix} + {}^4R_5\begin{bmatrix} 0 \\ 0 \\ L_5 \end{bmatrix}\right)\right)\right)\right)$$

$$= \begin{bmatrix} -c_1(L_2s_2 + L_3s_{23} + L_4c_{234} + L_5s_{234}) \\ -s_1(L_2s_2 + L_3s_{23} + L_4c_{234} + L_5s_{234}) \\ L_1 + L_2c_2 + L_3c_{23} - L_4s_{234} + L_5c_{234} \end{bmatrix} 。$$

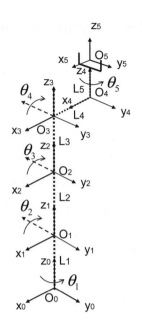

圖 5-3　三度空間五軸機械臂

例 5-3　　上銀六軸機械臂自定座標齊次轉換法

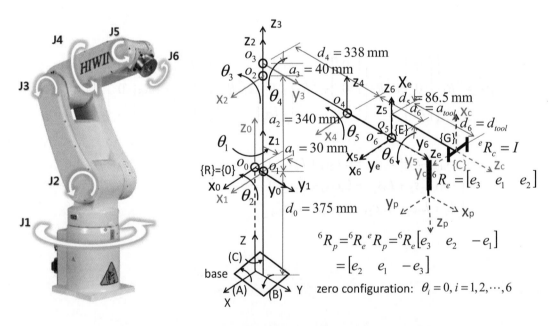

圖 5-4　上銀公司六軸機械臂及各個關節軸自定座標系統

上銀公司六軸機械臂及各個關節軸自定座標系統 $\{0,1,2,3,4,5,6\}$ 以及終端器 $\{e\}$ 及眼在手 $\{c\}$ 座標系統分別如圖 5-4 所示。關節軸兩兩相鄰座標之齊次轉換矩陣 $^{i-1}T_i = \begin{bmatrix} ^{i-1}R_i & ^{i-1}R_i{}^i o_{i-1,i} \end{bmatrix}$, $i = 1,2,\cdots,6$, 分別爲

$$^0R_1 = R_z(\theta_1) \,, \quad ^1R_2 = R_x(\theta_2) \,, \quad ^2R_3 = R_x(\theta_3) \,, \quad ^3R_4 = R_y(\theta_4) \,,$$

$$^4R_5 = R_x(\theta_5) \,, \quad ^5R_6 = R_y(\theta_6)$$

$$^1o_{0,1} = \begin{bmatrix} 0 \\ a_1 \\ 0 \end{bmatrix}, \quad ^2o_{1,2} = \begin{bmatrix} 0 \\ 0 \\ a_2 \end{bmatrix}, \quad ^3o_{2,3} = \begin{bmatrix} 0 \\ 0 \\ a_3 \end{bmatrix}, \quad ^4o_{3,4} = \begin{bmatrix} 0 \\ d_4 \\ 0 \end{bmatrix},$$

$$^5o_{4,5} = \begin{bmatrix} 0 \\ d_5 \\ 0 \end{bmatrix}, \quad ^6o_{5,6} = \begin{bmatrix} 0 \\ d_6 \\ a_6 \end{bmatrix} \,\circ$$

齊次轉換矩陣 $^0T_i = \begin{bmatrix} ^0R_i & ^0o_{0,i} \end{bmatrix}$, $i = 1,2,\cdots,6$

$$^0R_i = {}^0R_1\,{}^1R_2\cdots{}^{i-1}R_i \,, \quad i = 1,2,\cdots,6 \,,$$

$$^0o_{0,i} = {}^0R_1\,{}^1o_{0,1} + {}^0R_2\,{}^2o_{1,2} + {}^0R_3\,{}^3o_{2,3} + \cdots + {}^0R_i\,{}^io_{i-1,i} \,,$$

$$(\because \; {}^{i-1}o_{i-1,i} = {}^{i-1}R_i\,{}^io_{i-1,i}) \,\circ$$

終端器齊次轉換矩陣 $^0T_i = \begin{bmatrix} ^0R_e & ^0x_e \end{bmatrix}$ 之位置及旋轉矩陣分別爲

$$^0x_e = {}^0o_{0,6} = {}^0R_1\,{}^1o_{0,1} + {}^0R_2\,{}^2o_{1,2} + {}^0R_3\,{}^3o_{2,3} + \cdots + {}^0R_6\,{}^6o_{5,6} \,,$$

$$^6R_e = \begin{bmatrix} e_3 & e_1 & e_2 \end{bmatrix} \,,$$

$$^0R_e = {}^0R_1\,{}^1R_2\cdots{}^5R_6\,{}^6R_e = {}^0R_6\,{}^6R_e = R_z(\theta_1)R_x(\theta_2+\theta_3)\,{}^3R_6\,{}^6R_e \,,$$

其中

$$^3R_6 = R_y(\theta_4)R_x(\theta_5)R_y(\theta_6) \,\circ$$

■ 5.2 DH 參數齊次轉換法

首先令座標 $\{0\}$ 爲固定的基底參考座標、座標 $\{1,2,\dots,n\}$ 爲機械臂各關節及終端器之座標。使用 DH 參數來表示機械臂之座標系統需滿足下列兩個條件：

條件 1 座標 $\{i\}$ 之 x_i 軸與座標 $\{i\text{-}1\}$ 之 z_{i-1} 軸垂直，$i=1,2,\cdots,n$。

條件 2 座標 $\{i\}$ 之 x_i 軸與座標 $\{i\text{-}1\}$ 之 z_{i-1} 軸相交於一點，$i=1,2,\cdots,n$。

對新座標連續旋轉與平移，即可求得座標 $\{i\text{-}1\}$ 與座標 $\{i\}$ 之齊次轉換關係。參考圖 5-5，首先對 z_{i-1} 軸旋轉 θ_i 角度使得 x_{i-1} 軸與 x_i 軸平行，接著沿著 z_{i-1} 軸平移 d_i；然後對 x_i 軸平移 a_i，最後再對 x_i 軸旋轉 α_i 角度使得 z_{i-1} 軸與 z_i 軸平行，則座標 $\{i\text{-}1\}$ 與座標 $\{i\}$ 重疊。因此，座標 $\{i\}$ 相對於座標 $\{i\text{-}1\}$ 之齊次轉換矩陣為

$$^{i-1}T_i = Rot_z(\theta_i)Tran(0,0,d_i)Tran(a_i,0,0)Rot_x(\alpha_i)$$

$$= \begin{bmatrix} c\theta_i & -s\theta_i & 0 & 0 \\ s\theta_i & c\theta_i & 0 & 0 \\ 0 & 0 & 1 & 0 \\ 0 & 0 & 0 & 1 \end{bmatrix}\begin{bmatrix} 1 & 0 & 0 & 0 \\ 0 & 1 & 0 & 0 \\ 0 & 0 & 1 & d_i \\ 0 & 0 & 0 & 1 \end{bmatrix}\begin{bmatrix} 1 & 0 & 0 & a_i \\ 0 & 1 & 0 & 0 \\ 0 & 0 & 1 & 0 \\ 0 & 0 & 0 & 1 \end{bmatrix}\begin{bmatrix} 1 & 0 & 0 & 0 \\ 0 & c\alpha_i & -s\alpha_i & 0 \\ 0 & s\alpha_i & c\alpha_i & 0 \\ 0 & 0 & 0 & 1 \end{bmatrix}$$

$$= \begin{bmatrix} c\theta_i & -c\alpha_i s\theta_i & s\alpha_i s\theta_i & a_i c\theta_i \\ s\theta_i & c\alpha_i c\theta_i & -s\alpha_i c\theta_i & a_i s\theta_i \\ 0 & s\alpha_i & c\alpha_i & d_i \\ 0 & 0 & 0 & 1 \end{bmatrix}。 \tag{5.5}$$

因為機械臂相鄰的兩個連桿之座標轉換設有 2 個條件，因此只需要 4 個幾何參數即可建立起三維空間之 3 個旋轉角度及 3 個平移位移的座標轉換關係。

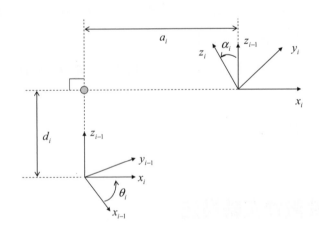

圖 5-5　兩組垂直座標系統及 DH 參數

計算 n 個自由度機械臂直接運動學之 DH 參數齊次轉換法的步驟如下。

步驟 1：定義機械臂各關節之座標系統(右手定則)，$i = 0, 1, 2, \cdots, n$。

定義 $\{z_0, z_1, z_2, \cdots, z_{n-1}\}$ 為馬達旋轉或平移軸(joint axis)

座標 $\{i\}$ 之 x_i 軸需與座標 $\{i\text{-}1\}$ 之 z_{i-1} 軸垂直，$i = 1, 2, \cdots, n$。

座標 0 之原點 O_0 及 x_0 軸任意。座標 n 之原點 O_n 及 z_n 軸任意。

步驟 2：表列各關節座標系統 DH 參數。

- θ_i 為以 z_{i-1} 軸為旋轉軸從 x_{i-1} 軸轉到 x_i 軸之轉角，稱為關節角度(joint angle)，對平移軸關節角度為不變參數，對旋轉軸關節角度為變數。

- d_i 為原點 O_{i-1} 沿 z_{i-1} 軸到 x_i 軸線之距離稱為關節距離(joint distance)，對平移軸關節距離為變數，對旋轉軸關節距離為不變參數。

- a_i 為 z_{i-1} 軸與 z_i 軸之公垂線距離，稱為連桿長度(link length)，為不變參數。

- α_i 為以 x_i 軸為旋轉軸從 z_{i-1} 軸轉到 z_i 軸之轉角，稱為連桿扭角(twist angle)，為不變參數。

表 5-1　機械臂 DH 參數表

Joint i	θ_i	d_i	a_i	α_i
1	θ_1	d_1	a_1	α_1
2	θ_2	d_2	a_2	α_2
$\vdots$		$\vdots$		
n	θ_n	d_n	a_n	α_n

步驟 3：計算相鄰座標系統之齊次轉換 $^{i-1}T_i$，$i = 1, 2, \cdots, n$。

對新座標連續旋轉與平移，即可求得座標 $\{i\text{-}1\}$ 與座標 $\{i\}$ 之齊次轉換關係。首先，對 z_{i-1} 軸旋轉 θ_i 角度使得 x_{i-1} 軸與 x_i 軸平行，接著沿著 z_{i-1} 軸平移 d_i；然後對 x_i 軸平移 a_i，最後再對 x_i 軸旋轉 α_i 角度使得 z_{i-1} 軸與 z_i 軸平行，則座標 $\{i\text{-}1\}$ 與座標 $\{i\}$ 重疊，則

$$^{i-1}T_i = Rot_z(\theta_i)Tran(0,0,d_i)Tran(a_i,0,0)Rot_x(\alpha_i)$$

$$= \begin{bmatrix} c\theta_i & -c\alpha_i s\theta_i & s\alpha_i s\theta_i & a_i c\theta_i \\ s\theta_i & c\alpha_i c\theta_i & -s\alpha_i c\theta_i & a_i s\theta_i \\ 0 & s\alpha_i & c\alpha_i & d_i \\ 0 & 0 & 0 & 1 \end{bmatrix}。$$

步驟 4：計算 $^0T_n = {}^0T_1\,{}^1T_2\,{}^2T_3\cdots{}^{n-1}T_n$。

【註】若建立 DH 參數座標系統遭遇問題時，則需加入額外用來滿足 DH 條件的過渡座標。

(例 5-4) 平面三軸機械臂 DH 參數齊次轉換法

空間五軸機械臂之 DH 座標系統如圖 5-6 所示及其 DH 參數表如表 5-2 所示。

由 DH 參數表及 $^{i-1}T_i = \begin{bmatrix} c\theta_i & -c\alpha_i s\theta_i & s\alpha_i s\theta_i & a_i c\theta_i \\ s\theta_i & c\alpha_i c\theta_i & -s\alpha_i c\theta_i & a_i s\theta_i \\ 0 & s\alpha_i & c\alpha_i & d_i \\ 0 & 0 & 0 & 1 \end{bmatrix}$，$i = 1,2,3$，可得

$$^0T_1 = \begin{bmatrix} c\theta_1 & -s\theta_1 & 0 & a_1 c\theta_1 \\ s\theta_1 & c\theta_1 & 0 & a_1 s\theta_1 \\ 0 & 0 & 1 & 0 \\ 0 & 0 & 0 & 1 \end{bmatrix}, \quad ^1T_2 = \begin{bmatrix} c\theta_2 & -s\theta_2 & 0 & a_2 c\theta_2 \\ s\theta_2 & c\theta_2 & 0 & a_2 s\theta_2 \\ 0 & 0 & 1 & 0 \\ 0 & 0 & 0 & 1 \end{bmatrix} \text{以及}$$

$$^2T_3 = \begin{bmatrix} c\theta_3 & -s\theta_3 & 0 & a_3 c\theta_3 \\ s\theta_3 & c\theta_3 & 0 & a_3 s\theta_3 \\ 0 & 0 & 1 & 0 \\ 0 & 0 & 0 & 1 \end{bmatrix};$$

因此，

$$^0T_3 = {}^0T_1\,{}^1T_2\,{}^2T_3 = \begin{bmatrix} c_{123} & -s_{123} & 0 & a_1 c_1 + a_2 c_{12} + a_3 c_{123} \\ s_{123} & c_{123} & 0 & a_1 s_1 + a_2 s_{12} + a_3 s_{123} \\ 0 & 0 & 1 & 0 \\ 0 & 0 & 0 & 1 \end{bmatrix}。$$

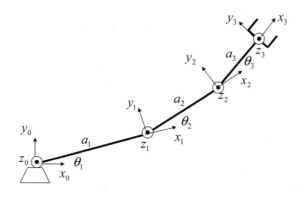

圖 5-6　平面三軸機械臂 DH 參數座標系統

表 5-2　平面三軸機械臂 DH 參數表

Joint i	θ_i	d_i	a_i	α_i
1	θ_1	0	a_1	0
2	θ_2	0	a_2	0
3	θ_3	0	a_2	0

例 5-5　空間五軸機械臂 DH 參數齊次轉換法

空間五軸機械臂之 DH 座標系統如圖 5-7 所示及其 DH 參數表如表 5-3 所示。

由 DH 參數表及 $^{i-1}T_i = \begin{bmatrix} c\theta_i & -c\alpha_i s\theta_i & s\alpha_i s\theta_i & a_i c\theta_i \\ s\theta_i & c\alpha_i c\theta_i & -s\alpha_i c\theta_i & a_i s\theta_i \\ 0 & s\alpha_i & c\alpha_i & d_i \\ 0 & 0 & 0 & 1 \end{bmatrix}$ ，$i = 1,2,3,4,5$ ，可得

$$^0T_1 = \begin{bmatrix} c_1 & 0 & s_1 & 0 \\ s_1 & 0 & -c_1 & 0 \\ 0 & 1 & 0 & L_1 \\ 0 & 0 & 0 & 1 \end{bmatrix} , \quad {}^1T_2 = \begin{bmatrix} c_2 & -s_2 & 0 & L_2 c_2 \\ s_2 & c_2 & 0 & L_2 s_2 \\ 0 & 0 & 1 & 0 \\ 0 & 0 & 0 & 1 \end{bmatrix} ,$$

CHAPTER 5

$$
{}^{2}T_{3} = \begin{bmatrix} c_3 & -s_3 & 0 & L_3c_3 \\ s_3 & c_3 & 0 & L_3s_3 \\ 0 & 0 & 1 & 0 \\ 0 & 0 & 0 & 1 \end{bmatrix}, \quad {}^{3}T_{4} = \begin{bmatrix} c_4 & 0 & -s_4 & -L_4c_4 \\ s_4 & 0 & c_4 & -L_4s_4 \\ 0 & -1 & 0 & 0 \\ 0 & 0 & 0 & 1 \end{bmatrix} \text{ 以及}
$$

$$
{}^{4}T_{5} = \begin{bmatrix} c_5 & -s_5 & 0 & 0 \\ s_5 & c_5 & 0 & 0 \\ 0 & 0 & 1 & L_5 \\ 0 & 0 & 0 & 1 \end{bmatrix};
$$

因此，

$$
{}^{0}T_{5} = {}^{0}T_{1}\,{}^{1}T_{2}\,{}^{2}T_{3}\,{}^{3}T_{4}\,{}^{4}T_{5} = \begin{bmatrix} {}^{0}R_5 & {}^{0}P_5 \\ 0_{1\times3} & 1 \end{bmatrix},
$$

其中

$$
{}^{0}R_{5} = \begin{bmatrix} c_1c_{234}c_5 - s_1s_5 & -c_1c_{234}s_5 - s_1c_5 & -c_1s_{234} \\ s_1c_{234}c_5 + c_1s_5 & -s_1c_{234}s_5 + c_1c_5 & -s_1s_{234} \\ s_{234}c_5 & -s_{234}s_5 & c_{234} \end{bmatrix}
$$

$$
{}^{0}P_{5} = \begin{bmatrix} c_1(L_2c_2 + L_3c_{23} - L_4c_{234} - L_5s_{234}) \\ s_1(L_2c_2 + L_3c_{23} - L_4c_{234} - L_5s_{234}) \\ L_1 + L_2s_2 + L_3s_{23} - L_4s_{234} + L_5c_{234} \end{bmatrix}。
$$

　　由於【例 5-2】自定座標與旋轉角度$(q_1, q_2, q_3, q_4, q_5)$的設定與【例 5-5】旋轉角度$(\theta_1, \theta_2, \theta_3, \theta_4, \theta_5)$有些許的差異，兩者之關係爲

$$
\theta_1 = q_1
$$

$$
\theta_2 = q_2 + \frac{\pi}{2}
$$

$$
\theta_3 = q_3
$$

$$
\theta_4 = q_4 - \frac{\pi}{2}
$$

$$
\theta_5 = q_5。
$$

經驗證比對【例 5-5】之結果與【例 5-2】相同。

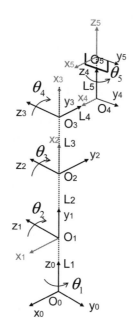

圖 5-7　空間五軸機械臂 DH 參數座標系統

表 5-3　空間五軸機械臂 DH 參數表

Joint i	θ_i	d_i	a_i	α_i	Home (deg.)
1	θ_1	L_1	0	$\pi/2$	0°
2	θ_2	0	L_2	0	90°
3	θ_3	0	L_3	0	0°
4	θ_4	0	$-L_4$	$-\pi/2$	−90°
5	θ_5	L_5	0	0	0°

例 5-6　Micro-robot 88-5 五軸機械臂 DH 參數齊次轉換法

Micro-robot 88-5 五軸機械臂(圖 5-8)之 DH 座標系統如圖 5-9 所示及其 DH 參數表如表 5-4 所示。

由 DH 參數表及 $^{i-1}T_i = \begin{bmatrix} c\theta_i & -c\alpha_i s\theta_i & s\alpha_i s\theta_i & a_i c\theta_i \\ s\theta_i & c\alpha_i c\theta_i & -s\alpha_i c\theta_i & a_i s\theta_i \\ 0 & s\alpha_i & c\alpha_i & d_i \\ 0 & 0 & 0 & 1 \end{bmatrix}$，$i = 1,2,3,4,5$，可得

$$^0T_1 = \begin{bmatrix} c_1 & 0 & -s_1 & 0 \\ s_1 & 0 & c_1 & 0 \\ 0 & -1 & 0 & d_1 \\ 0 & 0 & 0 & 1 \end{bmatrix}, \quad ^1T_2 = \begin{bmatrix} c_2 & -s_2 & 0 & a_2c_2 \\ s_2 & c_2 & 0 & a_2s_2 \\ 0 & 0 & 1 & 0 \\ 0 & 0 & 0 & 1 \end{bmatrix},$$

$$^2T_3 = \begin{bmatrix} c_3 & -s_3 & 0 & a_3c_3 \\ s_3 & c_3 & 0 & a_3s_3 \\ 0 & 0 & 1 & 0 \\ 0 & 0 & 0 & 1 \end{bmatrix}, \quad ^3T_4 = \begin{bmatrix} c_4 & 0 & -s_4 & a_4c_4 \\ s_4 & 0 & c_4 & a_4s_4 \\ 0 & -1 & 0 & 0 \\ 0 & 0 & 0 & 1 \end{bmatrix} \text{以及}$$

$$^4T_5 = \begin{bmatrix} c_5 & -s_5 & 0 & 0 \\ s_5 & c_5 & 0 & 0 \\ 0 & 0 & 1 & d_5 \\ 0 & 0 & 0 & 1 \end{bmatrix};$$

因此，

$$^0T_5 = {}^0T_1\,{}^1T_2\,{}^2T_3\,{}^3T_4\,{}^4T_5 = \begin{bmatrix} R_{3\times3} & P_{3\times1} \\ 0_{1\times3} & 1 \end{bmatrix}$$

其中

$$R = \begin{bmatrix} c_1c_{234}c_5 + s_1s_5 & -c_1c_{234}s_5 + s_1c_5 & -c_1s_{234} \\ s_1c_{234}c_5 - c_1s_5 & -s_1c_{234}s_5 - c_1c_5 & -s_1s_{234} \\ -s_{234}c_5 & s_{234}s_5 & -c_{234} \end{bmatrix}$$

$$P = \begin{bmatrix} c_1(a_2c_2 + a_3c_{23} + a_4c_{234} - d_5s_{234}) \\ s_1(a_2c_2 + a_3c_{23} + a_4c_{234} - d_5s_{234}) \\ d_1 - a_2s_2 - a_3s_{23} - a_4s_{234} - d_5c_{234} \end{bmatrix} \text{。}$$

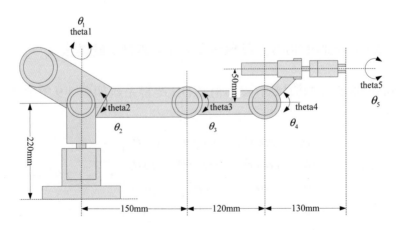

圖 5-8　Micro-robot 88-5 五軸機械臂

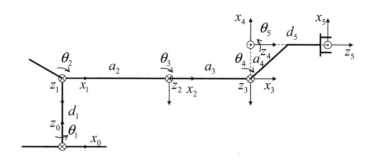

圖 5-9　Micro-robot 88-5 五軸機械臂 DH 參數座標系統

表 5-4　Micro-robot 88-5 五軸機械臂 DH 參數表

Joint i	θ_i	d_i	a_i	α_i	Home (deg.)
1	θ_1	d_1	0	$-\pi/2$	$0°$
2	θ_2	0	a_2	0	$0°$
3	θ_3	0	a_2	0	$0°$
4	θ_4	0	a_4	$-\pi/2$	$-90°$
5	θ_5	d_5	0	0	$0°$

例 5-7　PUMA 六軸機械臂 DH 參數齊次轉換法

令 PUMA 六軸機械臂之 DH 參數座標系統如圖 5-10 所示，則其 DH 參數表如表 5-5 所示。

不難推導出 $^{0}T_6 = {}^{0}T_1\,{}^{1}T_2\,{}^{2}T_3\,{}^{3}T_4\,{}^{4}T_5\,{}^{5}T_6 = \begin{bmatrix} R_{3\times3} & P_{3\times1} \\ 0_{1\times3} & 1 \end{bmatrix}$，其中

$$R = [n \quad s \quad a] = \begin{bmatrix} n_x & s_x & c_1(c_{23}c_4s_5 + s_{23}c_5) - s_1s_4s_5 \\ n_y & s_y & s_1(c_{23}c_4s_5 + s_{23}c_5) + c_1s_4s_5 \\ n_z & s_z & c_{23}c_5 - s_{23}c_4s_5 \end{bmatrix},$$

以及

$$P = \begin{bmatrix} p_x \\ p_y \\ p_z \end{bmatrix} = \begin{bmatrix} c_1[d_6(c_{23}c_4s_5 + s_{23}c_5) + d_4s_{23} + a_3c_{23} + a_2c_2] - s_1(d_6s_4s_5 + d_2) \\ s_1[d_6(c_{23}c_4s_5 + s_{23}c_5) + d_4s_{23} + a_3c_{23} + a_2c_2] + c_1(d_6s_4s_5 + d_2) \\ d_6(-s_{23}c_4s_5 + c_{23}c_5) + d_4c_{23} - a_3s_{23} - a_2s_2 \end{bmatrix}。$$

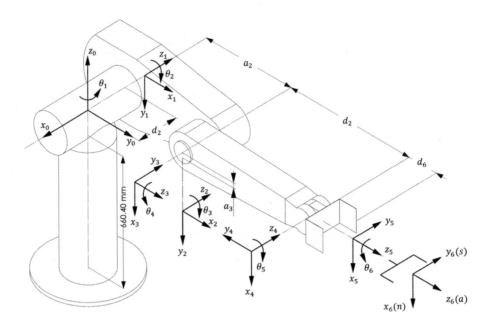

圖 5-10 PUMA 六軸機械臂 DH 參數座標系統

表 5-5 PUMA 六軸機械臂 DH 參數表

Joint i	θ_i	d_i	a_i	α_i	Home (deg.)
1	θ_1	0	0	$-\pi/2$	90°
2	θ_2	d_2	a_2	0	0°
3	θ_3	0	$-a_3$	$\pi/2$	90°
4	θ_4	d_4	0	$-\pi/2$	0°
5	θ_5	0	0	$\pi/2$	0°
6	θ_6	d_6	0	0	0°

參考文獻

[1] John J. Craig, Introduction to robotics, mechanical and control, Third Edition, Pearson Education, Inc., 2005.

[2] Mark W. Spong, Seth Hutchinson and M. Vidyasagar, Robot dyanmics and control, 2nd Edition, 2004.

[3] Wisama Khalil and Etienne Dombre, Modeling identification and control of robots, CRC Press, 2002.

[4] J. Denavit, R.S. Hartenbeeg, A kinematic notation for lower-pair mechanisms bsed on matrices, Journal of Applied Mechanics, Vol. 22, No. 2, pp. 215-221, 1955.

[5] Lipkin and Harvey, A note on Denavit–Hartenberg notation in robotics, 29th Mechanisms and Robotics Conference, 2005.

CHAPTER

6

機械臂反運動學

　　機械臂反運動學(robot inverse kinematics)為已知機械臂終端器(end-effector or tool)之位置及方位(orientation)計算各個關節之角度或位移量，如圖 6-1 所示。機械臂反運動學為機械臂直接運動學的逆問題。機械臂直接運動學可表示為向量方程式 $x = h(\theta)$，其中 x 為位置及方位角向量，或者表示為齊次矩陣方程式

$$
{}^{0}T_n = \begin{bmatrix} r_{11} & r_{12} & r_{13} & p_x \\ r_{21} & r_{22} & r_{23} & p_y \\ r_{31} & r_{32} & r_{33} & p_z \\ 0 & 0 & 0 & 1 \end{bmatrix} = \begin{bmatrix} f_{11}(\theta) & f_{12}(\theta) & f_{13}(\theta) & f_{14}(\theta) \\ f_{21}(\theta) & f_{22}(\theta) & f_{23}(\theta) & f_{24}(\theta) \\ f_{31}(\theta) & f_{32}(\theta) & f_{33}(\theta) & f_{34}(\theta) \\ 0 & 0 & 0 & 1 \end{bmatrix} 。
$$

機械臂反運動學為求方程式 $h(\theta) = x$ 之解，或表示為 $\theta = h^{-1}(x)$；或者求齊次矩陣方程式之解

$$
\begin{bmatrix} f_{11}(\theta) & f_{12}(\theta) & f_{13}(\theta) & f_{14}(\theta) \\ f_{21}(\theta) & f_{22}(\theta) & f_{23}(\theta) & f_{24}(\theta) \\ f_{31}(\theta) & f_{32}(\theta) & f_{33}(\theta) & f_{34}(\theta) \\ 0 & 0 & 0 & 1 \end{bmatrix} = \begin{bmatrix} r_{11} & r_{12} & r_{13} & p_x \\ r_{21} & r_{22} & r_{23} & p_y \\ r_{31} & r_{32} & r_{33} & p_z \\ 0 & 0 & 0 & 1 \end{bmatrix} 。
$$

反運動學解為機械臂運動控制的重要步驟之一，其應用為規劃機械臂的工作點及運動軌跡曲線。

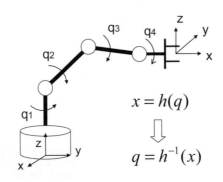

圖 6-1　機械臂反運動學

　　由於反運動學方程式為非線性聯立方程式，因此反運動學解的可能情形為：

(1)　可能沒有解析解(analytic solution)，只能用數值解(numerical solution)。

(2)　可能無解(no admissible solution)、多組解(multiple solutions)或者無窮組解 (infinite solution)。

　　機械臂反運動學求解析解的方法有代數求解法(algebra approach)以及幾何求解法 (geometric approach)。接著定義下列與反運動學解有關之名詞。

工作空間(workspace)：機械臂終端器可達到的範圍。

靈巧工作空間(dexterous workspace)：機械臂終端器可達到不同方位的範圍。

奇異點(singular points)：機械臂終端器失去自由度的工作點。

■ 6.1　基本公式

【基本公式 1】解 $\cos\theta = a$，$|a| \le 1$

可得兩組解 $\theta = \pm\cos^{-1}a$。

【基本公式 2】解 $\sin\theta = a$，$|a| \le 1$

可得兩組解 $\theta = \sin^{-1}a$　或　$\theta = \begin{cases} \pi - \sin^{-1}a & a \ge 0 \\ -\pi - \sin^{-1}a & a < 0 \end{cases}$。

【基本公式 3】解　$a\sin\theta - b\cos\theta = 0$，$ab \neq 0$

因爲　$\dfrac{\sin\theta}{\cos\theta} = \dfrac{b}{a} = \dfrac{-b}{-a}$，

故可得兩組解　$\theta = \text{atan2}(b,a)$　　或　　$\theta = \text{atan2}(-b,-a)$。

【基本公式 4】分析解　$a\cos\theta + b\sin\theta = c$，$abc \neq 0$，$a^2 + b^2 \geq c^2$

令　$x = \cos\theta$　及　$y = \sin\theta$

由　$ax + by = c$

可得　$x = \dfrac{c - by}{a}$

因爲 $x^2 + y^2 = 1$

所以　$\dfrac{(c-by)^2}{a^2} + y^2 = 1$

經整理可得二次方程式　$(a^2 + b^2)y^2 - 2bcy + (c^2 - a^2) = 0$

可得兩組解　$y = \dfrac{bc \pm a\sqrt{a^2 + b^2 - c^2}}{a^2 + b^2}$，

以及　$\theta = \text{atan2}(y,x) = \text{atan2}(y, \dfrac{c - by}{a})$　。

【基本公式 5】幾何解　$a\cos\theta + b\sin\theta = c$，$abc \neq 0$，$a^2 + b^2 \geq c^2$

$a\cos\theta + b\sin\theta = c$，$|c| \leq \sqrt{a^2 + b^2}$

$\dfrac{a}{\sqrt{a^2 + b^2}}\cos\theta + \dfrac{b}{\sqrt{a^2 + b^2}}\sin\theta = \dfrac{c}{\sqrt{a^2 + b^2}}$，

(a) $\cos\phi\cos\theta + \sin\phi\sin\theta = \dfrac{c}{\sqrt{a^2 + b^2}}$，$\phi = \text{atan2}(b,a)$

$\cos(\theta - \phi) = \dfrac{c}{\sqrt{a^2 + b^2}}$，$\therefore\ \theta = \phi \pm \cos^{-1}\dfrac{c}{\sqrt{a^2 + b^2}}$　有兩組解。

(b) $\sin\phi\cos\theta + \cos\phi\sin\theta = \dfrac{c}{\sqrt{a^2 + b^2}}$，　$\phi = \text{atan2}(a,b)$

$\sin(\theta + \phi) = \dfrac{c}{\sqrt{a^2 + b^2}}$，

$\therefore\ \theta = \sin^{-1}\dfrac{c}{\sqrt{a^2 + b^2}} - \phi$　或　$\theta = \text{sgn}(c)\pi - \sin^{-1}\dfrac{c}{\sqrt{a^2 + b^2}} - \phi$

有兩組解。

【基本公式 6】解聯立方程式 $\begin{cases} a_1 \cos\theta + b_1 \sin\theta = c_1 \\ a_2 \cos\theta + b_2 \sin\theta = c_2 \end{cases}$

$$\begin{bmatrix} a_1 & b_1 \\ a_2 & b_2 \end{bmatrix}\begin{bmatrix} \cos\theta \\ \sin\theta \end{bmatrix} = \begin{bmatrix} c_1 \\ c_2 \end{bmatrix}, \quad \begin{bmatrix} \cos\theta \\ \sin\theta \end{bmatrix} = \begin{bmatrix} a_1 & b_1 \\ a_2 & b_2 \end{bmatrix}^{-1}\begin{bmatrix} c_1 \\ c_2 \end{bmatrix},$$

$$\therefore \theta = \text{atan2}(\sin\theta, \cos\theta)。$$

■ 6.2　機械臂反運動學之解析解

機械臂反運動學解析解的技巧為將反運動學問題分解為手腕位置反運動學，以及手腕方位反運動學兩個問題。先解位置反運動學問題，然後再解方位反運動學問題。大部分工業機械臂皆可依此原則分解。例如具有球型關節手腕之六軸機械臂的反運動學求解過程為如下所示。

已知終端器之位置為 p 以及旋轉矩陣 $^0R_6 = \begin{bmatrix} n & s & a \end{bmatrix}$，求機械臂的各個關節角度 $(\theta_1, \theta_2, \theta_3, \theta_4, \theta_5, \theta_6)$，其中向量 n 表示終端器法向量(normal vector)、向量 s 表示終端器側向滑動向量(sliding vector)、向量 a 表示終端器指近向量(approach vector)。

步驟 1：計算手腕位置 $p' = p - d_6 a$，然後由手腕位置反運動學方程式解 $(\theta_1, \theta_2, \theta_3)$；

步驟 2：計算 $^0R_3(\theta_1, \theta_2, \theta_3)$ 及 $^3R_6(\theta_4, \theta_5, \theta_6) = {}^0R_3^T \, {}^0R_6$，然後由手腕方位反運動學方程式解 $(\theta_4, \theta_5, \theta_6)$。

以下我們以最常見的平面三軸機械臂、空間五軸及六軸機械臂為例來說明如何求得反運動學之解析解。本章僅介紹機械臂反運動學的解析解，有關數值解的方法請參考文獻資料。幸運的是絕大部份工業用機械臂的設計均會存在有解析解。

（ 例 6-1 ）　平面三軸機械臂反運動學解

已知平面三軸機械臂(如圖 6-2 所示)終端器之位置為 (x, y) 以及俯仰角度(pitch angle)為 θ；計算機械臂之各個關節角度 $(\theta_1, \theta_2, \theta_3)$ 為何？

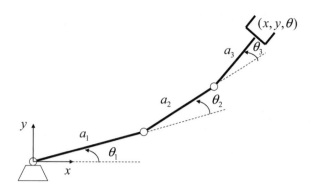

圖 6-2　平面三軸機械臂

此平面三軸機械臂之直接運動學方程式為

$$x = a_1 c_1 + a_2 c_{12} + a_3 c_{123}$$
$$y = a_1 s_1 + a_2 s_{12} + a_3 s_{123}$$
$$\theta = \theta_1 + \theta_2 + \theta_3$$

反運動學求解的聯立方程式為

$$a_1 c_1 + a_2 c_{12} + a_3 c_{123} = x \tag{6.1}$$

$$a_1 s_1 + a_2 s_{12} + a_3 s_{123} = y \tag{6.2}$$

$$\theta_1 + \theta_2 + \theta_3 = \theta \tag{6.3}$$

步驟 1：

將(6.3)式代入(6.1)式及(6.2)式可得手腕位置之反運動學方程式為

$$a_1 c_1 + a_2 c_{12} = x - a_3 \cos\theta = \bar{x} \tag{6.4}$$

$$a_1 s_1 + a_2 s_{12} = y - a_3 \sin\theta = \bar{y} \tag{6.5}$$

將(6.4)式及(6.5)式分別平方後相加可得

$$a_1^2 + 2a_1 a_2 c_2 + a_2^2 = \bar{x}^2 + \bar{y}^2 \tag{6.6}$$

由(6.6)式可得

$$c_2 = \frac{\bar{x}^2 + \bar{y}^2 - a_1^2 - a_2^2}{2a_1 a_2} \quad , \tag{6.7}$$

CHAPTER 6

因此，若 $|c_2| \leq 1$，由基本公式 1 可得

$$\theta_2 = \pm\cos^{-1}\frac{\bar{x}^2 + \bar{y}^2 - a_1^2 - a_2^2}{2a_1a_2} \text{。}$$ (6.8)

將(6.4)式及(6.5)式改寫為聯立方程式

$$(a_1 + a_2 c_2) c_1 - a_2 s_2 s_1 = \bar{x}$$ (6.9)

$$a_2 s_2 c_1 + (a_1 + a_2 c_2) s_1 = \bar{y} \text{，}$$ (6.10)

我們可得

$$\begin{bmatrix} c_1 \\ s_1 \end{bmatrix} = \begin{bmatrix} a_1 + a_2 c_2 & -a_2 s_2 \\ a_2 s_2 & a_1 + a_2 c_2 \end{bmatrix}^{-1}\begin{bmatrix} \bar{x} \\ \bar{y} \end{bmatrix} = \frac{1}{\bar{x}^2 + \bar{y}^2}\begin{bmatrix} a_1 + a_2 c_2 & a_2 s_2 \\ -a_2 s_2 & a_1 + a_2 c_2 \end{bmatrix}\begin{bmatrix} \bar{x} \\ \bar{y} \end{bmatrix}$$ (6.11)

所以，

$$\theta_1 = \text{atan2}(s_1, c_1)$$ (6.12)

步驟 2：

由(6.3)式可得

$$\theta_3 = \theta - \theta_1 - \theta_2 \text{。}$$ (6.13)

總結，平面三軸機械臂反運動學方程式有兩組解(參考圖 6-3)；其中一組解 $\theta_2 > 0$、另一組解 $\theta_2 < 0$。

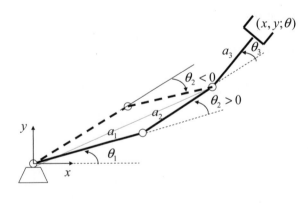

圖 6-3　平面三軸機械臂之兩組解，一組解(實線) $\theta_2 > 0$、另一組解(虛線) $\theta_2 < 0$

例 6-2　Micro-robot 88-5 五軸機械臂反運動學解

　　已知 Micro-robot 88-5 五軸機械臂(如圖 6-4 所示)終端器之位置為 (x, y, z)，俯仰角度(pitch angle)為 α 及手腕旋轉角(roll angle)為 β；試求機械臂之各個關節角度 $\theta = [\theta_1, \theta_2, \theta_3, \theta_4, \theta_5]$ 為何？

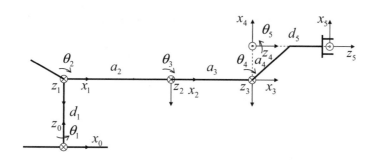

圖 6-4　Micro-robot 88-5 五軸機械臂，各連桿幾何長度為
$d_1 = 220\text{mm}$ 、 $a_2 = 150\text{mm}$ 、 $a_3 = 120\text{mm}$ 、 $a_4 = 50\text{mm}$ 以及 $d_5 = 130\text{mm}$

Micro-robot 88-5 五軸機械臂之運動學方程式

$$x = c_1(a_2 c_2 + a_3 c_{23} + a_4 c_{234} - d_5 s_{234})$$
$$y = s_1(a_2 c_2 + a_3 c_{23} + a_4 c_{234} - d_5 s_{234})$$
$$z = d_1 - a_2 s_2 - a_3 s_{23} - a_4 s_{234} - d_5 c_{234}$$
$$\alpha = \theta_2 + \theta_3 + \theta_4$$
$$\beta = \theta_5$$

由於 $\theta_5 = \beta$，所以其反運動學方程式為聯立解下列 4 個方程式組

$$c_1(a_2 c_2 + a_3 c_{23} + a_4 c_{234} - d_5 s_{234}) = x \tag{6.14}$$

$$s_1(a_2 c_2 + a_3 c_{23} + a_4 c_{234} - d_5 s_{234}) = y \tag{6.15}$$

$$d_1 - a_2 s_2 - a_3 s_{23} - a_4 s_{234} - d_5 c_{234} = z \tag{6.16}$$

$$\theta_2 + \theta_3 + \theta_4 = \alpha \tag{6.17}$$

步驟 1：

由(6.14)式及(6.15)式可得

$$\theta_1 = \begin{cases} \text{atan2}(y,x) & a_2c_2 + a_3c_{23} + a_4c_{234} - d_5s_{234} > 0 \\ \text{atan2}(-y,-x) & a_2c_2 + a_3c_{23} + a_4c_{234} - d_5s_{234} < 0 \end{cases} \tag{6.18}$$

由(6.14)式、(6.15)式、(6.16)式及(6.17)式可得

$$a_2c_2 + a_3c_{23} = \overline{x} = c_1x + s_1y - a_4\cos(\alpha) + d_5\sin(\alpha) \tag{6.19}$$

$$a_2s_2 + a_3s_{23} = \overline{z} = d_1 - z - a_4\sin(\alpha) - d_5\cos(\alpha) \tag{6.20}$$

將(6.19)式及(6.20)式分別平方後相加可得

$$a_2^2 + 2a_2a_3c_3 + a_3^2 = \overline{x}^2 + \overline{z}^2$$

因此，若 $|c_3| = \left| \dfrac{\overline{x}^2 + \overline{z}^2 - a_2^2 - a_3^2}{2a_2a_3} \right| \leq 1$　則

$$\theta_3 = \pm\cos^{-1}c_3 = \pm\cos^{-1}\frac{\overline{x}^2 + \overline{z}^2 - a_2^2 - a_3^2}{2a_2a_3} \quad \circ \tag{6.21}$$

(6.19)式及(6.20)式可改寫為

$$\begin{bmatrix} a_2 + a_3c_3 & -a_3s_3 \\ a_3s_3 & a_2 + a_3c_3 \end{bmatrix} \begin{bmatrix} c_2 \\ s_2 \end{bmatrix} = \begin{bmatrix} \overline{x} \\ \overline{z} \end{bmatrix} ,$$

其解為

$$s_2 = \frac{(a_2 + a_3c_3)\overline{z} - a_3s_3\overline{x}}{a_2^2 + a_3^2 + 2a_2a_3c_3} = \frac{(a_2 + a_3c_3)\overline{z} - a_3s_3\overline{x}}{\overline{x}^2 + \overline{z}^2} \tag{6.22}$$

$$c_2 = \frac{(a_2 + a_3c_3)\overline{x} + a_3s_3\overline{z}}{a_2^2 + a_3^2 + 2a_2a_3c_3} = \frac{(a_2 + a_3c_3)\overline{x} + a_3s_3\overline{z}}{\overline{x}^2 + \overline{z}^2} \tag{6.23}$$

故所以

$$\theta_2 = \text{atan2}(s_2, c_2) \quad \circ \tag{6.24}$$

步驟 2：

由(6.17)式可得

$$\theta_4 = \alpha - \theta_2 - \theta_3 \tag{6.25}$$

以及

$$\theta_5 = \beta \tag{6.26}$$

綜合結論： 五軸機械臂 Micro-robot 的反運動學解共有下列 4 組可能解(參考圖 6-5)：

(1) $\theta_1 = \text{atan}2(y, x)$ 、 $\theta_3 = \cos^{-1} \dfrac{\overline{x}^2 + \overline{z}^2 - a_2^3 - a_3^2}{2 a_2 a_3}$

(2) $\theta_1 = \text{atan}2(y, x)$ 、 $\theta_3 = -\cos^{-1} \dfrac{\overline{x}^2 + \overline{z}^2 - a_2^3 - a_3^2}{2 a_2 a_3}$

(3) $\theta_1 = \text{atan}2(-y, -x)$ 、 $\theta_3 = \cos^{-1} \dfrac{\overline{x}^2 + \overline{z}^2 - a_2^3 - a_3^2}{2 a_2 a_3}$

(4) $\theta_1 = \text{atan}2(-y, -x)$ 、 $\theta_3 = -\cos^{-1} \dfrac{\overline{x}^2 + \overline{z}^2 - a_2^3 - a_3^2}{2 a_2 a_3}$ 。

　　由於某些解的前後過程可能產生矛盾以及實際機械臂的各個關節角度有其活動限制範圍，因此並非所有的可能解都存在。最合理的作法是將各組的可能解帶回原機械臂直接運動學公式驗證是否相同。

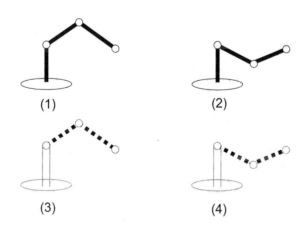

圖 6-5　Micro-robot 88-5 五軸機械臂之 4 組解，(1)手肘向上、(2)手肘向下、(3)手肘向上及腰部反轉以及(4)手肘向下及腰部反轉

令 Micro-robot 88-5 五軸機械臂之幾何參數為 $d_1 = 220\text{mm}$、$a_2 = 150\text{mm}$、$a_3 = 120\text{mm}$、$a_4 = 50\text{mm}$ 及 $d_5 = 130\text{mm}$；並假設已知終端器的齊次轉換矩陣為

$$T = \begin{bmatrix} 0.1250 & 0.6495 & 0.7500 & 335.5737 \\ 0.6495 & -0.6250 & 0.4330 & 193.7436 \\ 0.7500 & 0.4330 & -0.5000 & 273.3013 \\ 0 & 0 & 0 & 1 \end{bmatrix}$$

其反運動學解的四組可能解經帶回原直接運動學公式驗證僅有二組解存在。第一組解為

$$\theta = \begin{bmatrix} 0.5236 & -0.5236 & 0.5236 & -1.0472 & -0.5236 \end{bmatrix},$$

經驗證其對應的終端器的齊次轉換矩陣為

$$\begin{bmatrix} 0.1250 & 0.6495 & 0.7500 & 335.5737 \\ 0.6495 & -0.6250 & 0.4330 & 193.7436 \\ 0.7500 & 0.4330 & -0.5000 & 273.3013 \\ 0 & 0 & 0 & 1 \end{bmatrix} = T$$

正確無誤。第二組解為

$$\theta = \begin{bmatrix} 0.5236 & -0.0595 & -0.5236 & -0.4641 & -0.5236 \end{bmatrix},$$

經驗證其對應的終端器的齊次轉換矩陣亦為正確無誤。

例 6-3　PUMA 六軸機械臂反運動學解

PUMA 六軸機械臂(如圖 6-6 所示)，已知

$${}^0T_6 = \begin{bmatrix} n & s & a & p \\ 0 & 0 & 0 & 1 \end{bmatrix} = \begin{bmatrix} n_x & s_x & a_x & p_x \\ n_y & s_y & a_y & p_y \\ n_z & s_z & a_z & p_z \\ 0 & 0 & 0 & 1 \end{bmatrix};$$

試計算機械臂之各個關節角度 $\theta = \begin{bmatrix} \theta_1, \theta_2, \theta_3, \theta_4, \theta_5, \theta_6 \end{bmatrix}$ 為何？

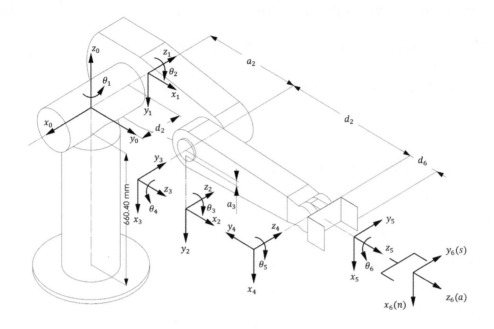

圖 6-6　PUMA 六軸機械臂，各連桿幾何長度為

$d_2 = 200\text{mm}$ 、 $a_2 = 300\text{mm}$ 、 $a_3 = 10\text{mm}$ 、 $d_4 = 400\text{mm}$ 及 $d_6 = 50\text{mm}$

步驟 1：解 $(\theta_1, \theta_2, \theta_3)$

已知位置反運動學方程式為

$$c_1\left[d_6(c_{23}c_4s_5 + s_{23}c_5) + d_4s_{23} + a_3c_{23} + a_2c_2\right] - s_1(d_6s_4s_5 + d_2) = p_x$$

$$s_1\left[d_6(c_{23}c_4s_5 + s_{23}c_5) + d_4s_{23} + a_3c_{23} + a_2c_2\right] + c_1(d_6s_4s_5 + d_2) = p_y$$

$$d_6(c_{23}c_5 - s_{23}c_4s_5) + d_4c_{23} - a_3s_{23} - a_2s_2 = p_z$$

以及終端器指向向量

$$c_1(c_{23}c_4s_5 + s_{23}c_5) - s_1s_4s_5 = a_x$$

$$s_1(c_{23}c_4s_5 + s_{23}c_5) + c_1s_4s_5 = a_y$$

$$c_{23}c_5 - s_{23}c_4s_5 = a_z \quad ；$$

首先計算 $\bar{p} = p - d_6 a$ 可得

$$c_1(d_4s_{23} + a_3c_{23} + a_2c_2) - d_2s_1 = \bar{p}_x = p_x - d_6a_x \tag{6.27}$$

$$s_1(d_4s_{23} + a_3c_{23} + a_2c_2) + d_2c_1 = \bar{p}_y = p_y - d_6a_y \tag{6.28}$$

$$d_4 c_{23} - a_3 s_{23} - a_2 s_2 = \bar{p}_z = p_z - d_6 a_z \text{ 。} \tag{6.29}$$

將(6.27)式、(6.28)式及(6.29)式分別平方後相加後可得下式

$$(d_4 s_{23} + a_3 c_{23} + a_2 c_2)^2 + (d_4 c_{23} - a_3 s_{23} - a_2 s_2)^2 = D \tag{6.30}$$

其中

$$D = \left(p_x - d_6 a_x\right)^2 + \left(p_y - d_6 a_y\right)^2 + \left(p_z - d_6 a_z\right)^2 - d_2^2 \text{ 。}$$

展開(6.30)式可得

$$a_3 c_3 + d_4 s_3 = \frac{D - d_4^2 - a_3^2 - a_2^3}{2a_2} = C \text{ ,} \tag{6.31}$$

由基本公式 4 可解得

$$s_3 = \frac{d_4 C \pm a_3 \sqrt{a_3^2 + d_4^2 - C^2}}{a_3^2 + d_4^2} \text{ ,}$$

以及

$$\theta_3 = \operatorname{atan2}(s_3, c_3) = \operatorname{atan2}(s_3, \frac{C - d_4 s_3}{a_3}) \text{ 。} \tag{6.32}$$

將 θ_3 代入(6.29)式可得

$$(d_4 c_3 - a_3 s_3)c_2 - (d_4 s_3 + a_3 c_3 + a_2)s_2 = \bar{p}_z \tag{6.33}$$

同理,由基本公式 4 可解得

$$s_2 = \frac{-(d_4 s_3 + a_3 c_3 + a_2)\bar{p}_z \pm |d_4 c_3 - a_3 s_3| \sqrt{a_2^2 + a_3^2 + d_4^2 + 2d_4 a_2 s_3 + 2a_3 a_2 c_3 - \bar{p}_z^2}}{a_2^2 + a_3^2 + d_4^2 + 2d_4 a_2 s_3 + 2a_3 a_2 c_3}$$

以及

$$\theta_2 = \operatorname{atan2}(s_2, c_2) = \operatorname{atan2}(s_2, \frac{\bar{p}_z + (d_4 s_3 + a_3 c_3 + a_2)s_2}{d_4 c_3 - a_3 s_3}) \text{ 。} \tag{6.34}$$

或者，先將(6.27)式及(6.28)式分別平方後相加後可得下式

$$d_4 s_{23} + a_3 c_{23} + a_2 c_2 = \pm\sqrt{\bar{p}_x^2 + \bar{p}_y^2} \tag{6.35}$$

再將 θ_3 代入(6.35)式可得

$$(d_4 s_3 + a_3 c_3 + a_2)c_2 + (d_4 c_3 - a_3 s_3)s_2 = \pm\sqrt{\bar{p}_x^2 + \bar{p}_y^2} \tag{6.36}$$

然後再聯立解(6.33)式及(6.36)式可解得 c_2 及 s_2，因此

$$\theta_2 = \text{atan2}(s_2, c_{21}) \text{。} \tag{6.37}$$

最後聯立解(6.27)式及(6.28)式可解得 c_1 及 s_1，因此

$$\theta_1 = \text{atan2}(s_1, c_1) \text{。} \tag{6.38}$$

步驟 2：解 $(\theta_4, \theta_5, \theta_6)$

計算 $^3R_6(\theta_4, \theta_5, \theta_6) = {}^0R_3^T \, {}^0R_6$ 可得

$$^3R_6 = \begin{bmatrix} c_4 c_5 c_6 - s_4 s_6 & -c_4 c_5 s_6 - s_4 c_6 & c_4 s_5 \\ s_4 c_5 c_6 + c_4 s_6 & -s_4 c_5 s_6 + c_4 c_6 & s_4 s_5 \\ -s_5 c_6 & s_5 s_6 & c_5 \end{bmatrix} = \begin{bmatrix} r_{11} & r_{12} & r_{13} \\ r_{21} & r_{22} & r_{23} \\ r_{31} & r_{32} & r_{33} \end{bmatrix} \tag{6.39}$$

因此，可得到

  (1) **一般解** $r_{33} \neq \pm 1$

$$\theta_5 = \text{atan2}(\pm\sqrt{r_{31}^2 + r_{32}^2}, r_{33})$$

$$\theta_4 = \begin{cases} \text{atan2}(r_{23}, r_{13}) & s_5 > 0 \\ \text{atan2}(-r_{23}, -r_{13}) & s_5 < 0 \end{cases} \qquad \theta_6 = \begin{cases} \text{atan2}(r_{32}, -r_{31}) & s_5 > 0 \\ \text{atan2}(-r_{32}, r_{31}) & s_5 < 0 \end{cases}$$

  (2) **特殊解一** $r_{33} = 1$

$$\theta_5 = 0$$

$$\theta_4 + \theta_6 = \text{atan2}(r_{21}, r_{11})$$

  (3) **特殊解二** $r_{33} = -1$

$$\theta_5 = \pm\pi$$

$$\theta_4 - \theta_6 = \text{atan2}(-r_{12}, r_{22}) \text{。}$$

　　雖然 θ_3、θ_2 及 θ_5 均可能各有 2 個解，PUMA 六軸機械臂的反運動學解可能存在有 8 組解；但是並非所有的可能解都是正確的解。舉例如下：

令 PUMA 六軸機械臂之幾何參數為 $d_2 = 200\text{mm}$ 、 $a_2 = 300\text{mm}$ 、 $a_3 = 10\text{mm}$ 、 $d_4 = 400\text{mm}$ 及 $d_6 = 50\text{mm}$；並假設已知終端器的齊次轉換矩陣為

$$T = \begin{bmatrix} 0.8995 & 0.0580 & -0.4330 & 112.0096 \\ 0.0580 & 0.9665 & 0.2500 & 320.6089 \\ 0.4330 & -0.2500 & 0.8660 & 293.3013 \\ 0 & 0 & 0 & 1 \end{bmatrix}$$

其反運動學解的八組可能解經帶回原直接運動學公式驗證僅有二組解存在。第一組解為

$$\theta = \begin{bmatrix} 0.5236 & 0.5236 & -0.5236 & -1.0472 & -0.5236 & 0.5236 \end{bmatrix}$$

經驗證其對應的終端器的齊次轉換矩陣為

$$\begin{bmatrix} 0.8995 & 0.0580 & -0.4330 & 112.0096 \\ 0.0580 & 0.9665 & 0.2500 & 320.6089 \\ 0.4330 & -0.2500 & 0.8660 & 293.3013 \\ 0 & 0 & 0 & 1 \end{bmatrix} = T$$

正確無誤。第二組解為

$$\theta = \begin{bmatrix} 0.5236 & 0.5236 & -0.5236 & 2.0944 & 0.5236 & -2.6180 \end{bmatrix},$$

經驗證其對應的終端器的齊次轉換矩陣亦為正確無誤。

參考文獻

[1] John J. Craig, Introduction to robotics, mechanical ans control, Third Edition, Pearson Education, Inc., 2005.

[2] Mark W. Spong, Seth Hutchinson and M. Vidyasagar, Robot modeling and control, John Wiley & Sons, Inc. 2006.

[3] Nuttaprop Vacharakornrawut, and etc. Converting TCP to joints value of 6-DOF robot based on forwaard and inverse kinematics Analysis, 2016 13th Inter. Conf. on Electrical Engineering/Electronics, Computer, Telecommunicaations and Information Technology (ECTI-COM), July 2016.

[4] Jun-Di Sun and etc., Analysis inverse kinematic solution using the D-H Method for 6-DOF robot, 2017 14th Inter. Conf. On Ubiquitous Robots and Ambient Intelligence (URAI), Jeju, Korea, June 2017.

[5] Bao-Chang Chen, etc., An analytical solution of inverse kinematics for a 7-DOF redundant manipulator, 2018 Inter. Conf. on Ubiqultous Robots (UR), Hawaii, June 2018.

CHAPTER **7**

機械臂軌跡規劃

■ 7.1 機械臂軌跡規劃簡介

典型的機械臂運動控制系統如圖 7-1 所示。最低層的伺服控制為關節角度位置 PID 控制器，其關節角度參考命令則由上一層的反運動學模組或關節角度軌跡規劃來負責，再上一層為直角座標工作軌跡規劃，最上層為動作決策層可由使用者操控或者由影像回授控制系統來監控。

機械臂的軌跡規劃計有關節座標軌跡規劃及直角座標軌跡規劃，兩種方式各有其優缺點。在關節座標執行軌跡規劃的優勢為機械臂最實際的控制量為關節角度、計算簡單快速、沒有奇異點問題；然而其最大的劣勢為機械臂在工作空間的實際運動軌跡不甚清楚，尤其當有障礙物出現時避障問題不容易解決。

在直角座標執行軌跡規劃的優勢為機械臂的運動路徑即為在直角座標之軌跡容易理解、最容易定義機械臂的工作任務、最短直線的直角座標路徑；然而其劣勢為需配合有多重解的反運動學模組使用、計算分析比較繁複、容易有機械極限及奇異點問題、很小的直角座標動作可能導致很大的關節角度變化。

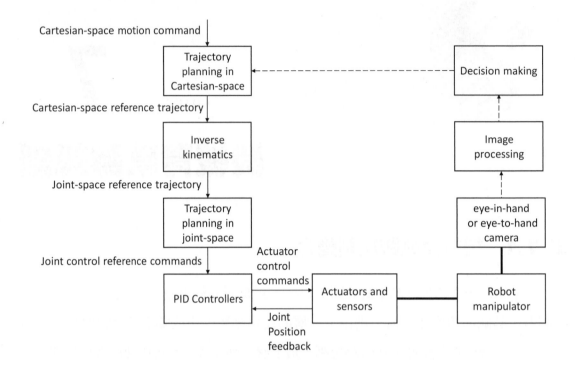

圖 7-1 典型的機械臂運動控制系統

■ 7.2 機械臂點到點運動控制軌跡

機械臂運動控制軌跡可分為點到點運動軌跡(point-to-point motion)及連續曲線運動軌跡(contouring motion)兩種方法,各有其應用範圍。點到點運動是一種在起點及終點的速度及加速度皆為零,符合"停止-開始-停止"(stop-start-stop)形式的運動方式,也是機械臂最基本必備的功能之一。原理上點到點的運動軌跡規劃與使用的座標系統無關,它可應用於機械臂之關節座標或直角座標的點到點運動。

常見的機械臂點到點運動軌跡為梯形或 S 形速度曲線。最簡單的點到點運動軌跡為矩形速度曲線。以下使用遞迴定義(recursive definition)來推導加減速度為對稱型 S 形速度曲線(symmetric S-curve)點到點運動軌跡。

(1) 矩形速度(rectangular speed)點到點運動軌跡

令 $v(t)$, $s(t)$, $t_0 \leq t \leq t_1$ 分別爲矩形速度位移曲線之速度曲線函數及位移曲線函數，s_{max} 爲最大位移量、v_{max} 爲最高速度及 t_0, t_1 分別爲點到點運動之起始及終止時間，則

$$v(t) = \frac{ds(t)}{dt} = m_1(t) = c, \ \ t_0 \leq t \leq t_1; \tag{7.1}$$

$$s(t) = \int_{t_0}^{t} v(\tau)d\tau = c(t - t_0) \ , \quad 其中 \quad c = \frac{s_{max}}{t_1 - t_0} \ 。$$

最大位移量 s_{max} 與運動時間 t_0, t_1 之關係式爲

$$v_{max} = \frac{s_{max}}{t_1 - t_0} \ 、 \quad t_1 - t_0 = \frac{s_{max}}{v_{max}} \ 。$$

(2) 對稱型梯形速度(symmetric trapezoid speed or T-curve)點到點運動軌跡

梯形速度點到點運動軌跡如圖 7-2 所示，其加速度曲線 $a(t)$ 是多矩形之形式。

令 a_{max} 爲最高加速度以及 t_0, t_1, t_2, t_3 分別爲點到點運動起始至終止時間之間加速度有變化之時刻且滿足時間對稱條件 $t_3 - t_2 = t_1 - t_0 > 0$，則

$$a(t) = \frac{d^2 s(t)}{dt^2} = m_2(t) = \begin{cases} m_1(t) & t_0 \leq t \leq t_1 \\ 0 & t_1 < t < t_2 \ , \\ -m_1(t - t_2) & t_2 \leq t \leq t_3 \end{cases} \tag{7.2}$$

$$v(t) = \int_{t_0}^{t} a(\tau)d\tau, \ \ t_0 \leq t \leq t_3 \ ,$$

$$s(t) = \int_{t_0}^{t} v(\tau)d\tau, \ \ t_0 \leq t \leq t_3 \ 。$$

最大位移量 s_{max}、最高速度 v_{max}、最高加速度 a_{max} 與運動時間 t_0, t_1, t_2, t_3 之關係式爲

$$a_{max} = \frac{v_{max}}{t_1 - t_0} \ , \ \ v_{max} = \frac{s_{max}}{t_3 - t_1} \ , \ \ t_3 - t_0 = \frac{s_{max}}{v_{max}} + \frac{v_{max}}{a_{max}} \ ;$$

且需滿足限制條件：$\dfrac{s_{\max}}{v_{\max}} \geq \dfrac{v_{\max}}{a_{\max}}$。對稱型梯形速度曲線有梯形(長移動距離)及

三角形(短移動距離) 2 種可能的速度軌跡曲線。

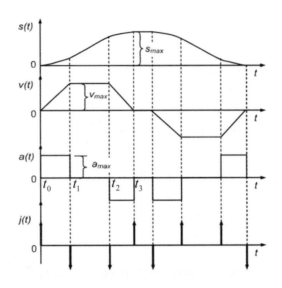

圖 7-2　對稱式梯形速度點到點運動軌跡(來回往返各一次)，$t_3 - t_2 = t_1 - t_0 > 0$

(3) 對稱型 S 形速度(symmetric S-curve)點到點運動軌跡

對稱型 S 形速度點到點運動軌跡如圖 7-3 所示，其加加速度曲線 $j(t)$ 是多矩形
之形式。令 $j_{\max}$ 為最高加加速度以及 $t_0, t_1, ..., t_7$ 分別為點到點運動之起始至終
止時間中加加速度有變化之時刻且滿足時間對稱條件

$t_1 - t_0 = t_3 - t_2 = t_5 - t_4 = t_7 - t_6$、$t_7 - t_4 = t_3 - t_0$，則

$$j(t) = \frac{d^3 s(t)}{dt^3} = m_3(t) = \begin{cases} m_2(t) & t_0 < t < t_3 \\ 0 & t_3 < t < t_4 \\ -m_2(t - t_4) & t_4 < t < t_7 \end{cases} \tag{7.3}$$

$a(t) = \displaystyle\int_{t_0}^{t} j(\tau)d\tau, \ t_0 \leq t \leq t_7$，

$v(t) = \displaystyle\int_{t_0}^{t} a(\tau)d\tau, \ t_0 \leq t \leq t_7$，

$s(t) = \displaystyle\int_{t_0}^{t} v(\tau)d\tau, \ t_0 \leq t \leq t_7$。

最大位移量 $s_{\max}$、最高速度 $v_{\max}$、最高加速度 $a_{\max}$、最高加加速度 $j_{\max}$ 與運動時間 $t_0, t_1, \cdots, t_7$ 之關係式為

$$j_{\max} = \frac{a_{\max}}{t_1 - t_0} \;\text{、}\; a_{\max} = \frac{v_{\max}}{t_3 - t_1} \;\text{、}\; v_{\max} = \frac{s_{\max}}{t_7 - t_3} \;\text{、}\; t_7 - t_0 = \frac{s_{\max}}{v_{\max}} + \frac{v_{\max}}{a_{\max}} + \frac{a_{\max}}{j_{\max}} \;\text{;}$$

且需滿足限制條件：$\dfrac{v_{\max}}{a_{\max}} \geq \dfrac{a_{\max}}{j_{\max}}$ 以及 $\dfrac{s_{\max}}{v_{\max}} \geq \dfrac{v_{\max}}{a_{\max}} + \dfrac{a_{\max}}{j_{\max}}$ 。

對稱型 S 形速度曲線有 4 種可能的加速度軌跡曲線如圖 7-4 所示。

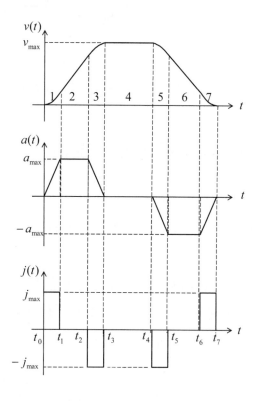

圖 7-3　對稱型 S 形速度點到點運動軌跡，$t_1 - t_0 = t_3 - t_2 = t_5 - t_4 = t_7 - t_6$、$t_7 - t_4 = t_3 - t_0$。

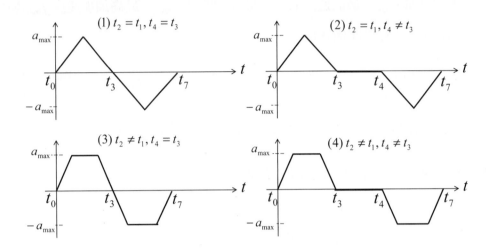

圖 7-4　對稱型 S 形速度曲線之 4 種可能的加速度軌跡曲線

■ 7.3　機械臂直角座標直線軌跡規劃

直角座標直線軌跡是機械臂十分常見的工作要求之一，例如噴漆、追蹤輸送帶、縫合間隙等等。最直接規劃直角座標直線軌跡的方法稱為直角座標線性插值法。

直角座標直線軌跡線性插值法：

首先設定機械臂直線軌跡起點與終點；接著從起點至終點之直線線段上均勻分佈共 N 個直角座標通過點；然後個別計算此 N 個直角座標通過點的反運動學得到 N 個關節座標通過點；最後將此 N 個關節座標通過點依序輸入關節角度位置伺服控制器之位置命令。

上述之直角座標線性插值法看似簡單容易實現，其實不然。它存在許多的缺點，諸如：旋轉矩陣(或 3 個尤拉角)不適合使用線性插值、是否會通過機械臂的奇異點附近、各個直角座標通過點的反運動學有多重解如何選擇、關節座標通過點軌跡是否足夠圓滑、當直角座標起點與終點之距離長時通過點的個數大量增加需耗費不少計算反運動學的時間等等。

機械臂直角座標直線軌跡規劃 Taylor 法同時比較直角座標直線線段與對應關節座標之直線線段的誤差，並假設最大的誤差值出現於關節座標直線線段的中點處。

直角座標直線軌跡 Taylor 法：

步驟 1：已知直角座標直線軌跡起點 X_{start} 與終點 X_{end}，由反運動學得到對應關節座標的起點 q_{start} 與終點 q_{end}；

步驟 2：計算 $q_{mid} = \dfrac{q_{start} + q_{end}}{2}$ 及其前進運動學 $X(q_{mid})$；

步驟 3：計算直角座標直線線段中點 $X_m = \dfrac{X_{start} + X_{end}}{2}$；

步驟 4：若 $\|X_m - X(q_{mid})\| \le \varepsilon$，則關節座標線段 (q_{start}, q_{end}) 為安全；

步驟 5：否則，將直角座標直線線段拆成兩段 (X_{start}, X_m) 與 (X_m, X_{end})，然後遞迴重覆執行步驟 1。

上述之 Taylor 法比較適合應用於固定方位角的直角座標直線軌跡規劃。當直線軌跡過程旋轉矩陣(或 3 個尤拉角)需要連續變化時，仍存在有旋轉自由度的非線性問題。

■ 7.4　多項式插值

7.4.1　Lagrange 多項式插值函數

多項式插值(polynomial interpolation)問題：

已知數據點集 $\{(t_i, p_i)\}_{i=0}^{n}$，$t_0 < t_1 < \cdots < t_n$，其中 t_i 與 p_i 分別為第 i 個取樣時間與取樣點，尋求一個 n 階多項式函數 $f(t) = a_n t^n + a_{n-1} t^{n-1} + \cdots + a_1 t + a_0$，使得 $p_i = f(t_i)$，$0 \le i \le n$。

首先定義 n 階 Lagrange 多項式 $L_i(t)$，$0 \le i \le n$，為

$$L_i(t) = \prod_{j=0, j\neq i}^{n} \frac{t - t_j}{t_i - t_j}, \ 0 \le i \le n; \tag{7.4}$$

則上述之多項式插值問題的解為

$$f(t) = \sum_{i=0}^{n} L_i(t) p_i。 \tag{7.5}$$

觀察 1：$L_i(t) = \displaystyle\prod_{j=0, j\neq i}^{n} \frac{t-t_j}{t_i-t_j} = \begin{cases} 1 & t=t_i \\ 0 & t=t_j, j\neq i \end{cases}$, $0 \le i \le n$。

利用此特性，則多項式插值 $f(t_j) = \displaystyle\sum_{i=0}^{n} L_i(t_j) p_i = p_j$, $0 \le j \le n$。

觀察 2：$\displaystyle\sum_{i=0}^{n} L_i(t) = 1$, $t_0 \le t \le t_n$。

令 $p_i = 1$, $0 \le i \le n$，則 $f(t) = \displaystyle\sum_{i=0}^{n} L_i(t) = 1$。

觀察 3：Lagrange 多項式插值函數之矩陣表示法

$$f(t) = \sum_{i=0}^{n} L_i(t) p_i$$
$$= \begin{bmatrix} p_0 & p_1 & \cdots & p_n \end{bmatrix} L_{(n+1)\times(n+1)} \begin{bmatrix} (t-t_0)^n & (t-t_0)^{n-1} & \cdots & 1 \end{bmatrix}^T 。$$

例 7-1

通過數據點集 $\{(t_i, p_i)\}_{i=0}^{3} = \{(0, 0), (1, 0.5), (2, 2.0), (3, 1.5)\}$ 之 Lagrange 多項式

$$f(t) = \frac{(t-1)(t-2)(t-3)}{(0-1)(0-2)(0-3)} 0 + \frac{(t-0)(t-2)(t-3)}{(1-0)(1-2)(1-3)} 0.5 + \frac{(t-0)(t-1)(t-3)}{(2-0)(2-1)(2-3)} 2$$
$$+ \frac{(t-0)(t-1)(t-2)}{(3-0)(3-1)(3-2)} 1.5.$$

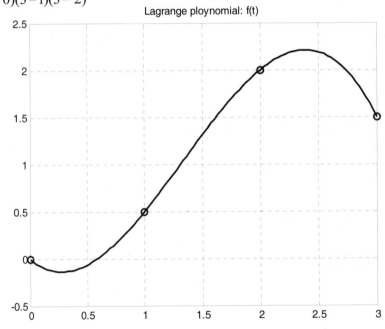

Lagrange ploynomial: f(t)

7.4.2 Bezier 曲線插值

接著介紹與 Lagrange 多項式插值函數有類似表示法之 Bezier 曲線插值，它只需通過起點與終點而不需要通過其他的數據點。首先定義 Bernstein 多項式 $B_{i,n}(s) = C_i^n s^i (1-s)^{n-i}$，$0 \le s \le 1$：

$$C_i^n = \frac{n!}{i!(n-i)!} = C_{i-1}^{n-1} + C_i^{n-1} \ , \quad C_0^0 = 1 \circ \tag{7.6}$$

觀察 1：$\sum_{i=0}^{n} B_{i,n}(s) = 1$，$B_{i,n}(s) \ge 0$，$0 \le s \le 1 \circ$

觀察 2：$B_{i,n}(0) = \begin{cases} 1 & i=0 \\ 0 & i \ne 0 \end{cases}$，$B_{i,n}(1) = \begin{cases} 0 & i \ne n \\ 1 & i=n \end{cases} \circ$

觀察 3：遞迴定義 $B_{i,n}(s)$

$$B_{i,n}(s) = (1-s)B_{i,n-1}(s) + s\,B_{i-1,n-1}(s) \ , \quad B_{0,0}(s) = 1 \circ \tag{7.7}$$

觀察 4：$\dfrac{d}{ds} B_{i,n}(s) = n\left(B_{i-1,n-1}(s) - B_{i,n-1}(s)\right)$

$$\frac{d^2}{ds^2} B_{i,n}(s) = n(n-1)\left(B_{i-2,n-2}(s) - 2B_{i-1,n-2}(s) + B_{i,n-2}(s)\right) \circ$$

n 階 Bezier 曲線插值：

已知 $(n+1)$ 個控制點 $\{p_i\}_{i=0}^{n}$，n 階 Bezier 曲線插值表示為

$$f(s) = \sum_{i=0}^{n} B_{i,n}(s) p_i = \sum_{i=0}^{n} \frac{n!}{i!(n-i)!} s^i (1-s)^{n-i} p_i \ , \ 0 \le s \le 1 \circ \tag{7.8}$$

Bezier 曲線之主要特性如下所示。

特性 1：遞迴定義 Bezier 曲線 $f(s)$，$0 \le s \le 1$

$$\begin{aligned} f(s) &= f_n(p_0, p_1, \cdots, p_n) \\ &= (1-s)f_{n-1}(p_0, p_1, \cdots, p_{n-1}) + s\,f_{n-1}(p_1, p_2, \cdots, p_n) \end{aligned} \tag{7.9}$$

CHAPTER

7

證明：

$$f(s) = f_n(p_0, p_1, \cdots, p_n) = \sum_{i=0}^{n} B_{i,n}(s) p_i$$

$$= \sum_{i=0}^{n} (1-s) B_{i,n-1}(s) p_i + \sum_{i=0}^{n} s B_{i-1,n-1}(s) p_i$$

$$= (1-s) \sum_{i=0}^{n-1} B_{i,n-1}(s) p_i + s \sum_{i=1}^{n} B_{i-1,n-1}(s) p_i$$

$$= (1-s) \sum_{i=0}^{n-1} B_{i,n-1}(s) p_i + s \sum_{i=0}^{n-1} B_{i,n-1}(s) p_{i+1}$$

$$= (1-s) f(p_0, p_1, \cdots, p_{n-1}) + s f(p_1, p_2, \cdots, p_n) \circ$$

特性 2：Bezier 曲線起點與終點

起點　$f(0) = p_0$

$$\frac{d}{ds} f(0) = n(p_1 - p_0)$$

$$\frac{d^2}{ds^2} f(0) = n(n-1)(p_2 - 2p_1 + p_0)$$

終點　$f(1) = p_n$

$$\frac{d}{ds} f(1) = n(p_n - p_{n-1})$$

$$\frac{d^2}{ds^2} f(1) = n(n-1)(p_n - 2p_{n-1} + p_{n-2}) \circ$$

例 7-2

由數據點集 $\{(x_i, y_i)\}_{i=0}^{3} = \{(0, 0), (1, 0.5), (2, 2.0), (3, 1.5)\}$ 所定義之 3 階 Bezier 曲線

$$f(s) = (1-s)^3 \begin{bmatrix} 0 \\ 0 \end{bmatrix} + 3(1-s)^2 s \begin{bmatrix} 1 \\ 0.5 \end{bmatrix} + 3(1-s)s^2 \begin{bmatrix} 2 \\ 2.0 \end{bmatrix} + s^3 \begin{bmatrix} 3 \\ 1.5 \end{bmatrix}, \quad 0 \le s \le 1$$

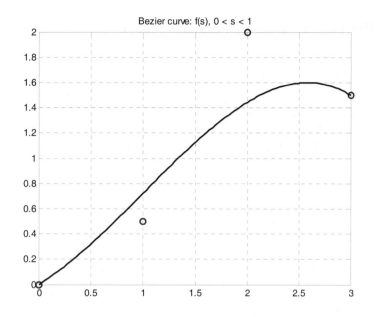

令 5 階 Bezier 曲線 $f(s)$，$0 \leq s \leq 1$，控制點為 $\{p_i\}_{i=0}^{5} = \{0,0,0,1,1,1\}$，則

$$f(s) = \sum_{i=3}^{5} \frac{n!}{i!(n-i)!} s^i (1-s)^{n-i}, \quad 0 \leq s = \frac{t-t_0}{t_1-t_0} \leq 1 \text{。}$$

此種型式的 5 階 Bezier 插值軌跡曲線與 S 形速度曲線點到點軌跡曲線非常相似且更具圓滑性，因其加加速度軌跡曲線為 2 階多項式函數。

7.4.3　前進差分與多項式插值

以下介紹使用前進差分作為多項式插值快速計算法之基本技術。

定義 1 次前進差分(first-order forward difference)為

$$X[i] = X[i-1] + \Delta X, \quad i = 1, 2, \cdots, n \text{，}$$

其中 $\Delta X = V \Delta T$ 代表速度常數以及 $X[0]$ 為初值條件。上述 $X[n]$ 之公式解為

$$X[n] = X[0] + \Delta X \, n, \quad n = 1, 2, \cdots \text{。}$$

定義 2 次前進差分(second-order forward difference)

$$\Delta X[i] = \Delta X[i-1] + \Delta^2 X$$

$$X[i] = X[i-1] + \Delta X[i], \quad i = 1, 2, \cdots, n \text{,}$$

其中 $\Delta^2 X = A \, \Delta T$ 代表加速度常數以及 $\Delta X[0]$ 與 $X[0]$ 爲初值條件。上述 $\Delta X[n]$ 及 $X[n]$ 之公式解爲

$$\Delta X[n] = \Delta X[0] + \Delta^2 X \, n$$

$$X[n] = X[0] + \Delta X[0] \, n + \Delta^2 X \, \frac{n(n+1)}{2}, \quad n = 1, 2, \cdots \text{,}$$

其中 $\Delta X[0]$ 爲滿足速度曲線之初值條件。

同理,定義 3 次前進差分(third-order forward difference)

$$\Delta^2 X[i] = \Delta^2 X[i-1] + \Delta^3 X$$

$$\Delta X[i] = \Delta X[i-1] + \Delta^2 X[i]$$

$$X[i] = X[i-1] + \Delta X[i], \quad i = 1, 2, \cdots, n \text{,}$$

其中 $\Delta^3 X = J \, \Delta T$ 代表加加速度常數以及 $\Delta^2 X[0]$、$\Delta X[0]$ 與 $X[0]$ 爲初值條件。上述 $\Delta^2 X[n]$、$\Delta X[n]$ 與 $X[n]$ 之公式解爲

$$\Delta^2 X[n] = \Delta^2 X[0] + \Delta^3 X \, n$$

$$\Delta X[n] = \Delta X[0] + \Delta^2 X[0] \, n + \Delta^3 X \frac{n(n+1)}{2}$$

$$X[n] = X[0] + \Delta X[0] \, n + \Delta^2 X[0] \, \frac{n(n+1)}{2} + \Delta^3 X \, \frac{n(n+1)(n+2)}{6}, \quad n = 1, 2, \cdots \text{,}$$

其中 $\Delta^2 X[0]$ 與 $\Delta X[0]$ 分別爲滿足加速度曲線與速度曲線之初值條件。

例 7-3

設計單一 3 階多項式點到點運動軌跡 $x(t) = at^3 + bt^2 + ct + d$，$0 \le t \le T$，並且滿足 $x(0) = 0$、$\dot{x}(0) = 0$、$x(T) = L$ 以及 $\dot{x}(T) = 0$ 等條件，其中 L 爲相對位移量。

解答

令 $\Delta T = T / n$，此點到點運動軌跡之限制條件計有 $X[0] = 0$、$\Delta X[0] = 0$、

$$X[n] = \Delta^2 X[0] \frac{n(n+1)}{2} + \Delta^3 X \frac{n(n+1)(n+2)}{6} = L ,$$

$$\Delta X[n] = \Delta^2 X[0] \, n + \Delta^3 X \frac{n(n+1)}{2} = 0 。$$

由上述 2 式，我們可得

$$\Delta^2 X[0] = -\Delta^3 X \frac{n+1}{2} 、 \quad \Delta^3 X = \frac{-12L}{n(n^2-1)} \quad \text{以及} \quad \Delta^2 X[0] = \frac{6L}{n(n-1)} 。$$

驗證終點加速度

$$\Delta^2 X[n] = \Delta^2 X[0] + \Delta^3 X \, n = \frac{6L}{n(n-1)} - \frac{12L}{n^2-1} = \frac{-6L}{n(n+1)} 。$$

點到點運動軌跡生成法則：

$$\Delta^2 X[i] = \Delta^2 X[i-1] + \Delta^3 X$$

$$\Delta X[i] = \Delta X[i-1] + \Delta^2 X[i]$$

$$X[i] = X[i-1] + \Delta X[i], \quad i = 1, 2, \cdots, n 。$$

■ 7.5 片段多項式軌跡曲線

已知 $\{(t_i, p_i)\}_{i=0}^{n}$ 爲一組設定機械臂運動軌跡的數據點，我們可以有二種實現的策略，其中使用一組多個低階的片段多項式函數軌跡曲線遠比使用單一個高階的多項式

函數軌跡曲線來得實際，片段多項式函數對輸入資料的靈敏性低，而且可以減少產生震盪現象。

定義：節點(knots or breaks) $\{t_i\}_{i=0}^n$ ， $t_0 < t_1 < \cdots < t_n$ ，為從一個多項式函數變換至另一個新的多項式函數的分隔點。

定義：擬合點(fitting points) $\{(t_i, p_i)\}_{i=0}^n$ ， $p_i \in R^k$ ，為設定片段多項式函數的數據點(data points)。

片段多項式軌跡曲線(piecewise polynomial trajectory)問題為已知擬合點(fitting points) $\{(t_i, p_i)\}_{i=1}^{n+1}$ ， $t_1 < t_2 < \cdots < t_n < t_{n+1}$ ，尋求一組片段多項式(mkpp)軌跡曲線 $f(t)$ ，

$$f(t) = \sum_{i=1}^n f_i(t) = \begin{cases} f_1(t) & t_1 \le t < t_2 \\ f_2(t) & t_2 \le t < t_3 \\ \vdots & \vdots \\ f_n(t) & t_n \le t < t_{n+1} \end{cases} , \tag{7.10}$$

其中 $f_i(t) = Polynomial(t - t_i)$ ，使得 $f(t_i) = p_i$ ， $i = 1, 2, \cdots, n+1$ ，以及 $f(t)$ 為盡可能的圓滑軌跡曲線。

例 7-4

已知擬合點 $\{(t_i, p_i)\}_{i=0}^3$ ， $t_i, p_i \in R$ ，尋求一組圓滑的 n_1-n_2-n_3 階片段多項式軌跡曲線 $f(t)$ ，

$$f(t) = \sum_{i=1}^3 f_i(t) = \begin{cases} f_1(t) = \sum_{i=0}^{n_1} a_i(t - t_0)^i & t_0 \le t < t_1 \\ f_2(t) = \sum_{i=0}^{n_2} b_i(t - t_1)^i & t_1 \le t < t_2 \\ f_3(t) = \sum_{i=0}^{n_3} c_i(t - t_2)^i & t_2 \le t < t_3 \end{cases} ,$$

通過 $f(t_i) = p_i$ ， $0 \le i \le 3$ ，

並且在起點及終點滿足 $f'(t_0) = f'(t_3) = 0$ 、 $f''(t_0) = f''(t_3) = 0$ 。

問題分析：

情況 1：5-3-5 階片段多項式軌跡曲線 $f(t)$，其解爲線性方程式 $A_{16 \times 16} x_{16 \times 1} = b_{16 \times 1}$

若 $f(t)$ 爲 5-3-5 階片段多項式函數 $f(t)$ 共有 6 + 4 + 6 =16 個未知參數 $x_{16 \times 1}$。

限制條件計有 6 個擬合點通過條件：$f_i(t_{i-1}) = p_{i-1}$，$f_i(t_i) = p_i$，$1 \le i \le 3$；

4 個起點及終點速度及加速度爲零條件：$f_1'(t_0) = 0$、$f_1''(t_0) = 0$、$f_3'(t_3) = 0$、

$f_3''(t_3) = 0$；

6 個中間節點圓滑條件：速度連續 $f_1'(t_1) = f_2'(t_1)$、$f_2'(t_2) = f_3'(t_2)$

加速度連續 $f_1''(t_1) = f_2''(t_1)$、$f_2''(t_2) = f_3''(t_2)$

加加速度連續 $f_1'''(t_1) = f_2'''(t_1)$、$f_2'''(t_2) = f_3'''(t_2)$；

共有 16 個限制條件。上述之限制條件可改寫成線性方程式 $A_{16 \times 16} x_{16 \times 1} = b_{16 \times 1}$，

未知參數 $x_{16 \times 1}$ 之唯一解爲 $x = A^{-1}b$。

情況 2：4-3-4 階片段多項式軌跡曲線 $f(t)$，其解爲線性方程式 $A_{14 \times 14} x_{14 \times 1} = b_{14 \times 1}$

若 $f(t)$ 爲 4-3-4 階片段多項式函數，其共有 14 個未知參數 $x_{14 \times 1}$，至多可以設

定 14 個限制條件，計有 6 個擬合點通過條件：$f_i(t_{i-1}) = p_{i-1}$，$f_i(t_i) = p_i$，

$1 \le i \le 3$；4 個起點及終點速度及加速度爲零條件：$f_1'(t_0) = 0$、$f_1''(t_0) = 0$、

$f_3'(t_3) = 0$、$f_3''(t_3) = 0$；以及 4 個中間節點圓滑條件：速度連續 $f_1'(t_1) = f_2'(t_1)$、

$f_2'(t_2) = f_3'(t_2)$ 及加速度連續 $f_1''(t_1) = f_2''(t_1)$、$f_2''(t_2) = f_3''(t_2)$。

情況 3：3-5-3 階片段多項式軌跡曲線 $f(t)$，其解爲線性方程式 $A_{14 \times 14} x_{14 \times 1} = b_{14 \times 1}$

若 $f(t)$ 爲 3-5-3 階片段多項式函數有 14 個未知參數 $x_{14 \times 1}$，如同 4-3-4 階片段

多項式函數亦可以設定 14 個限制條件。

情況 4：3-3-3 階片段多項式軌跡曲線 $f(t)$，其解爲線性方程式 $A_{12 \times 12} x_{12 \times 1} = b_{12 \times 1}$

若 $f(t)$ 爲 3-3-3 階片段多項式函數有 12 個未知參數 $x_{12 \times 1}$，至多可以設定 12

個限制條件，計有 6 個擬合點通過條件：$f_i(t_{i-1}) = p_{i-1}$，$f_i(t_i) = p_i$，$1 \le i \le 3$；

2 個起點及終點速度或加速度爲零條件：$f_1'(t_0) = 0$、$f_3'(t_3) = 0$ 或者

$f_1''(t_0) = 0$、$f_3''(t_3) = 0$；以及 4 個中間節點圓滑條件：速度連續

$f_1'(t_1) = f_2'(t_1)$、$f_2'(t_2) = f_3'(t_2)$ 及加速度連續 $f_1''(t_1) = f_2''(t_1)$、$f_2''(t_2) = f_3''(t_2)$。

CHAPTER 7

■ 7.6 三次雲形軌跡曲線(cubic spline trajectory)

三次雲形軌跡曲線為工業機械臂最常使用的連續軌跡曲線，它具有計算簡單、效果佳等優點。三次雲形軌跡曲線為已知數據點 $\{(t_i, p_i)\}_{i=0}^{n}$，其中 t_i 為時間節點，$t_0 < t_1 < \cdots < t_n$，$h_i = t_i - t_{i-1}$ 以及 (t_i, p_i) 為擬合點，尋求一組片段多項式函數軌跡曲線 $f(t)$，

$$f(t) = \sum_{i=0}^{n} f_i(t) = \begin{cases} f_1(t) & t_0 \le t < t_1 \\ f_2(t) & t_1 \le t < t_2 \\ \vdots & \vdots \\ f_n(t) & t_{n-1} \le t < t_n \end{cases} ,$$

$$f_i(t) = a_i(t-t_i)^3 + b_i(t-t_i)^2 + c_i(t-t_i) + d_i , \tag{7.11}$$

使得 $f(t_i) = p_i$，$0 \le i \le n$ 以及 $f(t)$ 為盡可能的圓滑曲線。因此，$f_i(t)$，$t_{i-1} \le t < t_i$，需滿足

(1) 通過擬合點之插值條件： $f_i(t_{i-1}) = p_{i-1}$、$f_i(t_i) = p_i$，$i = 1, 2, \cdots, n$；

(2) 中間節點(via points)圓滑曲線條件： $f_i'(t_i) = f_{i+1}'(t_i)$、$f_i''(t_i) = f_{i+1}''(t_i)$，$i = 1, 2, \cdots, n-1$。

令 m_i，$i = 0, 1, \cdots, n$，為($n+1$)個分隔點 t_i，$0 \le i \le n$，之未知加速度值，則三次雲形軌跡曲線之加速度、速度及位置函數曲線可以分別表示為

$$f_i''(t) = m_{i-1} \frac{t_i - t}{h_i} + m_i \frac{t - t_{i-1}}{h_i}, \ t_{i-1} \le t < t_i \tag{7.12}$$

$$f_i'(t) = -\frac{m_{i-1}}{2h_i}(t_i - t)^2 + \frac{m_i}{2h_i}(t - t_{i-1})^2 + const, \ t_{i-1} \le t < t_i \tag{7.13}$$

$$f_i(t) = \frac{m_{i-1}}{6h_i}(t_i - t)^3 + \frac{m_i}{6h_i}(t - t_{i-1})^3 + c_1(t_i - t) + c_0(t - t_{i-1}), \ t_{i-1} \le t < t_i \tag{7.14}$$

其中 c_1 及 c_0 為待決定參數。由通過擬合點之插值條件 $f_i(t_{i-1}) = p_{i-1}$、$f_i(t_i) = p_i$；我們可得

$$f_i(t_{i-1}) = \frac{m_{i-1}}{6h_i}(t_i - t_{i-1})^3 + c_1(t_i - t_{i-1}) = \frac{m_{i-1}}{6}h_i^2 + c_1h_i = p_{i-1},$$

$$f_i(t_i) = \frac{m_i}{6h_i}h_i^3 + c_0h_i = p_i;$$

因此，$c_1 = \dfrac{p_{i-1}}{h_i} - \dfrac{m_{i-1}h_i}{6}$、$c_0 = \dfrac{p_i}{h_i} - \dfrac{m_ih_i}{6}$。

故所以，

$$f_i(t) = \frac{m_{i-1}}{6h_i}(t_i - t)^3 + \frac{m_i}{6h_i}(t - t_{i-1})^3 + (\frac{p_{i-1}}{h_i} - \frac{m_{i-1}h_i}{6})(t_i - t) + (\frac{p_i}{h_i} - \frac{m_ih_i}{6})(t - t_{i-1})$$

$$f_i'(t) = -\frac{m_{i-1}}{2h_i}(t_i - t)^2 + \frac{m_i}{2h_i}(t - t_{i-1})^2 + \frac{m_{i-1}h_i}{6} - \frac{m_ih_i}{6} + \frac{p_i - p_{i-1}}{h_i}, \quad t_{i-1} \le t < t_i。$$

接著，再由中間節點速度為連續之條件 $f_i'(t_i) = f_{i+1}'(t_i)$，$i = 1, 2, \cdots, n-1$，

$$\frac{m_ih_i}{2} + \frac{m_{i-1}h_i}{6} - \frac{m_ih_i}{6} + \frac{p_i - p_{i-1}}{h_i} = -\frac{m_ih_{i+1}}{2} + \frac{m_ih_{i+1}}{6} - \frac{m_{i+1}h_{i+1}}{6} + \frac{p_{i+1} - p_i}{h_{i+1}};$$

我們可得線性方程式條件組

$$h_im_{i-1} + 2(h_i + h_{i+1})m_i + h_{i+1}m_{i+1} = 6(\frac{p_{i+1} - p_i}{h_{i+1}} - \frac{p_i - p_{i-1}}{h_i}), \quad i = 1, 2, \cdots, n-1，$$

或者具有 $(n+1)$ 個未知變數、$(n-1)$ 個限制條件及 2 個自由變數(free variable)之線性方程式。

$$A\,x = \begin{bmatrix} h_1 & 2(h_1+h_2) & h_2 & & \\ & h_2 & 2(h_1+h_2) & h_3 & \\ & & \ddots & \ddots & \ddots \\ & & & h_{n-1} & 2(h_{n-1}+h_n) & h_n \end{bmatrix} \begin{bmatrix} m_0 \\ m_1 \\ m_2 \\ \vdots \\ m_n \end{bmatrix}$$

$$= 6 \begin{bmatrix} \dfrac{p_2-p_1}{h_2} - \dfrac{p_1-p_0}{h_1} \\[2mm] \dfrac{p_3-p_2}{h_3} - \dfrac{p_2-p_1}{h_2} \\[2mm] \vdots \\[1mm] \dfrac{p_n-p_{n-1}}{h_n} - \dfrac{p_{n-1}-p_{n-2}}{h_{n-1}} \end{bmatrix} \circ$$

當節點為均勻型之分隔點時，$\{t_i\}_{i=0}^n = \{i\,h\}_{i=0}^n$，三次雲形軌跡曲線需滿足之線性方程式為如下所示，

$$A_{(n-1)\times(n+1)}\,x = \begin{bmatrix} 1 & 4 & 1 & & & \\ & 1 & 4 & 1 & & \\ & & \ddots & \ddots & \ddots & \\ & & & 1 & 4 & 1 \end{bmatrix} \begin{bmatrix} m_0 \\ m_1 \\ \vdots \\ m_{n-1} \\ m_n \end{bmatrix} = \frac{6}{h^2} \begin{bmatrix} p_2 - 2p_1 + p_0 \\ p_3 - 2p_2 + p_1 \\ \vdots \\ p_n - 2p_{n-1} + p_{n-2} \end{bmatrix} \circ \quad (7.15)$$

設計三次雲形軌跡曲線時，通常使用者需額外多加上 2 個限制條件或尋找最佳化以得到一組唯一解。常見額外多加之限制條件或最佳化性能指標為如下所列。

(1) 自然三次雲形軌跡曲線(natural cubic spline or a relaxed curve)：起點及終點之加速度為零 $m_0 = 0$、$m_n = 0$。

(2) 起點及終點兩端之曲率為可調(endpoint curvature-adjusted spline)：起點及終點之加速度 m_0 及 m_n 為使用者設定值。

(3) 起點第一段及終點最後一段之加速度曲線為固定值(parabolically terminated spline)：$m_0 = m_1$、$m_n = m_{n-1}$。

(4) 第 2 個及最後第 2 個為非節點條件(not-a-knot condition or extrapolate to the endpoints)：

起點第一段與第二段之加加速度(jerk or 3rd derivative)為相等以及終點最後一段與最後第二段之加加速度為相等(MATLAB spline 函數之解)，亦即

$$\begin{cases} \dfrac{m_1 - m_0}{h_1} = \dfrac{m_2 - m_1}{h_2} \\[2mm] \dfrac{m_{n-1} - m_{n-2}}{h_{n-1}} = \dfrac{m_n - m_{n-1}}{h_n} \end{cases}，故所以$$

$$\begin{cases} -\dfrac{1}{h_1}m_0 + \left(\dfrac{1}{h_1} + \dfrac{1}{h_2}\right)m_1 - \dfrac{1}{h_2}m_2 = 0 \\[3mm] -\dfrac{1}{h_{n-1}}m_{n-2} + \left(\dfrac{1}{h_{n-1}} + \dfrac{1}{h_n}\right)m_{n-1} - \dfrac{1}{h_n}m_n = 0 \end{cases}。$$

(5) 起點及終點之速度為使用者設定值(clamped spline)：

$$\begin{cases} f_1'(t_0) = -\dfrac{m_0 h_1}{3} - \dfrac{m_1 h_1}{6} + \dfrac{p_1 - p_0}{h_1} \\[3mm] f_n'(t_n) = \dfrac{m_n h_n}{3} + \dfrac{m_{n-1} h_n}{6} + \dfrac{p_n - p_{n-1}}{h_n} \end{cases}，故所以$$

$$\begin{cases} 2m_0 + m_1 = \dfrac{6}{h_1}\left(\dfrac{p_1 - p_0}{h_1} - f_1'(t_0)\right) \\[3mm] m_{n-1} + 2m_n = \dfrac{6}{h_n}\left(f_n'(t_n) - \dfrac{p_n - p_{n-1}}{h_n}\right) \end{cases}。$$

(6) 週期式(periodic cubic spline)：滿足 $p_0 = p_n$、$f_1'(t_0) = f_n'(t_n)$、$m_0 = m_n$ 等條件。

(7) 最小加速度平方和(minimum norm)：

min. $J = \dfrac{1}{2}\displaystyle\sum_{i=0}^{n} m_i^2$ 之最佳解為廣義反矩陣解 $x = A^+ b$。

(8) 最小加加速度平方和(minimize jerk)：min. $J = \dfrac{1}{2}\displaystyle\sum_{i=0}^{n-1}(m_{i+1} - m_i)^2$。

例 7-5

數據點 $\{(t_i, p_i)\}_{i=0}^{3}$ = {(0, 0), (1, 0.5), (2, 2.0), (3, 1.5)}定義之 MATLAB spline 指令內建之三次雲形軌跡曲線例。

```
>> t=[0 1 2 3];
>> y=[0 0.5 2 1.5];
>> x=linspace(0,3,100);
>> f=spline(t,y,x);
>> plot(t,y,'o',x,f,'k','Linewidth',2), grid
>> title('MATLAB spline: not-a-knot condition (default)')
```

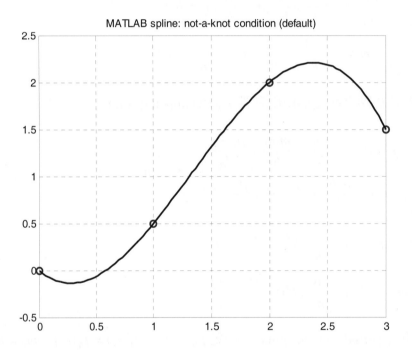

■ 7.7　B-spline 雲形曲線基本架構

B-spline 雲形曲線代表基本雲形軌跡曲線(basis for splines)或雲形軌跡曲線基底(spline bases)之意。

定義：階數(degree)與次數(order)

B-spline 階數 k 為片段多項式函數之階數，次數 ＝ 階數+1 ＝ $k+1$。

定義：節點(knots)為從一個雲形曲線基底變換至另一個新的雲形曲線基底的分隔點。

由所有節點形成之數列$[t_i]$ 稱為節點向量(knot vector)，節點向量決定了整個

B-spline 雲形曲線的架構。

常見之節點向量為如下所列。

(1) 無限集合之節點(Infinite set of knots)：$[t_i]$, $\cdots \le t_{-2} \le t_{-1} \le t_0 \le t_1 \le t_2 \le \cdots$ 。

(2) 整數節點(Integer knots)： $[t_i] = [i]$, $i = 0, \pm 1, \pm 2, \cdots$。

(3) 均勻分佈型節點(Uniformly distributed knots)：$[t_i] = [ih]$, $i = 0, \pm 1, \pm 2, \cdots$, $h > 0$。

(4) 開放式均勻型整數節點(Open uniform integer knots)：

$[t_i] = \{0, \cdots, 0, 1, 2, \cdots, n, \cdots, n\}$，其中節點 0 及節點 n 分別各自重覆 $(k+1)$ 次數。

(5) 單一區間型：$[t_i] = \{0, \cdots, 0, 1, \cdots, 1\}$，其中節點 0 及節點 1 分別各自重覆 $(k+1)$ 次

數，此時 B-spline 雲形曲線退化為 Bezier 曲線(Bezier curve)。

定義：B-splines of degree k, $N_{i,k}(t)$, $k = 1, 2, 3, \cdots$, for knots $[t_i]$, $t_i \le t_{i+1}$, $i \in I$

$$N_{i,k}(t) = \frac{t - t_i}{t_{i+k} - t_i} N_{i,k-1}(t) + \frac{t_{i+k+1} - t}{t_{i+k+1} - t_{i+1}} N_{i+1,k-1}(t), \quad t_i \le t < t_{i+k+1} \tag{7.16}$$

$$N_{i,0}(t) = \begin{cases} 1 & t_i \le t < t_{i+1} \\ 0 & \text{otherwise} \end{cases}, \text{ here } \frac{0}{0} = 0 \text{ is defined.}$$

觀察 1：$N_{i,k}(t)$ 決定於 (k+2)個節點 $\{t_i, t_{i+1}, \cdots, t_{i+k+1}\}$, $t_i < t_{i+k+1}$，

稱為 $N_{i,k}(t)$ 之支撐區(support)。

觀察 2：$\begin{cases} N_{i,k}(t) \ge 0 & t_i \le t < t_{i+k+1} \\ N_{i,k}(t) \equiv 0 & t < t_i \text{ or } t \ge t_{i+k+1} \end{cases}$

(1) $N_{i,k}(t)$ 第 1 個非零區間 $t_i \le t < t_{i+1}$，

$$N_{i,k}(t) = \frac{(t - t_i)^k}{(t_{i+k} - t_i) \cdots (t_{i+2} - t_i)(t_{i+1} - t_i)} 。$$

(2) $N_{i,k}(t)$ 最後 1 個非零區間 $t_{i+k} \le t < t_{i+k+1}$，

$$N_{i,k}(t) = \frac{(t_{i+k+1} - t)^k}{(t_{i+k+1} - t_{i+1})(t_{i+k+1} - t_{i+2}) \cdots (t_{i+k+1} - t_{i+k})} 。$$

CHAPTER 7

觀察 3：節點 t_j, $i \leq j < i+k+1$，至多可以重覆(k+1)個次數，$N_{i,k}(t)$ 至多有

$(2^{k+1}-1)$組不同的 B-spline 基底曲線。

$(k+2)$個節點 $\{t_i, t_{i+1}, \cdots, t_{i+k+1}\}$ 中相鄰節點有 $t_{i+j} < t_{i+j+1}$ 或 $t_{i+j} = t_{i+j+1}$ 2 種選擇，但不能

完全相同 $t_i = t_{i+1} = \cdots = t_{i+k+1}$；因此，有$(2^{k+1}-1)$組不同的排列組合。

B-spline 階數 0 基底曲線：B-splines of degree 0　$N_{i,0}(t)$，$N_{i,0}(t) = \begin{cases} 1 & t_i \leq t < t_{i+1} \\ 0 & otherwise \end{cases}$。

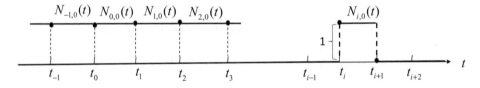

$$
\begin{array}{ll}
k = 0 & N_{i,0}(t) \\
\\
2\ knots & \{t_i,\ t_{i+1}\}
\end{array}
$$

圖 7-5　B-spline 階數 0 基底曲線 $N_{i,0}(t)$ 與其組成結構及支撐區 2 個節點

B-spline 階數 1 基底曲線：B-splines of degree 1　$N_{i,1}(t)$, $t_i \leq t < t_{i+2}$

$$N_{i,1}(t) = \frac{t-t_i}{t_{i+1}-t_i} N_{i,0}(t) + \frac{t_{i+2}-t}{t_{i+2}-t_{i+1}} N_{i+1,0}(t) ,$$

$$N_{i,1}(t) = \begin{cases} (t-t_i)/(t_{i+1}-t_i) & t_i \leq t < t_{i+1} \\ (t_{i+2}-t)/(t_{i+2}-t_{i+1}) & t_{i+1} \leq t < t_{i+2} \\ 0 & otherwise \end{cases}。$$

$N_{i,1}(t)$ 節點之可能的重覆次數變化共有 $2^{k+1} - 1 = 2^2 - 1 = 3$ 種情況；

情況 1：$t_i < t_{i+1} < t_{i+2}$、

情況 2：$t_i = t_{i+1} < t_{i+2}$、

情況 3：$t_i < t_{i+1} = t_{i+2}$。

單一區間型 B-spline 階數 1 基底曲線 $N_{i,1}(t)$ 計有 2(k+1) = 4 個節點，$[t_i] = \{0, 0, 1, 1\}$，$i = 0, 1, 2, 3$ 以及

$$N_{0,1}(t) = \begin{cases} 1-t & 0 \le t < 1 \\ 0 & \text{otherwise} \end{cases}, \quad N_{1,1}(t) = \begin{cases} t & 0 \le t < 1 \\ 0 & \text{otherwise} \end{cases},$$

相同於 Bernstein 1 階多項式之各項多項式函數 $B_{0,1}(t) + B_{1,1}(t) = ((1-t) + t)^1$，$0 \le t \le 1$。

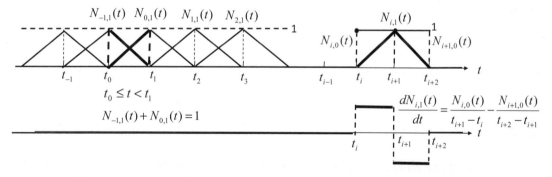

圖 7-6　B-spline 階數 1 基底曲線 $N_{i,1}(t)$ 與其組成結構及支撐區 3 個節點

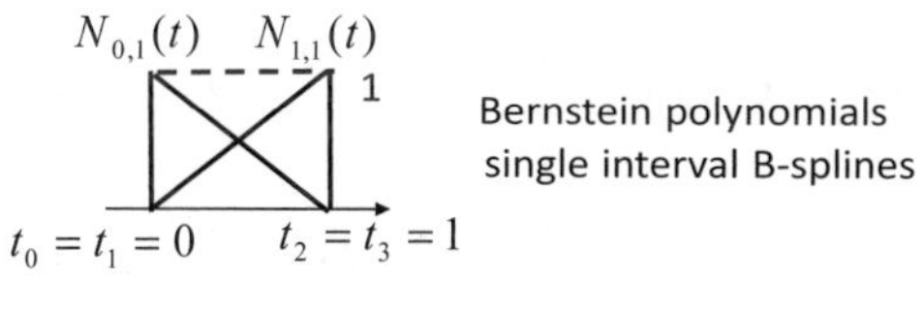

圖 7-7　單一區間型 B-spline 階數 1 基底曲線 $N_{0,1}(t)$ 及 $N_{1,1}(t)$

B-spline 階數 2 基底曲線：B-splines of degree 2 $N_{i,2}(t)$，

$$N_{i,2}(t) = \frac{t-t_i}{t_{i+2}-t_i}N_{i,1}(t) + \frac{t_{i+3}-t}{t_{i+3}-t_{i+1}}N_{i+1,1}(t), \quad t_i \le t < t_{i+3} \text{ 。}$$

$$
\begin{aligned}
N_{i,2}(t) &= \frac{t-t_i}{t_{i+2}-t_i}N_{i,1}(t) + \frac{t_{i+3}-t}{t_{i+3}-t_{i+1}}N_{i+1,1}(t) \\
&= \frac{t-t_i}{t_{i+2}-t_i}(\frac{t-t_i}{t_{i+1}-t_i}N_{i,0}(t) + \frac{t_{i+2}-t}{t_{i+2}-t_{i+1}}N_{i+1,0}(t)) \\
&\quad + \frac{t_{i+3}-t}{t_{i+3}-t_{i+1}}(\frac{t-t_{i+1}}{t_{i+2}-t_{i+1}}N_{i+1,0}(t) + \frac{t_{i+3}-t}{t_{i+3}-t_{i+2}}N_{i+2,0}(t)) \\
&= \frac{(t-t_i)^2}{(t_{i+2}-t_i)(t_{i+1}-t_i)}N_{i,0}(t) + (\frac{(t-t_i)(t_{i+2}-t)}{(t_{i+2}-t_i)(t_{i+2}-t_{i+1})} \\
&\quad + \frac{(t_{i+3}-t)(t-t_{i+1})}{(t_{i+3}-t_{i+1})(t_{i+2}-t_{i+1})})N_{i+1,0}(t) + \frac{(t_{i+3}-t)^2}{(t_{i+3}-t_{i+1})(t_{i+3}-t_{i+2})}N_{i+2,0}(t)
\end{aligned}
$$

$N_{i,2}(t)$ 節點之可能的重覆次數變化共有 $2^{k+1}-1 = 2^3-1 = 7$ 種情況；

情況 1：$t_i < t_{i+1} < t_{i+2} < t_{i+3}$、

情況 2：$t_i = t_{i+1} < t_{i+2} < t_{i+3}$、

情況 3：$t_i < t_{i+1} = t_{i+2} < t_{i+3}$、

情況 4：$t_i < t_{i+1} < t_{i+2} = t_{i+3}$、

情況 5：$t_i = t_{i+1} < t_{i+2} = t_{i+3}$、

情況 6：$t_i = t_{i+1} = t_{i+2} < t_{i+3}$、

情況 7：$t_i < t_{i+1} = t_{i+2} = t_{i+3}$。

單一區間型 B-spline 階數 2 基底曲線 $N_{i,2}(t)$ 計有 2(k+1) = 6 個節點，$[t_i] = \{0,0,0,1,1,1\}$，$i = 0,1,\cdots,5$ 以及

$$N_{0,2}(t) = (1-t)^2, \quad N_{1,2}(t) = 2(1-t)t, \quad N_{2,2}(t) = t^2, \quad 0 \le t \le 1 \text{ ，}$$

相同於 Bernstein 2 階多項式之各項多項式函數 $B_{0,2}(t) + B_{1,2}(t) + B_{2,2}(t) = ((1-t)+t)^2$，$0 \le t \le 1$。

$$
\begin{array}{ll}
\text{k} = 2 & N_{i,2}(t) \\[1.5em]
\text{k} = 1 & N_{i,1}(t) \quad N_{i+1,1}(t) \\[1.5em]
\text{k} = 0 & N_{i,0}(t) \quad N_{i+1,0}(t) \quad N_{i+2,0}(t) \\[1.5em]
\text{4 knots} & \{t_i,\, t_{i+1},\, t_{i+2},\, t_{i+3}\}
\end{array}
$$

圖 7-8　B-spline 階數 2 基底曲線 $N_{i,2}(t)$ 之組成結構及支撐區 4 個節點

B-spline 階數 3 基底曲線： B-splines of degree 3　$N_{i,3}(t)$，

$$
N_{i,3}(t) = \frac{t - t_i}{t_{i+3} - t_i} N_{i,2}(t) + \frac{t_{i+4} - t}{t_{i+4} - t_{i+1}} N_{i+1,2}(t),\ \ t_i \le t < t_{i+4}\ \circ
$$

單一區間型 B-spline 階數 3 基底曲線 $N_{i,1}(t)$ 計有 2(k+1) = 8 個節點，

$[t_i] = \{0,0,0,0,1,1,1,1\}$，$i = 0,1,\cdots,7$ 以及

$$
N_{0,3}(t) = (1-t)^3,\ \ N_{1,3}(t) = 3\,(1-t)^2 t,\ \ N_{2,3}(t) = 3\,(1-t)t^2,\ \ N_{3,3}(t) = t^3,
$$

$0 \le t \le 1$

相同於 Bernstein 3 階多項式之各項多項式函數　$B_{0,3}(t) + B_{1,3}(t) + B_{2,3}(t) + B_{3,3}(t)$
$= ((1-t)+t)^3,\ \ 0 \le t \le 1\ \circ$

$$
\begin{array}{ll}
\text{k} = 3 & N_{i,3}(t) \\[1.5em]
\text{k} = 2 & N_{i,2}(t) \quad N_{i+1,2}(t) \\[1.5em]
\text{k} = 1 & N_{i,1}(t) \quad N_{i+1,1}(t) \quad N_{i+2,1}(t) \\[1.5em]
\text{k} = 0 & N_{i,0}(t) \quad N_{i+1,0}(t) \quad N_{i+2,0}(t) \quad N_{i+3,0}(t) \\[1.5em]
\text{5 knots} & \{t_i,\, t_{i+1},\, t_{i+2},\, t_{i+3},\, t_{i+4}\}
\end{array}
$$

圖 7-9　B-spline 階數 3 基底曲線 $N_{i,3}(t)$ 之組成結構及支撐區 5 個節點

■ 7-8　B-spline 雲形曲線特性

(1) $N_{i,k}(t)$，$t_i \le t < t_{i+k+1}$，至(k-1)次微分皆爲連續曲線，$N_{i,k}(t) \in C^{k-1}$，

　　$k = 1, 2, 3, \cdots$。

(2) $N_{i,k}(t)$ 之支撐區爲 $[t_i, t_{i+k+1}]$，$\begin{cases} N_{i,k}(t) > 0 & t_i \le t < t_{i+k+1} \\ N_{i,k}(t) = 0 & \text{otherwise} \end{cases}$，$k = 1, 2, 3, \cdots$。

(3) $\begin{cases} N_{i,k}(t_j) \ne 0 & i+1 \le j \le i+k \\ N_{i,k}(t_j) = 0 & \text{otherwise} \end{cases}$、$\begin{cases} N_{j,k}(t_i) \ne 0 & i-k \le j \le i-1 \\ N_{j,k}(t_i) = 0 & \text{otherwise} \end{cases}$，$k = 1, 2, 3, \cdots$。

(4) $\displaystyle\sum_{j=-\infty}^{\infty} c_j N_{j,k}(t) = \sum_{j=i-k}^{i} c_j N_{j,k}(t)$，$t_i \le t < t_{i+1}$，只需計算 $(k+1)$ 個不爲零的 $N_{j,k}(t)$

　　項之和。

(5) $\displaystyle\sum_{i=-\infty}^{\infty} N_{i,k}(t) = 1$，$t \in R$，$k = 1, 2, 3, \cdots$。

$$\sum_{j=-\infty}^{\infty} N_{i,k}(t) = \sum_{j=i-k}^{i} N_{j,k}(t) = N_{i-k,k}(t) + \cdots + N_{i-1,k}(t) + N_{i,k}(t) = 1, \quad t_i \le t < t_{i+1}$$

　　通例　$N_{i,k}(t) + N_{i+1,k}(t) + \cdots + N_{i+k,k}(t) = 1$，$t \in R$。

(6) B-spline 基底曲線之微分

$$\frac{d}{dt} N_{i,k}(t) = \frac{k}{t_{i+k} - t_i} N_{i,k-1}(t) - \frac{k}{t_{i+k+1} - t_{i+1}} N_{i+1,k-1}(t)。$$

(7) B-spline 基底曲線之積分

$$\int_{-\infty}^{t} N_{i,k}(s)\,ds = \frac{t_{i+k+1} - t_i}{k+1} \sum_{j=i}^{\infty} N_{j,k+1}(t)，$$

$$\int_{t_i}^{t} N_{i,k}(s)\,ds = \begin{cases} 0 & t \le t_i \\ \dfrac{t_{i+k+1} - t_i}{k+1} \displaystyle\sum_{j=i}^{i+m} N_{j,k+1}(t) & t_{i+m} \le t < t_{i+m+1}, \quad m = 0, 1, 2\cdots, k \\ \dfrac{t_{i+k+1} - t_i}{k+1} & t \ge t_{i+k+1} \end{cases}$$

(8) B-spline 雲形曲線疊代式(recursive form)

$$f(t) = \sum_{i=-\infty}^{\infty} C_{i,k} N_{i,k}(t) = \sum_{i=-\infty}^{\infty} C_{i,k-1} N_{i,k-1}(t) = \cdots = \sum_{i=-\infty}^{\infty} C_{i,0} N_{i,0}(t) \tag{7.17}$$

$$f(t) = \sum_{i=-\infty}^{\infty} C_{i,k} \left(\frac{t-t_i}{t_{i+k}-t_i} N_{i,k-1}(t) + \frac{t_{i+k+1}-t}{t_{i+k+1}-t_{i+1}} N_{i+1,k-1}(t) \right)$$

$$= \sum_{i=-\infty}^{\infty} C_{i,k} \frac{t-t_i}{t_{i+k}-t_i} N_{i,k-1}(t) + \sum_{i=-\infty}^{\infty} C_{i,k} \frac{t_{i+k+1}-t}{t_{i+k+1}-t_{i+1}} N_{i+1,k-1}(t)$$

$$= \sum_{i=-\infty}^{\infty} C_{i,k} \frac{t-t_i}{t_{i+k}-t_i} N_{i,k-1}(t) + \sum_{i=-\infty}^{\infty} C_{i-1}^{k} \frac{t_{i+k}-t}{t_{i+k}-t_i} N_{i,k-1}(t)$$

$$= \sum_{i=-\infty}^{\infty} \left(C_{i,k} \frac{t-t_i}{t_{i+k}-t_i} + C_{i-1,k} \frac{t_{i+k}-t}{t_{i+k}-t_i} \right) N_{i,k-1}(t) = \sum_{i=-\infty}^{\infty} C_{i,k-1} N_{i,k-1}(t)$$

所以，$C_{i,k-1} = C_{i,k} \dfrac{t-t_i}{t_{i+k}-t_i} + C_{i-1,k} \dfrac{t_{i+k}-t}{t_{i+k}-t_i}$，$k = \cdots, 3, 2, 1$。

因此，$f(t) = \sum_{j=-\infty}^{\infty} C_{j,k} N_{j,k}(t) = \sum_{j=-\infty}^{\infty} C_{j,0} N_{j,0}(t) = C_{i,0}$，$t_i \le t < t_{i+1}$，$k = \cdots, 3, 2, 1$。

上述之 $C_{i,0}$ ($k=3$) 之計算流程如右所示：
$$\begin{array}{llll} C_{i,3} & C_{i-1,3} & C_{i-2,3} & C_{i-3,3} \\ C_{i,2} & C_{i-1,2} & C_{i-2,2} \\ C_{i,1} & C_{i-1,1} \\ C_{i,0} \end{array}$$
。

(9) B-spline 雲形曲線之微分

令 $f(t) = \sum_{i=-\infty}^{\infty} c_i N_{i,k}(t)$，則 $\dfrac{df(t)}{dt} = \sum_{i=-\infty}^{\infty} d_i N_{i,k-1}(t)$，$d_i = k \dfrac{c_i - c_{i-1}}{t_{i+k} - t_i}$。

(10) 重覆節點之效應

(a) 重覆節點改變 B-spline 基底函數 $N_{i,k}(t)$。

(b) 重覆節點增加 $N_{i,k}(t)$ 在此節點之值。

(c) 重覆節點 k 次，則 $N_{i,k}(t)$ 之值收斂至 1。

(d) 每重覆節點 1 次則 $N_{i,k}(t)$ 降低 1 階的微分連續性。

(11) 重覆擬合控制點之策應

(a) B-spline 基底函數 $N_{i,k}(t)$ 維持不變。

(b) 插值曲線越接近重覆的控制點。

(c) 控制點重覆 k 次，則插值曲線通過此控制點。

(d) 插值曲線在重覆控制點的附近曲線變化變得比較緩慢，速度及加速度皆降低。

■ 7.9 B-spline 曲線數據點擬合(fitting data by B-spline)

問題描述：

已知輸入數據點 $\{(s_i, p_i)\}_{i=0}^m$，其中取樣時間 $s_0 < s_1 < \cdots < s_m$，尋求一組 B-spline 曲線 $f(t) = \sum_{i=0}^n N_{i,k}(t)q_i$, $t_k \leq t \leq t_{n+1}$，最能擬合輸入數據點並有最小的平方和誤差。

設計步驟如下所示。

步驟 1：設定控制點個數 n 及 B-spline 曲線之階數 k，$1 \leq k \leq n$。

步驟 2：選定節點向量 $[t_i]_{i=0}^{n+1+k}$ 及 B-spline 基底函數 $N_{i,k}(t)$。

    選項 1：開放式整數節點，節點 0 及 $(n+1-k)$ 各重覆次數 $(k+1)$ 個

$$[t_i]_{i=0}^{n+1+k} = \{\ 0,\cdots,0,1,2,\cdots,n+1-k,\cdots,n+1-k\}$$

    【選項 1 特殊情況】階數 $k = n$ Bezier curve

$$[t_i]_{i=0}^{2n+1} = \{0,\cdots,0,1,\cdots,1\}$$

    選項 2：均勻型周期整數節點

$$[t_i]_{i=0}^{n+1+k} = [i-k]_{i=0}^{n+1+k} = [i]_{i=-k}^{n+1} = \{-k,\cdots,-1,0,1,\cdots,n+1\}$$

步驟 3：擬合點 $\{(\bar{s}_i, q_i)\}_{i=0}^n$，其中 $\bar{s}_i = \dfrac{s_i - s_0}{s_m - s_0}$ 映射取樣時間 s 至 $0 \leq \bar{s} \leq 1$ 以及 $x = [q_0 \quad q_1 \quad \cdots \quad q_n]^T$ 為未知待決定之控制點。

步驟 4：矩陣方程式 $Ax = b$。

$$f(\tau_i) = \sum_{j=0}^n N_{j,k}(\tau_i)q_j = p_i，其中 \quad \tau_i = (n+1-k)\bar{s}_i，i = 0,1,2,\cdots,m。$$

上式可改寫為 $Ax = b$，其中 $A_{i,j} = [N_{j,k}(\tau_i)]$、$b = [p_0 \quad p_1 \quad \cdots \quad p_m]^T$。

    情況 1：若 $n = m$，反矩陣解 $x = A^{-1}b$。

    情況 2：若 $m > n$，廣義反矩陣解 $x = A^+b$。

    情況 3：若 $m < n$，廣義反矩陣解 $x = A^+b$。

步驟 5：輸出曲線函數 $f(t) = \sum_{i=0}^n N_{i,k}(t)q_i$，$0 \leq t \leq n+1-k$。

例 7-6

尋求 B-spline 曲線擬合數據點 $\{(s_i, p_i)\}_{i=0}^{3}$ = {(0, 0), (1, 0.5), (2, 2.0), (3, 1.5)}。

解答

設定 $n = m = 3$、$k = 2$ 以及節點 $[t_i]_{i=0}^{n+1+k=6}$ = {0,0,0,1,2,2,2}

$f(t) = \sum_{i=0}^{n} N_{i,k}(t)q_i$, $t_k = 0 \le t \le 2 = t_{n+1}$，其中 $\{q_i\}_{i=0}^{3}$ 為待決定之控制點。

$f(\tau_i) = \sum_{j=0}^{n} N_{j,k}(\tau_i)q_j = p_i$, $i, j = 0,1,2,3$，擬合數據之時間 $[\tau_i]_{i=0}^{m=3}$ = {0, $\frac{2}{3}$, $\frac{4}{3}$, 2}。

經計算可得基底函數 $N_{j,2}(t)$, $j = 0,1,2,3$ 如下：

$$N_{0,2}(t) = \begin{cases} (1-t)^2 & 0 \le t < 1 \\ 0 & otherwise \end{cases}, \quad N_{1,2}(t) = \begin{cases} t(1-t) + \dfrac{(2-t)t}{2} & 0 \le t < 1 \\ \dfrac{(2-t)^2}{2} & 1 \le t < 2 \\ 0 & otherwise \end{cases},$$

$$N_{2,2}(t) = \begin{cases} \dfrac{t^2}{2} & 0 \le t < 1 \\ \dfrac{t(2-t)}{2} + (2-t)(t-1) & 1 \le t < 2 \\ 0 & otherwise \end{cases}, \quad N_{3,2}(t) = \begin{cases} (t-1)^2 & 1 \le t < 2 \\ 0 & otherwise \end{cases}.$$

求解矩陣方程式 $Ax = b$，$x = \begin{bmatrix} q_0 \\ q_1 \\ q_2 \\ q_3 \end{bmatrix}$, $b = \begin{bmatrix} p_0 \\ p_1 \\ p_2 \\ p_3 \end{bmatrix}$, $A_{i,j} = N_{j,k}(\tau_i)$, $i, j = 0,1,2,3$，其中

$$A(1,:) = \begin{bmatrix} N_{0,2}(\tau_0) & N_{1,2}(\tau_0) & N_{2,2}(\tau_0) & N_{3,2}(\tau_0) \end{bmatrix} = \begin{bmatrix} 1 & 0 & 0 & 0 \end{bmatrix}$$

$$A(2,:) = \begin{bmatrix} N_{0,2}(\tau_1) & N_{1,2}(\tau_1) & N_{2,2}(\tau_1) & N_{3,2}(\tau_1) \end{bmatrix} = \begin{bmatrix} \frac{1}{9} & \frac{2}{3} & \frac{2}{9} & 0 \end{bmatrix}$$

$$A(3,:) = \begin{bmatrix} N_{0,2}(\tau_2) & N_{1,2}(\tau_2) & N_{2,2}(\tau_2) & N_{3,2}(\tau_2) \end{bmatrix} = \begin{bmatrix} 0 & \dfrac{2}{9} & \dfrac{2}{3} & \dfrac{1}{9} \end{bmatrix}$$

$$A(4,:) = \begin{bmatrix} N_{0,2}(\tau_3) & N_{1,2}(\tau_3) & N_{2,2}(\tau_3) & N_{3,2}(\tau_3) \end{bmatrix} = \begin{bmatrix} 0 & 0 & 0 & 1 \end{bmatrix} \; ;$$

因此，我們可得

$$q = A^{-1}b = \begin{bmatrix} 1 & 0 & 0 & 0 \\ 1/9 & 2/3 & 2/9 & 0 \\ 0 & 2/9 & 2/3 & 1/9 \\ 0 & 0 & 0 & 1 \end{bmatrix} \begin{bmatrix} 0 \\ 0.5 \\ 2 \\ 1.5 \end{bmatrix} = \begin{bmatrix} 0 \\ -0.1875 \\ 2.8125 \\ 1.5 \end{bmatrix} \; 。$$

```
% Matlab verification
>> t = [0,1,2];
>> p = [0;0.5;2.0;1.5];
>> tau = [0 2/3 4/3 2];
>> q = [0; -0.1875; 2.8125; 1.5];
>> x = linspace(0,2,101);
>> y = open_Bspline(t,q,x,3);
>> plot(s,p,'o',x,y,'Linewidth',2), grid
>> title('B-spline interpolation'); xlabel('t'); ylabel('y')
>> legend('fitting data','B-spline')
```

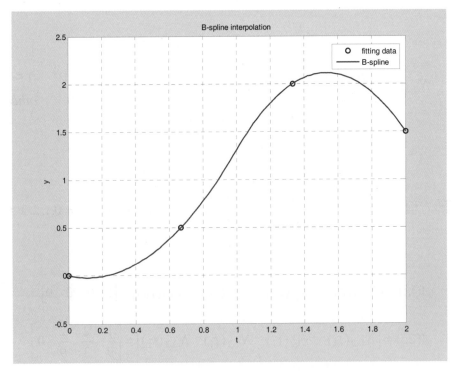

參考文獻

[1] De Boor, A practical guide to splines, New York: Springer-Verlag, 1978.

[2] Robert C. Beach, An introduction to the curves and surface of computer-aided design, Van Nostrand Reinhold, 1991.

[3] Les Piegl and Wayne Tiller, The NURBS book, 2nd Edition, Springer, 1997.

[4] Kim Doang Nguyen, I-Ming Chen and Trek-Chew Ng, Planning algorithms for S-curve trajectories, IEEE Conf., 2007.

CHAPTER

7

CHAPTER 8

機械臂微分運動學

▌ 8.1 基本概念

機械臂微分運動學(differential kinematics)為機械臂角關節座標(joint space)速度與終端器直角座標(Cartesian space)或工作座標(operational space or task space)速度變化之關係式與特性。機械臂的微分運動學可以使用分析式微分矩陣(analytic Jacobian)及幾何微分矩陣(geometric Jacobian)。分析式 Jacobian 矩陣是將運動學表示為 $x = h(q)$，則我們可得

$$\dot{x}(t) = J_A(q)\dot{q}(t) = \frac{\partial h(q)}{\partial q}\dot{q}(t) \tag{8.1}$$

其中 $J_A(q) = \frac{\partial h(q)}{\partial q}$ 即為 $n \times n$ 之分析式微分矩陣(Jacobian matrix)，其中 n 為機械臂的自由度，$n \le 6$。幾何微分矩陣是將運動學表示為齊次矩陣，

$$^0T_n(q) = \begin{bmatrix} R(q) & p(q) \\ 0_{1\times3} & 1 \end{bmatrix},$$

以及終端器之速度 v 與角速度 ω 與機械臂各關節角速度 $\dot{q}$ 之關係式可表示為

$$\begin{bmatrix} v(t) \\ \omega(t) \end{bmatrix} = {}^0J_n(q)\dot{q}(t), \tag{8.2}$$

其中 $^0J_n(q)$ 即為 $6 \times n$ 之幾何微分矩陣，其中 n 為機械臂的自由度。機械臂幾何微分矩陣之示意圖如圖 8-1 所示。本章的重點在於計算機械臂的幾何微分矩陣。

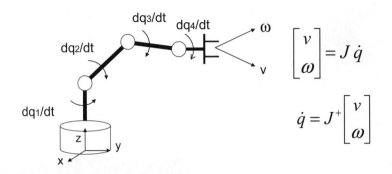

$$\begin{bmatrix} v \\ \omega \end{bmatrix} = J\,\dot{q}$$

$$\dot{q} = J^{+} \begin{bmatrix} v \\ \omega \end{bmatrix}$$

圖 8-1　機械臂幾何微分矩陣示意圖

機械臂微分矩陣 $J(q)$ 有許許多多的應用，諸如：

(1)　分析機械臂的奇異點

　　機械臂的奇異點發生於 $rank(J(q)) < n$ 之處。

(2)　求機械臂反運動學數值解法

　　例如解 $h(q) = r$ 時，可令初值爲 $x^{(0)} = h(q^{(0)})$，然後使用下列牛頓疊代法求解：
$\Delta x^{(i)} = x^{(i)} - r$、$\Delta q^{(i)} = J^{+}(q^{(i)})\Delta x^{(i)}$、$q^{(i+1)} = q^{(i)} + \Delta q^{(i)}$，$i = 0,1,2,\cdots$。

(3)　機械臂角關節座標力矩與終端器作用力之關係

　　已知 $\dot{x}(t) = J(q)\dot{q}(t)$，由功率不變原理(即 $f^{T}\dot{x} = \tau^{T}\dot{q}$)，我們可得力矩與終端器作用力之關係爲 $\tau(t) = J(q)^{T} f(t)$。

(4)　推導機械臂動力方程式。

(5)　設計終端器工作座標控制器。

首先介紹向量與旋轉矩陣微分的基本概念。

【基本公式 1】固定長度向量旋轉時之速度爲 $v = \omega \times r$。

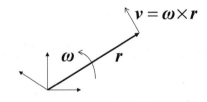

圖 8-2　固定長度向量旋轉時之速度變化

【基本公式 2】向量旋轉與移動時之速度爲 $v = \omega \times r + \dot{r}$ 。

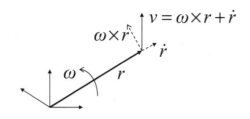

圖 8-3　向量旋轉與移動時之速度變化

【基本公式 3】旋轉矩陣之微分爲　$\dot{R} = \omega \times R$ 。

令 $R = \begin{bmatrix} n & s & a \end{bmatrix}$ ，由基本概念 1 我們可得

$\dot{R} = \begin{bmatrix} \dot{n} & \dot{s} & \dot{a} \end{bmatrix} = \begin{bmatrix} \omega \times n & \omega \times s & \omega \times a \end{bmatrix} = \omega \times \begin{bmatrix} n & s & a \end{bmatrix} = \omega \times R$ 。

【基本公式 4】旋轉座標向量微分 $\dfrac{d}{dt} R x = R \dfrac{dx}{dt} + \dfrac{dR}{dt} x = R(\dot{x} + \omega \times x)$ 。

$$\frac{d R x}{dt} = R\dot{x} + \dot{R} x$$

$$= R\dot{x} + \omega \times R x = R\dot{x} - R x \times \omega$$

$$= R\dot{x} + R \omega \times x = R(\dot{x} + \omega \times x) \text{ 。}$$

【基本公式 5】$\omega \times r = S(\omega)r$ 及 $\omega \times R = S(\omega)R$ 　爲向量外積的矩陣乘法表示式

其中 $S(\omega) = [\omega \times] = \begin{bmatrix} 0 & -\omega_z & \omega_y \\ \omega_z & 0 & -\omega_x \\ -\omega_y & \omega_x & 0 \end{bmatrix}$

爲反對稱矩陣(skew-symmetric matrix)。

■ 8.2　計算旋轉尤拉角微分矩陣

XYZ 尤拉角(A,B,C)所表示之旋轉矩陣爲 $R = R_z(C)R_y(B)R_x(A)$ ，角速度 ω 與 XYZ 尤拉角微分$(\dot{A}, \dot{B}, \dot{C})$之關係可表示爲線性疊加及矩陣後乘(post-multiplication)爲

$\omega = \dot{C} e_3 + \dot{B} R_z(C)e_2 + \dot{A} R_z(C)R_y(B)e_1$ ，

並可改寫成矩陣與向量相乘表示式

$$\omega = \begin{bmatrix} \omega_x \\ \omega_y \\ \omega_z \end{bmatrix} = J_{ABC} \begin{bmatrix} \dot{A} \\ \dot{B} \\ \dot{C} \end{bmatrix}$$

其中微分矩陣

$$J_{ABC} = \begin{bmatrix} c_B c_C & -s_C & 0 \\ c_B s_C & c_C & 0 \\ -s_B & 0 & 1 \end{bmatrix}$$

以及

$$J_{ABC}^{-1} = \begin{bmatrix} c_C/c_B & s_C/c_B & 0 \\ -s_C & c_C & 0 \\ c_C t_B & s_C t_B & 1 \end{bmatrix} \circ$$

J_{ABC} 奇異點(singularity) $\det(^0 J_{ABC}) = c_B = 0$，$B = \pm\dfrac{\pi}{2}$。

定義：$I_{3\times3} = \begin{bmatrix} e_1 & e_2 & e_3 \end{bmatrix} = \begin{bmatrix} 1 & 0 & 0 \\ 0 & 1 & 0 \\ 0 & 0 & 1 \end{bmatrix}$

問題 1：$^0\omega = {}^0 J_3 \begin{bmatrix} \dot{A} \\ \dot{B} \\ \dot{C} \end{bmatrix}$, $^0 J_3 = ?$

$$^0 R_3 = R_z(C)R_y(B)R_x(A) = \begin{bmatrix} c_B c_C & -c_A s_C + s_A s_B c_C & s_A s_C + c_A s_B c_C \\ c_B s_C & c_A c_C + s_A s_B s_C & -s_A c_C + c_A s_B s_C \\ -s_B & s_A c_B & c_A c_B \end{bmatrix}$$

$$^0 R_0 = I, \quad ^0 R_1 = R_z(C) = \begin{bmatrix} c_C & -s_C & 0 \\ s_C & c_C & 0 \\ 0 & 0 & 1 \end{bmatrix}, \quad ^0 R_2 = {}^0 R_1 R_y(B) = \begin{bmatrix} c_B c_C & -s_C & s_B c_C \\ c_B s_C & c_C & s_B s_C \\ -s_B & 0 & c_B \end{bmatrix}$$

$$^0\omega = {}^0J_3 \begin{bmatrix} \dot{A} \\ \dot{B} \\ \dot{C} \end{bmatrix}, \quad {}^0J_3 = \begin{bmatrix} {}^0R_2e_1 & {}^0R_1e_2 & {}^0R_0e_3 \end{bmatrix} = \begin{bmatrix} c_Bc_C & -s_C & 0 \\ c_Bs_C & c_C & 0 \\ -s_B & 0 & 1 \end{bmatrix}。$$

$^0J_3$ 奇異點　$\det({}^0J_3) = c_B = 0$，$B = \pm\dfrac{\pi}{2}$。

問題 2：$^3\omega = {}^3J_3 \begin{bmatrix} \dot{A} \\ \dot{B} \\ \dot{C} \end{bmatrix}$，$^3J_3 = ?$

方法一：

$$^3J_3 = {}^3R_0 \, {}^0J_3 = \begin{bmatrix} c_Bc_C & c_Bs_C & -s_B \\ -c_As_C + s_As_Bc_C & c_Ac_C + s_As_Bs_C & s_Ac_B \\ s_As_C + c_As_Bc_C & -s_Ac_C + c_As_Bs_C & c_Ac_B \end{bmatrix} {}^0J_3 = \begin{bmatrix} 1 & 0 & -s_B \\ 0 & c_A & s_Ac_B \\ 0 & -s_A & c_Ac_B \end{bmatrix}$$

方法二：

$$^3R_3 = I, \quad {}^3R_2 = R_x(-A) = \begin{bmatrix} 1 & 0 & 0 \\ 0 & c_A & s_A \\ 0 & -s_A & c_A \end{bmatrix}, \quad {}^3R_1 = {}^3R_2 R_y(-B) = \begin{bmatrix} c_B & 0 & -s_B \\ s_As_B & c_A & s_Ac_B \\ c_As_B & -s_A & c_Ac_B \end{bmatrix}$$

$$^3\omega = {}^3J_3 \begin{bmatrix} \dot{A} \\ \dot{B} \\ \dot{C} \end{bmatrix}, \quad {}^3J_3 = \begin{bmatrix} {}^3R_3e_1 & {}^3R_2e_2 & {}^3R_1e_3 \end{bmatrix} = \begin{bmatrix} 1 & 0 & -s_B \\ 0 & c_A & s_Ac_B \\ 0 & -s_A & c_Ac_B \end{bmatrix}。$$

$^3J_3$ 奇異點　$\det({}^3J_3) = c_B = 0$，$B = \pm\dfrac{\pi}{2}$。

結論：微分矩陣 J_{ABC}、$^0J_3$ 及 $^3J_3$ 之奇異點皆相同，不會因觀察者之座標不同而相異。

■ 8.3 計算機械臂幾何 Jacobian 矩陣

常用的幾何微分矩陣 $^0J_n(q)$ 或 $^nJ_n(q)$ 之上標 0 或 n 代表觀察者的參考座標為座標 {0}或座標{n}。通常 $^0J_n(q)$ 微分矩陣適合用於安裝相機於空間固定位置(fixed-camera) 的眼到手(eye-to-hand)機械臂系統；而 $^nJ_n(q)$ 微分矩陣適合用於安裝相機於終端器之眼在手(eye-in-hand)機械臂系統。

8.3.1 計算幾何微分矩陣 $^0J_n(q)$

假設機械臂有 n 個自由度，$n \le 6$，由上述之基本概念以及圖 8-4 我們可將終端器之速度 v 與角速度 ω 表示為

$$v = \sum \omega_i \times p_{i-1,n} = \sum \dot{\theta_i} z_{i-1} \times p_{i-1,n}, \quad p_{i,n} = p_n - p_i \tag{8.3}$$

以及

$$\omega = \sum \omega_i = \sum \dot{\theta_i} z_{i-1} \; ; \tag{8.4}$$

並將其表示為矩陣形式可得

$$\begin{bmatrix} v \\ \omega \end{bmatrix} = {}^0J_n \, \dot{q} = \begin{bmatrix} J_1 & J_2 & \cdots & J_n \end{bmatrix} \begin{bmatrix} \dot{\theta_1} \\ \dot{\theta_2} \\ \vdots \\ \dot{\theta_n} \end{bmatrix} \tag{8.5}$$

其中 $J_i = \begin{cases} \begin{bmatrix} z_{i-1} \\ 0 \end{bmatrix} & \text{primatic joint} \\ \begin{bmatrix} z_{i-1} \times p_{i-1,n} \\ z_{i-1} \end{bmatrix} & \text{revolute joint} \end{cases}$;

所以當機械臂之關節皆為旋轉關節時，

$$^0J_n = \begin{bmatrix} ^0z_0\times^0p_{0,n} & ^0z_1\times^0p_{1,n} & \cdots & ^0z_{n-1}\times^0p_{n-1,n} \\ ^0z_0 & ^0z_1 & & ^0z_{n-1} \end{bmatrix} \text{。} \tag{8.6}$$

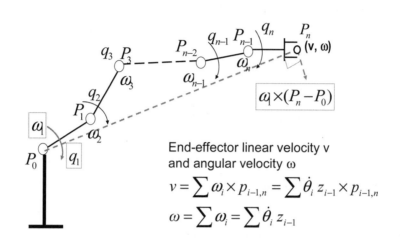

End-effector linear velocity v
and angular velocity ω

$$v = \sum \omega_i \times p_{i-1,n} = \sum \dot{\theta}_i\, z_{i-1} \times p_{i-1,n}$$

$$\omega = \sum \omega_i = \sum \dot{\theta}_i\, z_{i-1}$$

圖 8-4　幾何微分矩陣 $^0J_n(q)$ 示意圖

計算幾何微分矩陣 $^0J_n = \begin{bmatrix} J_1 & J_2 & \cdots & J_n \end{bmatrix}$ 之步驟如下。

步驟 1：計算直接運動學

$$^{i-1}T_i = \begin{bmatrix} ^{i-1}R_i & ^{i-1}p_{i-1,i} \\ 0_{1\times3} & 1 \end{bmatrix} \text{、} \quad ^iT_{i-1} = {}^iT_{i-1}^{-1} = \begin{bmatrix} ^iR_{i-1} & ^ip_{i,i-1} \\ 0_{1\times3} & 1 \end{bmatrix} \text{，} \quad i = 0,1,\cdots,n-1 \text{。}$$

$$^0T_n = \begin{bmatrix} ^0R_n & ^0p_n \\ 0_{1\times3} & 1 \end{bmatrix} = {}^0T_1\,{}^1T_2\cdots{}^{n-1}T_n$$

$$^iz_i = \begin{bmatrix} 0 & 0 & 1 \end{bmatrix}^T \text{，} \quad i = 0,1,\cdots,n-1$$

$$^0R_0 = I_{3\times3} \text{、} \quad ^0p_{0,n} = {}^0p_n \text{。}$$

CHAPTER 08

步驟 2：計算 $^0J_n = \begin{bmatrix} J_1 & J_2 & \cdots & J_n \end{bmatrix}$ 之疊代式

$$J_{i+1} = \begin{cases} \begin{bmatrix} ^0z_i \\ 0_{3\times1} \end{bmatrix} & \text{primatic joint} \\ \begin{bmatrix} ^0z_i \times ^0p_{i,n} \\ ^0z_i \end{bmatrix} & \text{revolute joint} \end{cases} \quad, \quad ^0z_i = {}^0R_i\, {}^iz_i$$

$$^0R_{i+1} = {}^0R_i\, {}^iR_{i+1}$$

$$^0p_{i+1,n} = {}^0p_{i,n} - {}^0R_i\, {}^ip_{i,i+1} \,, \quad i = 0,1,\cdots,n-1 \,。$$

8.3.2　計算幾何微分矩陣 $^nJ_n(q)$

如前所述，當機械臂之關節皆為旋轉關節時，微分矩陣 $^nJ_n(q)$ 可表示為

$$^nJ_n = \begin{bmatrix} ^nz_0 \times ^np_{0,n} & ^nz_1 \times ^np_{1,n} & \cdots & ^nz_{n-1} \times ^np_{n-1,n} \\ ^nz_0 & ^nz_1 & & ^nz_{n-1} \end{bmatrix} \,。 \tag{8.7}$$

計算幾何微分矩陣 $^nJ_n = \begin{bmatrix} J_1 & J_2 & \cdots & J_n \end{bmatrix}$ 之步驟如下。

初始值：

$$^iz_i = \begin{bmatrix} 0 & 0 & 1 \end{bmatrix}^T \,, \quad i = 0,1,\cdots,n$$

$$^nR_n = I_{3\times3} \,、\, ^np_{n,n} = 0$$

疊代式：計算 $^nJ_n = \begin{bmatrix} J_1 & J_2 & \cdots & J_n \end{bmatrix}$

$$^nR_i = {}^nR_{i+1}\, {}^{i+1}R_i$$

$$^nz_i = {}^nR_i\, {}^iz_i$$

$$^np_{i,n} = {}^np_{i+1,n} + {}^nR_{i+1}\, {}^{i+1}p_{i,i+1} = {}^np_{i+1,n} + {}^nR_i\, {}^ip_{i,i+1}$$

$$J_{i+1} = \begin{cases} \begin{bmatrix} {}^{n}z_i \\ 0_{3\times 1} \end{bmatrix} & \text{primatic joint} \\ \begin{bmatrix} {}^{n}z_i \times {}^{n}p_{i,n} \\ {}^{n}z_i \end{bmatrix} & \text{revolute joint} \end{cases} , \quad i = n-1, n-2, \cdots, 1, 0 \; \circ$$

很明顯的計算 ${}^{n}J_n(q)$ 時因為無需先計算直接運動學，因此較為簡單。${}^{0}J_n(q)$ 與 ${}^{n}J_n(q)$ 皆為描述終端器之速度與角速度之變化率只是觀察者的參考座標為在於座標$\{0\}$或座標$\{n\}$不同而已，故兩者之轉換關係式為

$$ {}^{0}J_n = \begin{bmatrix} {}^{0}R_n & 0_{3\times 3} \\ 0_{3\times 3} & {}^{0}R_n \end{bmatrix} {}^{n}J_n = \begin{bmatrix} {}^{n}R_0^T & 0_{3\times 3} \\ 0_{3\times 3} & {}^{n}R_0^T \end{bmatrix} {}^{n}J_n \tag{8.8}$$

以及

$$ {}^{n}J_n = \begin{bmatrix} {}^{n}R_0 & 0_{3\times 3} \\ 0_{3\times 3} & {}^{n}R_0 \end{bmatrix} {}^{0}J_n = \begin{bmatrix} {}^{0}R_n^T & 0_{3\times 3} \\ 0_{3\times 3} & {}^{0}R_n^T \end{bmatrix} {}^{0}J_n \; \circ \tag{8.9}$$

所以只要計算出其中一個微分矩陣，我們就可以利用上式計算出另一個微分矩陣。

8.4 機械臂微分矩陣計算例

本節以平面三軸機械臂(圖 8-5)為例計算其分析式微分矩陣 $J_A(q)$、幾何微分矩陣 ${}^{0}J_n(q)$ 以及 ${}^{n}J_n(q)$。

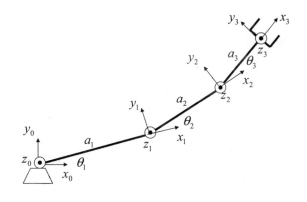

圖 8-5　平面三軸機械臂

例 8-1　平面三軸機械臂分析式微分矩陣 $J_A(q)$

首先由直接運動學可得

$$x = a_1 c_1 + a_2 c_{12} + a_3 c_{123}$$
$$y = a_1 s_1 + a_2 s_{12} + a_3 s_{123}$$
$$\theta = \theta_1 + \theta_2 + \theta_3 \, 。$$

令 $p = \begin{bmatrix} x \\ y \\ \theta \end{bmatrix}$、$q = \begin{bmatrix} \theta_1 \\ \theta_2 \\ \theta_3 \end{bmatrix}$，則

$$\dot{p}(t) = J_A(q)\dot{q}(t) = \begin{bmatrix} \dfrac{\partial p}{\partial \theta_1} & \dfrac{\partial p}{\partial \theta_2} & \dfrac{\partial p}{\partial \theta_3} \end{bmatrix} \begin{bmatrix} \dot{\theta}_1(t) \\ \dot{\theta}_2(t) \\ \dot{\theta}_3(t) \end{bmatrix} = \begin{bmatrix} \dfrac{\partial x}{\partial \theta_1} & \dfrac{\partial x}{\partial \theta_2} & \dfrac{\partial x}{\partial \theta_3} \\ \dfrac{\partial y}{\partial \theta_1} & \dfrac{\partial y}{\partial \theta_2} & \dfrac{\partial y}{\partial \theta_3} \\ \dfrac{\partial \theta}{\partial \theta_1} & \dfrac{\partial \theta}{\partial \theta_2} & \dfrac{\partial \theta}{\partial \theta_3} \end{bmatrix} \begin{bmatrix} \dot{\theta}_1(t) \\ \dot{\theta}_2(t) \\ \dot{\theta}_3(t) \end{bmatrix} ,$$

所以

$$J_A = \begin{bmatrix} -a_1 s_1 - a_2 s_{12} - a_3 s_{123} & -a_2 s_{12} - a_3 s_{123} & -a_3 s_{123} \\ a_1 c_1 + a_2 c_{12} + a_3 c_{123} & a_2 c_{12} + a_3 c_{123} & a_3 c_{123} \\ 1 & 1 & 1 \end{bmatrix} 。$$

例 8-2　平面三軸機械臂幾何微分矩陣 ${}^0 J_n(q)$

平面三軸機械臂之幾何微分矩陣 ${}^0 J_n(q)$ 如圖 8-6 所示，

$${}^0 J_n \dot{q}(t) = J_1 \dot{\theta}_1(t) + J_2 \dot{\theta}_2(t) + J_3 \dot{\theta}_3(t)$$

$$= \begin{bmatrix} {}^0 z_0 \times {}^0 p_{0,3} \\ {}^0 z_0 \end{bmatrix} \dot{\theta}_1(t) + \begin{bmatrix} {}^0 z_1 \times {}^0 p_{1,3} \\ {}^0 z_1 \end{bmatrix} \dot{\theta}_2(t) + \begin{bmatrix} {}^0 z_2 \times {}^0 p_{2,3} \\ {}^0 z_2 \end{bmatrix} \dot{\theta}_3(t) 。$$

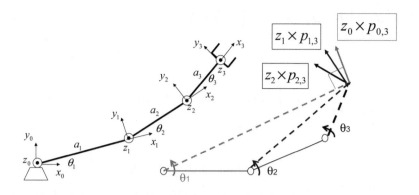

圖 8-6　平面三軸機械臂幾何微分矩陣

步驟 1：計算直接運動學

$$^0T_1 = \begin{bmatrix} ^0R_1 & ^0p_{0,1} \\ 0_{1\times3} & 1 \end{bmatrix} = \begin{bmatrix} c_1 & -s_1 & 0 & a_1c_1 \\ s_1 & c_1 & 0 & a_1s_1 \\ 0 & 0 & 1 & 0 \\ 0 & 0 & 0 & 1 \end{bmatrix}$$

$$^1T_2 = \begin{bmatrix} ^1R_2 & ^1p_{1,2} \\ 0_{1\times3} & 1 \end{bmatrix} = \begin{bmatrix} c_2 & -s_2 & 0 & a_2c_2 \\ s_2 & c_2 & 0 & a_2s_2 \\ 0 & 0 & 1 & 0 \\ 0 & 0 & 0 & 1 \end{bmatrix}$$

$$^2T_3 = \begin{bmatrix} ^2R_3 & ^2p_{2,3} \\ 0_{1\times3} & 1 \end{bmatrix} = \begin{bmatrix} c_3 & -s_3 & 0 & a_3c_3 \\ s_3 & c_3 & 0 & a_3s_3 \\ 0 & 0 & 1 & 0 \\ 0 & 0 & 0 & 1 \end{bmatrix}$$

$$^1T_3 = {}^1T_2\,{}^2T_3 = \begin{bmatrix} ^1R_3 & ^1p_{1,3} \\ 0_{1\times3} & 1 \end{bmatrix} = \begin{bmatrix} c_{23} & -s_{23} & 0 & a_2c_2 + a_3c_{23} \\ s_{23} & c_{23} & 0 & a_2s_2 + a_3s_{23} \\ 0 & 0 & 1 & 0 \\ 0 & 0 & 0 & 1 \end{bmatrix}$$

$$^0T_3 = {}^0T_1\,{}^1T_2\,{}^2T_3 = \begin{bmatrix} ^0R_3 & ^0p_{0,3} \\ 0^T & 1 \end{bmatrix} = \begin{bmatrix} c_{123} & -s_{123} & 0 & a_1c_1 + a_2c_{12} + a_3c_{123} \\ s_{123} & c_{123} & 0 & a_1s_1 + a_2s_{12} + a_3s_{123} \\ 0 & 0 & 1 & 0 \\ 0 & 0 & 0 & 1 \end{bmatrix}$$

步驟 2：計算 $^0J_n = \begin{bmatrix} J_1 & J_2 & \cdots & J_n \end{bmatrix}$，$n = 3$

令 $i = 0$：

$$^0J_n = \begin{bmatrix} J_1 & J_2 & J_3 \end{bmatrix} = \begin{bmatrix} ^0z_0 \times {}^0p_{0,3} & {}^0z_1 \times {}^0p_{1,3} & {}^0z_2 \times {}^0p_{2,3} \\ {}^0z_0 & {}^0z_1 & {}^0z_2 \end{bmatrix}$$

$$^0z_0 = \begin{bmatrix} 0 \\ 0 \\ 1 \end{bmatrix} \text{、} \quad {}^0z_0 \times {}^0p_{0,3} = \begin{bmatrix} 0 \\ 0 \\ 1 \end{bmatrix} \times \begin{bmatrix} a_1c_1 + a_2c_{12} + a_3c_{123} \\ a_1s_1 + a_2s_{12} + a_3s_{123} \\ 0 \end{bmatrix} = \begin{bmatrix} -a_1s_1 - a_2s_{12} - a_3s_{123} \\ a_1c_1 + a_2c_{12} + a_3c_{123} \\ 0 \end{bmatrix}$$

$$J_1 = \begin{bmatrix} ^0z_0 \times {}^0p_{0,3} \\ {}^0z_0 \end{bmatrix} = \begin{bmatrix} -a_1s_1 - a_2s_{12} - a_3s_{123} \\ a_1c_1 + a_2c_{12} + a_3c_{123} \\ 0 \\ 0 \\ 0 \\ 1 \end{bmatrix} \text{。}$$

令 $i = 1$：

$$^0z_1 = {}^0R_1 \, {}^1z_1 = {}^0R_1 \begin{bmatrix} 0 \\ 0 \\ 1 \end{bmatrix} = \begin{bmatrix} c_1 & -s_1 & 0 \\ s_1 & c_1 & 0 \\ 0 & 0 & 1 \end{bmatrix} \begin{bmatrix} 0 \\ 0 \\ 1 \end{bmatrix} = \begin{bmatrix} 0 \\ 0 \\ 1 \end{bmatrix}$$

$$^0p_{1,3} = {}^0R_1 \, {}^1p_{1,3} = \begin{bmatrix} c_1 & -s_1 & 0 \\ s_1 & c_1 & 0 \\ 0 & 0 & 1 \end{bmatrix} \begin{bmatrix} a_2c_2 + a_3c_{23} \\ a_2s_2 + a_3s_{23} \\ 0 \end{bmatrix} = \begin{bmatrix} a_2c_{12} + a_3c_{123} \\ a_2s_{12} + a_3s_{123} \\ 0 \end{bmatrix}$$

$$^0z_1 \times {}^0p_{1,3} = \begin{bmatrix} 0 \\ 0 \\ 1 \end{bmatrix} \times \begin{bmatrix} a_2c_{12} + a_3c_{123} \\ a_2s_{12} + a_3s_{123} \\ 0 \end{bmatrix} = \begin{bmatrix} -a_2s_{12} - a_3s_{123} \\ a_2c_{12} + a_3c_{123} \\ 0 \end{bmatrix}$$

$$J_2 = \begin{bmatrix} {}^0z_1 \times {}^0p_{1,3} \\ {}^0z_1 \end{bmatrix} = \begin{bmatrix} -a_2s_{12} - a_3s_{123} \\ a_2c_{12} + a_3c_{123} \\ 0 \\ 0 \\ 0 \\ 1 \end{bmatrix} \circ$$

令 $i = 2$：

$$\,^0z_2 = {}^0R_2\,{}^2z_2 = {}^0R_1\,{}^1R_2 \begin{bmatrix} 0 \\ 0 \\ 1 \end{bmatrix} = \begin{bmatrix} c_{12} & -s_{12} & 0 \\ s_{12} & c_{12} & 0 \\ 0 & 0 & 1 \end{bmatrix} \begin{bmatrix} 0 \\ 0 \\ 1 \end{bmatrix} = \begin{bmatrix} 0 \\ 0 \\ 1 \end{bmatrix}$$

$$\,^0p_{2,3} = {}^0R_2\,{}^2p_{2,3} = \begin{bmatrix} c_{12} & -s_{12} & 0 \\ s_{12} & c_{12} & 0 \\ 0 & 0 & 1 \end{bmatrix} \begin{bmatrix} a_3c_3 \\ a_3s_3 \\ 0 \end{bmatrix} = \begin{bmatrix} a_3c_{123} \\ a_3s_{123} \\ 0 \end{bmatrix}$$

$$\,^0z_2 \times {}^0p_{2,3} = \begin{bmatrix} 0 \\ 0 \\ 1 \end{bmatrix} \times \begin{bmatrix} a_3c_{123} \\ a_3s_{123} \\ 0 \end{bmatrix} = \begin{bmatrix} -a_3s_{123} \\ a_3c_{123} \\ 0 \end{bmatrix}$$

$$J_3 = \begin{bmatrix} {}^0z_2 \times {}^0p_{2,3} \\ {}^0z_2 \end{bmatrix} = \begin{bmatrix} -a_3s_{123} \\ a_3c_{123} \\ 0 \\ 0 \\ 0 \\ 1 \end{bmatrix} \circ$$

所以，

$$\,^0J_n = \begin{bmatrix} J_1 & J_2 & J_3 \end{bmatrix} = \begin{bmatrix} -a_1s_1 - a_2s_{12} - a_3s_{123} & -a_2s_{12} - a_3s_{123} & -a_3s_{123} \\ a_1c_1 + a_2c_{12} + a_3c_{123} & a_2c_{12} + a_3c_{123} & a_3c_{123} \\ 0 & 0 & 0 \\ 0 & 0 & 0 \\ 0 & 0 & 0 \\ 1 & 1 & 1 \end{bmatrix} \circ$$

例 8-3 平面三軸機械臂幾何微分矩陣 $^nJ_n(q)$ ，$n = 3$

平面三軸機械臂之幾何微分矩陣 $^nJ_n(q)$ 為

$$^nJ_n = \begin{bmatrix} ^3J_1 & ^3J_2 & ^3J_3 \end{bmatrix} = \begin{bmatrix} ^3z_0 \times ^3p_{0,3} & ^3z_1 \times ^3p_{1,3} & ^3z_2 \times ^3p_{2,3} \\ ^3z_0 & ^3z_1 & ^3z_2 \end{bmatrix} 。$$

令 $i = 2$ ：

$$^3R_2 = {}^3R_3\,{}^3R_2 = \begin{bmatrix} c_3 & s_3 & 0 \\ -s_3 & c_3 & 0 \\ 0 & 0 & 1 \end{bmatrix}, \quad {}^3z_2 = {}^3R_2\,{}^2z_2 = \begin{bmatrix} 0 \\ 0 \\ 1 \end{bmatrix}$$

$$^3p_{2,3} = {}^3p_{3,3} + {}^3p_{2,3} = \begin{bmatrix} 0 \\ 0 \\ 0 \end{bmatrix} + \begin{bmatrix} a_3 \\ 0 \\ 0 \end{bmatrix} = \begin{bmatrix} a_3 \\ 0 \\ 0 \end{bmatrix}, \quad {}^3J_3 = \begin{bmatrix} ^3z_2 \times ^3p_{2,3} \\ ^3z_2 \end{bmatrix} = \begin{bmatrix} 0 \\ a_3 \\ 0 \\ 0 \\ 0 \\ 1 \end{bmatrix} 。$$

令 $i = 1$ ：

$$^3R_1 = {}^3R_2\,{}^2R_1 = \begin{bmatrix} c_3 & s_3 & 0 \\ -s_3 & c_3 & 0 \\ 0 & 0 & 1 \end{bmatrix} \begin{bmatrix} c_2 & s_2 & 0 \\ -s_2 & c_2 & 0 \\ 0 & 0 & 1 \end{bmatrix} = \begin{bmatrix} c_{23} & s_{23} & 0 \\ -s_{23} & c_{23} & 0 \\ 0 & 0 & 1 \end{bmatrix},$$

$$^3z_1 = {}^3R_1\,{}^1z_1 = \begin{bmatrix} 0 \\ 0 \\ 1 \end{bmatrix}$$

$$^3p_{1,3} = {}^3p_{2,3} + {}^3R_2\,{}^2p_{1,2} = \begin{bmatrix} a_3 \\ 0 \\ 0 \end{bmatrix} + {}^3R_2 \begin{bmatrix} a_2 \\ 0 \\ 0 \end{bmatrix} = \begin{bmatrix} a_3 + a_2c_3 \\ -a_2s_3 \\ 0 \end{bmatrix},$$

$$^3J_2 = \begin{bmatrix} {}^3z_1 \times {}^3p_{1,3} \\ {}^3z_1 \end{bmatrix} = \begin{bmatrix} a_2s_3 \\ a_3 + a_2c_3 \\ 0 \\ 0 \\ 0 \\ 1 \end{bmatrix}。$$

令 $i = 0$：

$$^3R_0 = {}^3R_1\,{}^1R_0 = \begin{bmatrix} c_{23} & s_{23} & 0 \\ -s_{23} & c_{23} & 0 \\ 0 & 0 & 1 \end{bmatrix} \begin{bmatrix} c_1 & s_1 & 0 \\ -s_1 & c_1 & 0 \\ 0 & 0 & 1 \end{bmatrix} = \begin{bmatrix} c_{123} & s_{123} & 0 \\ -s_{123} & c_{123} & 0 \\ 0 & 0 & 1 \end{bmatrix},$$

$$^3z_0 = {}^3R_0\,{}^0z_0 = \begin{bmatrix} 0 \\ 0 \\ 1 \end{bmatrix}$$

$$^3p_{0,3} = {}^3p_{1,3} + {}^3R_1\,{}^1p_{0,1} = \begin{bmatrix} a_3 + a_2c_3 \\ -a_2s_3 \\ 0 \end{bmatrix} + {}^3R_1 \begin{bmatrix} a_1 \\ 0 \\ 0 \end{bmatrix} = \begin{bmatrix} a_3 + a_2c_3 + a_1c_{23} \\ -a_2s_3 - a_1s_{23} \\ 0 \end{bmatrix}$$

$$^3J_1 = \begin{bmatrix} {}^3z_0 \times {}^3p_{0,3} \\ {}^3z_0 \end{bmatrix} = \begin{bmatrix} a_2s_3 + a_1s_{23} \\ a_3 + a_2c_3 + a_1c_{23} \\ 0 \\ 0 \\ 0 \\ 1 \end{bmatrix}。$$

所以，

$$
{}^{n}J_{n} = \begin{bmatrix} {}^{3}J_{1} & {}^{3}J_{2} & {}^{3}J_{3} \end{bmatrix} = \begin{bmatrix} a_2s_3 + a_1s_{23} & a_2s_3 & 0 \\ a_3 + a_2c_3 + a_1c_{23} & a_3 + a_2c_3 & a_3 \\ 0 & 0 & 0 \\ 0 & 0 & 0 \\ 0 & 0 & 0 \\ 1 & 1 & 1 \end{bmatrix} 。
$$

驗證 ${}^{0}J_{n} = \begin{bmatrix} {}^{0}R_3 & 0_{3\times3} \\ 0_{3\times3} & {}^{0}R_3 \end{bmatrix} {}^{n}J_{n} = \begin{bmatrix} {}^{0}J_1 & {}^{0}J_2 & {}^{0}J_3 \end{bmatrix}$ ：

$$
{}^{0}R_3 = {}^{3}R_0^{T} = \begin{bmatrix} c_{123} & -s_{123} & 0 \\ s_{123} & c_{123} & 0 \\ 0 & 0 & 1 \end{bmatrix}, \quad {}^{0}J_3 = \begin{bmatrix} {}^{0}R_3({}^{3}z_2 \times {}^{3}p_{2,3}) \\ {}^{0}R_3 {}^{3}z_2 \end{bmatrix} = \begin{bmatrix} -a_3s_{123} \\ a_3c_{123} \\ 0 \\ 0 \\ 0 \\ 1 \end{bmatrix}
$$

$$
{}^{0}J_2 = \begin{bmatrix} {}^{0}R_3({}^{3}z_1 \times {}^{3}p_{1,3}) \\ {}^{0}R_3 {}^{3}z_1 \end{bmatrix} = \begin{bmatrix} -a_3s_{123} - a_2s_{12} \\ a_3c_{123} + a_2c_{12} \\ 0 \\ 0 \\ 0 \\ 1 \end{bmatrix},
$$

$$
{}^{0}J_1 = \begin{bmatrix} {}^{0}R_3({}^{3}z_0 \times {}^{3}p_{0,3}) \\ {}^{0}R_3 {}^{3}z_0 \end{bmatrix} = \begin{bmatrix} -a_3s_{123} - a_2s_{12} - a_1s_1 \\ a_3c_{123} + a_2c_{12} + a_1c_1 \\ 0 \\ 0 \\ 0 \\ 1 \end{bmatrix} 。
$$

■ 8.5 影像微分矩陣

考慮如圖 8-7 所示之空間某固定點 p 於世界座標 ${}^{0}p=(X,Y,Z)$、相機座標 ${}^{c}p=(x,y,z)$ 及影像像素座標 (u,v) 之關連圖,影像微分矩陣(image Jacobian matrix)定義爲 $\dot{s}=J_s\dot{q}$,其中 $\dot{s}=\begin{bmatrix}\dot{u}\\\dot{v}\end{bmatrix}$ 爲影像像素位置之微分以及 $\dot{q}$ 爲機械臂關節角度之微分。

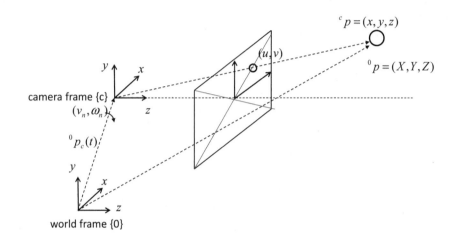

圖 8-7 空間某固定點 p 於世界座標 ${}^{0}p=(X,Y,Z)$、
相機座標 ${}^{c}p=(x,y,z)$ 及影像像素座標 (u,v) 之關連

空間某固定點 ${}^{c}p(t)=\begin{bmatrix}x & y & z\end{bmatrix}^{T}$ 相對於移動相機之相對速度爲 ${}^{c}\dot{p}(t)=-{}^{c}\omega_c\times{}^{c}p-{}^{c}v_c$,定義

$$
{}^{c}\omega_c={}^{c}R_0\,{}^{0}\omega_c=\begin{bmatrix}\omega_x & \omega_y & \omega_z\end{bmatrix}^{T} \tag{8.10}
$$

以及

$$
{}^{c}v_c={}^{c}R_0\,{}^{0}v_c=\begin{bmatrix}v_x & v_y & v_z\end{bmatrix}^{T}, \tag{8.11}
$$

可得

$$^c\dot{p}(t) = -\,^c\omega_c \times\,^c p -\,^c v_c = \begin{bmatrix} \omega_z y - \omega_y z - v_x \\ \omega_x z - \omega_z x - v_y \\ \omega_y x - \omega_x y - v_z \end{bmatrix}。 \tag{8.12}$$

由理想的針孔相機模型

$$\begin{cases} u = \lambda \dfrac{x}{z} \\ v = \lambda \dfrac{y}{z} \end{cases} \quad \text{以及} \quad \begin{cases} x = \dfrac{1}{\lambda} zu \\ y = \dfrac{1}{\lambda} zv \end{cases}, \tag{8.13}$$

進一步可得

$$^c\dot{p}(t) = \begin{bmatrix} \dot{x} \\ \dot{y} \\ \dot{z} \end{bmatrix} = \begin{bmatrix} \omega_z y - \omega_y z - v_x \\ \omega_x z - \omega_z x - v_y \\ \omega_y x - \omega_x y - v_z \end{bmatrix} = \begin{bmatrix} \omega_z \dfrac{z}{\lambda} v - \omega_y z - v_x \\ \omega_x z - \omega_z \dfrac{z}{\lambda} u - v_y \\ \omega_y \dfrac{z}{\lambda} u - \omega_x \dfrac{z}{\lambda} v - v_z \end{bmatrix} \tag{8.14}$$

以及

$$\begin{cases} \dot{u} = \lambda \dfrac{\dot{x}z - x\dot{z}}{z^2} = -\dfrac{\lambda}{z} v_x + \dfrac{u}{z} v_z + \dfrac{uv}{\lambda}\omega_x - \left(\lambda + \dfrac{u^2}{\lambda}\right)\omega_y + v\omega_z \\ \dot{v} = \lambda \dfrac{\dot{y}z - y\dot{z}}{z} = -\dfrac{\lambda}{z} v_y + \dfrac{v}{z} v_z + \left(\lambda + \dfrac{v^2}{\lambda}\right)\omega_x - \dfrac{uv}{\lambda}\omega_y - u\omega_z \end{cases}。 \tag{8.15}$$

將上式表示為矩陣向量相乘表示式

$$\dot{s} = \begin{bmatrix} \dot{u} \\ \dot{v} \end{bmatrix} = L_i \begin{bmatrix} ^c v_c \\ ^c \omega_c \end{bmatrix},$$

其中 $L_i = \begin{bmatrix} -\dfrac{\lambda}{z} & 0 & \dfrac{u}{z} & \dfrac{uv}{\lambda} & -\lambda-\dfrac{u^2}{\lambda} & v \\ 0 & -\dfrac{\lambda}{z} & \dfrac{v}{z} & \lambda+\dfrac{v^2}{\lambda} & -\dfrac{uv}{\lambda} & -u \end{bmatrix}$ 稱爲交互作用矩陣 (interaction matrix)。最後，

$$\dot{s} = L_i \begin{bmatrix} {}^c v_c \\ {}^c \omega_c \end{bmatrix} = L_i \, {}^c J_c \dot{q} = J_s \dot{q} \, , \tag{8.16}$$

其中 $J_s = L_i \, {}^c J_c$ 稱爲影像微分矩陣。

以下我們舉一簡單的範例來說明此問題的概念。假設有一平面二軸機械臂如圖 8-8 所示，相機置於終端器處且相機鏡頭向下，我們的控制目標爲移動機械臂上的相機至目標球之正中央。令 $[u \quad v]^T$ 爲目標影像於相機透視平面之位置，則

$$\begin{bmatrix} \dot{u} \\ \dot{v} \end{bmatrix} = J_s \begin{bmatrix} \dot{q}_1 \\ \dot{q}_2 \end{bmatrix} \, , \tag{8.17}$$

其中 J_s 爲待求之影像微分矩陣。

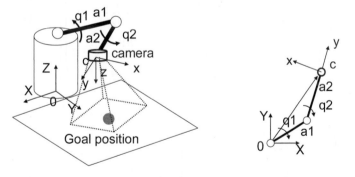

圖 8-8　機械臂影像伺服控制例，控制目標爲移動機械臂末端上的相機至目標球之正中央

相機相對於世界座標之微分矩陣為

$$
{}^0J_c = \begin{bmatrix} -a_1s_1 - a_2s_{12} & -a_2s_{12} \\ a_1c_1 + a_2c_{12} & a_2c_{12} \\ 0 & 0 \\ 0 & 0 \\ 0 & 0 \\ 1 & 1 \end{bmatrix}, \quad {}^0R_c = \begin{bmatrix} -s_{12} & c_{12} & 0 \\ c_{12} & s_{12} & 0 \\ 0 & 0 & -1 \end{bmatrix}.
$$

相機相對於本身相機座標之微分矩陣為

$$
{}^cJ_c = \begin{bmatrix} {}^cR_0 & 0_{3\times 3} \\ 0_{3\times 3} & {}^cR_0 \end{bmatrix} \begin{bmatrix} -a_1s_1 - a_2s_{12} & -a_2s_{12} \\ a_1c_1 + a_2c_{12} & a_2c_{12} \\ 0 & 0 \\ 0 & 0 \\ 0 & 0 \\ 1 & 1 \end{bmatrix} = \begin{bmatrix} a_2 + a_1c_2 & a_2 \\ a_1s_2 & 0 \\ 0 & 0 \\ 0 & 0 \\ 0 & 0 \\ -1 & -1 \end{bmatrix}
$$

因此，

$$
J_s = L_i{}^cJ_c = \begin{bmatrix} -\dfrac{\lambda}{z} & 0 & \dfrac{u}{z} & \dfrac{uv}{\lambda} & -\lambda - \dfrac{u^2}{\lambda} & v \\ 0 & -\dfrac{\lambda}{z} & \dfrac{v}{z} & \lambda + \dfrac{v^2}{\lambda} & -\dfrac{uv}{\lambda} & -u \end{bmatrix} \begin{bmatrix} a_2 + a_1c_2 & a_2 \\ a_1s_2 & 0 \\ 0 & 0 \\ 0 & 0 \\ 0 & 0 \\ -1 & -1 \end{bmatrix}
$$

$$
= \begin{bmatrix} -v - (a_2 + a_1c_2)\dfrac{\lambda}{z} & -v - a_2\dfrac{\lambda}{z} \\ u - a_1s_2\dfrac{\lambda}{z} & u \end{bmatrix}. \tag{8.18}
$$

令 $s(t) = \begin{bmatrix} u \\ v \end{bmatrix}$ 以及 $s_g = \begin{bmatrix} U \\ V \end{bmatrix}$ 為影像控制目標點，

則影像控制誤差為 $e(t) = s(t) - s_g = \begin{bmatrix} u - U \\ v - V \end{bmatrix}$。

假設

$$\dot{e}(t) = \begin{bmatrix} \dot{u} \\ \dot{v} \end{bmatrix} = -\alpha\, e(t)，\ \alpha > 0，\tag{8.19}$$

所以

$$J_s \begin{bmatrix} \dot{q}_1 \\ \dot{q}_2 \end{bmatrix} = \begin{bmatrix} \dot{u} \\ \dot{v} \end{bmatrix} = -\alpha \begin{bmatrix} u - U \\ v - V \end{bmatrix}。\tag{8.20}$$

因此，機械臂的控制策略為

$$\begin{bmatrix} \dot{q}_1 \\ \dot{q}_2 \end{bmatrix} = -\alpha\, J_s^{+} \begin{bmatrix} u - U \\ v - V \end{bmatrix}，\tag{8.21}$$

上式中 J_s^{+} 為 J_s 的廣義反矩陣(generalized inverse)。如此重複的執行此控制策略，我們即可以移動機械臂上的相機至目標球之正中央。

■ 8.6　機械臂速度(微分)反運動學之解法

已知機械臂速度(或微分)運動學 $\dot{s} = \begin{bmatrix} v \\ \omega \end{bmatrix} = J(q)_{m \times n}\, \dot{q}_{n \times 1}$，如何規劃機械臂之關節角度相對運動 Δq 使得 $J(q)\Delta q = \Delta s = \begin{bmatrix} \Delta p \\ \Delta \theta \end{bmatrix}$，其中 Δs 為機械臂終端器之相對直角座標位移及轉向運動，稱為速度(微分)反運動學問題或機械臂分解式運動控制問題(resolute motion control problem)。機械臂速度反運動學於理想情況下的標準解法為連續解微分矩陣方程式(或求反矩陣)如下所述：

$$\Delta q_n = J^{-1}(q_n)\, \Delta s_n，$$

$$q_{n+1} = q_n + \Delta q_n，\ n = 0,\ 1,\ 2, \cdots 。$$

例如，規劃 6 軸機械臂實現直角座標直線運動軌跡 $s(t)$ 之速度反運動學解法為如下所示。

初始化：機械臂初始關節角度 q_0 及直角座標直線運動軌跡取樣點

$$s_n = s(nT) \, , n = 0, \, 1, \, 2, \cdots$$

迭代過程：$n = 0, \, 1, \, 2, \cdots$

$$\Delta s_n = s_{n+1} - s_n = s((n+1)T) - s(nT) \, ,$$

$$\Delta q_n = J^{-1}(q_n) \, \Delta s_n$$

$$q_{n+1} = q_n + \Delta q_n \, , \, \circ$$

上述反矩陣方法之缺點及困難點在於機械臂組態(configuration)容易在奇異點附近，以致於 J^{-1} 會有不連續劇烈大變化之現象或者 J^{-1} 可能不存在。以下介紹 3 個常見的速度反運動學解法。

(1) **廣義反矩陣法(generalized inverse or pseudo-inverse method)**

已知誤差為 $e = s_n - h(q_n) = J(q_n) \, \Delta q_n$，其中 $s_n = s(nT)$ 為理想的直角座標軌跡取樣點，以及 $h(q_n)$ 為機械臂終端器之直角座標位置與方位角，求 Δq_n 使得 Jacobian 方程式誤差為最小 $\| J(q_n) \, \Delta q_n - e \|$。由線性代數原理可知其解 Δq_n 為滿足下列規範方程式(normal equation)

$$J^T(q_n) J(q_n) \, \Delta q_n = J^T(q_n) \, e$$

之最小平方和誤差(least-square error)或表示為廣義反矩陣之解

$$\Delta q_n = J^+(q_n) \, e \, \circ$$

初始化：機械臂初始關節角度 q_0 及直角座標直線運動軌跡取樣點

$$s_n = s(nT) \, , n = 0, \, 1, \, 2, \cdots$$

迭代過程：$n = 0, \, 1, \, 2, \cdots$

$$e = s_n - h(q_n)$$

$$\Delta q_n = \begin{cases} \left(J^T(q_n) J(q_n) \right)^{-1} J^T(q_n) \, e & \text{rank}(J^T J) = n \\ J^+(q_n) \, e & \text{rank}(J^T J) < n \end{cases}$$

$$q_{n+1} = q_n + \Delta q_n$$

練習 1：廣義反矩陣法規劃 6 軸機械臂實現直角座標直線運動軌跡 $s(t)$。

(2) **Jacobian 矩陣轉置法(Jacobian transpose)**

已知誤差為 $e = s_n - h(q_n) = J(q_n)\, \Delta q_n$，其中 $s_n = s(nT)$ 為理想的直角座標軌跡取樣點，以及 $h(q_n)$ 為機械臂終端器之直角座標位置與方位角，並令

$\Delta q_n = \alpha\, J^T(q_n)\, e$，其中 α 為待決定之增益。因為

$$e^T e = e^T J(q_n)\, \Delta q_n = \alpha\, e^T J(q_n) J^T(q_n)\, e \geq 0 ,$$

增益 α 可設計為

$$\alpha = \frac{e^T e}{e^T J(q_n) J^T(q_n) e} 。$$

初始化：機械臂初始關節角度 q_0 及直角座標直線運動軌跡取樣點

$$s_n = s(nT)\,, n = 0,\ 1,\ 2, \cdots$$

迭代過程：$n = 0,\ 1,\ 2, \cdots$

$$e = s_n - h(q_n)$$
$$\Delta q_n = \frac{J^T e e^T}{e^T J J^T e} e$$
$$q_{n+1} = q_n + \Delta q_n$$

練習 2：Jacobian 矩陣轉置法規劃 6 軸機械臂實現直角座標直線運動軌跡 $s(t)$。

(3) **阻尼之最小平方和法(damped least squares)**

已知誤差為 $e = s_n - h(q_n) = J(q_n)\Delta q_n$，其中 $s_n = s(nT)$ 為理想的直角座標軌跡取樣點，以及 $h(q_n)$ 為機械臂終端器之直角座標位置與方位角，求 Δq_n 使得 $\|J(q_n)\,\Delta q_n - e\|^2 + \lambda^2\,\|\Delta q_n\|^2$ 為最小。由線性代數原理其解等同於求 Δq_n 使得擴增方程式

$$\begin{bmatrix} J(q_n) \\ \lambda I \end{bmatrix} \Delta q_n = \begin{bmatrix} e \\ 0 \end{bmatrix}$$

之誤差 $\left\| \begin{bmatrix} J(q_n) \\ \lambda I \end{bmatrix} \Delta q_n - \begin{bmatrix} e \\ 0 \end{bmatrix} \right\|$ 為最小。其解為滿足下列規範方程式

$$\begin{bmatrix} J^T(q_n) & \lambda I \end{bmatrix} \begin{bmatrix} J(q_n) \\ \lambda I \end{bmatrix} \Delta q_n = \begin{bmatrix} J^T(q_n) & \lambda I \end{bmatrix} \begin{bmatrix} e \\ 0 \end{bmatrix}$$

亦即

$$\left(J^T(q_n)J(q_n)+\lambda^2 I\right)\Delta q_n = J^T(q_n)\,e \, \circ$$

初始化：機械臂初始關節角度 q_0 及直角座標直線運動軌跡取樣點

$$s_n = s(nT)\,,\, n = 0,\, 1,\, 2,\cdots$$

迭代過程：$n = 0,\, 1,\, 2,\cdots$

$$e = s_n - h(q_n)$$
$$\Delta q_n = \left(J^T(q_n)J(q_n)+\lambda^2 I\right)^{-1} J^T(q_n)\,e\,,$$
$$q_{n+1} = q_n + \Delta q_n,\ \ n = 0,\, 1,\, 2,\cdots.$$

練習 3：阻尼之最小平方和法規劃 6 軸機械臂實現直角座標直線運動軌跡 $s(t)$。

■ 8.7 微分矩陣之 SVD 分析

微分矩陣 J 之 SVD 分解(singular value decomposition)及其特性整理為如下所列。微分矩陣 J 之 SVD 分解表示為

$$J_{m\times n} = U_{m\times m}\ \Sigma_{m\times n}\ V_{n\times n}^T\,,$$

上式中 U 與 V 分別為值域 $R(J)$ 及 $R(J^T)$ 之正交基底向量(orthogonormal basis)且 $U^T U = I_{m\times m}$、 $V^T V = I_{n\times n}$ 以及 $\Sigma = diag\{\sigma_1,\sigma_2,\cdots,\sigma_r,0,\cdots,0\}$ 為 $m\times n$ 對角矩陣，其 r 個非零的對角線元素稱**奇異值(singular value)**並依大小值排序為 $\sigma_1 \geq \sigma_2 \geq \cdots \geq \sigma_r > 0$ 以及 $\sigma_{r+1} = \sigma_{r+2},\cdots = 0$。

特性 1：$rank(J) = r$，$r \leq \min\{m,n\}$

若 $r = \min\{m,n\}$，則矩陣 J 為滿秩(full rank)；否則，$r < \min\{m,n\}$，J 為奇異矩陣。

特性 2：精簡(compact) SVD $J_{m\times n} = \bar{U}_{m\times r}\ \bar{\Sigma}_{r\times r}\ \bar{V}_{r\times n}^T$，$\bar{U} = U(:,1:r)$，$\bar{\Sigma} = \Sigma(1:r,1:r)$，$\bar{V}^T = V^T(1:r,:)$

$$J_{m\times n} = U_{m\times m}\Sigma_{m\times n}V_{n\times n}^T = \bar{U}_{m\times r}\ \bar{\Sigma}_{r\times r}\ \bar{V}_{r\times n}^T$$

特性 3：$\begin{cases} J\,v_i = \sigma_i u_i \\ J^T\,u_i = \sigma_i v_i \end{cases}$, $i = 1,\,2,\cdots,\,r$ 、 $\begin{cases} J\,v_i = 0 & i = r+1,\,r+2,\cdots,\,n \\ J^T\,u_j = 0, & j = r+1,\,r+2,\cdots,\,m \end{cases}$

特性 4：$JJ^T = U\,\Sigma V^T V\,\Sigma^T U^T = U\,(\Sigma\Sigma^T)U^T$ ， $JJ^T u_i = \sigma_i^2 u_i$, $i = 1,\,2,\cdots,\,r$

特性 5：$J^T J = V\,\Sigma^T U^T U\,\Sigma V^T = U\,(\Sigma\Sigma^T)U^T$ ， $J^T J v_i = \sigma_i^2 v_i$, $i = 1,\,2,\cdots,\,r$

特性 6：$J = U\Sigma V^T = \sigma_1 u_1 v_1^T + \sigma_2 u_2 v_2^T + \cdots + \sigma_r u_r v_r^T$

特性 7：$J^T = V\Sigma^T U^T = \sigma_1 v_1 u_1^T + \sigma_2 v_2 u_2^T + \cdots + \sigma_r v_r u_r^T$

特性 8：$J^+ = V\Sigma^{+1}U^T = \sigma_1^{-1} v_1 u_1^T + \sigma_2^{-1} v_2 u_2^T + \cdots + \sigma_r^{-1} v_r u_r^T$

特性 9：$J^T(JJ^T + \lambda^2 I)^{-1} = \dfrac{\sigma_1}{\sigma_1^2 + \lambda^2} v_1 u_1^T + \dfrac{\sigma_2}{\sigma_2^2 + \lambda^2} v_2 u_2^T + \cdots + \dfrac{\sigma_r}{\sigma_r^2 + \lambda^2} v_r u_r^T$

$$J^T\left(JJ^T + \lambda^2 I\right)^{-1} = V\Sigma^T U^T U(\Sigma\Sigma^T + \lambda^2 I)^{-1}U^T = V\Sigma^T(\Sigma\Sigma^T + \lambda^2 I)^{-1}U^T$$

特性 10：$(J^T J + \lambda^2 I)^{-1}J^T = \dfrac{\sigma_1}{\sigma_1^2 + \lambda^2} v_1 u_1^T + \dfrac{\sigma_2}{\sigma_2^2 + \lambda^2} v_2 u_2^T + \cdots + \dfrac{\sigma_r}{\sigma_r^2 + \lambda^2} v_r u_r^T$

$$\left(J^T J + \lambda^2 I\right)^{-1}J^T = V(\Sigma^T\Sigma + \lambda^2 I)^{-1}V^T V\Sigma^T U^T = V(\Sigma^T\Sigma + \lambda^2 I)^{-1}\Sigma^T U^T$$

觀察：$\left(J^T J + \lambda^2 I\right)^{-1}J^T = J^T\left(JJ^T + \lambda^2 I\right)^{-1}$

特性 11：矩陣 J 條件數(condition number) $\kappa(J) = \dfrac{\sigma_1}{\sigma_r} \geq 1$

矩陣 J 條件數 $\kappa(J)$ 為判別方程式 $J\Delta q = \Delta s$ 之解是否為良好解(well solution)或病態解(ill solution)之量測值，條件數越大越表示為病態解。

特性 12：若 $\sigma_1 = \sigma_2 = \cdots = \sigma_r$，則矩陣 J 為等方向的(isotropic or isotropy kinematics)。

參考文獻

[1]　Peter Croke, Robotics, vision and control, Springer, 2011.

[2]　Jadran Lenarcic, A new method for calculating the Jacobain for a robot manipulator, Robotica, Vol. 1, Issue 4, pp. 205-209, October 1983.

[3]　David E. Orin and William W. Schrader, Efficient computation of the Jacobian robot manipulators, The international Journal of Robotics Reaseach, Decemeber 1984.

[4]　Hui Li and J.M. Selig, Symbolic inverse Jacobian for an industrial robot, January 2007.

[5]　J.T. Lapreste, F. Jurie, M. Dhome and F. Chaumette, An efficient method to compute the inverse Jacobian matrix in visual servoing, Proceedings of the 3004 IEEE Inter. Conf. on Robotics & Automation, pp. 727-732, Appril 2004.

CHAPTER

9

移動機器人速度運動學

▌ 9.1 簡介

一個完整的機器人系統需有操作能力(manipulation)與移動能力(mobility)。移動機器人(mobile robot)包含移動機構設計(locomotion)、環境感測與解析(sensing and perception)、機器人空間座標(localization)、地形地圖資料(mapping)、運動規劃(motion planning)及伺服控制(servo control)。移動機器人的內容與應用包羅萬象，本章僅扼要的介紹移動機器人的基本運動控制方法。有興趣深入移動機器人的讀者請參考有關專書。

動物的移動能力很難以人造的方式來實現，諸如步行、跑步、跳躍、蜿蜒蛇行、匍匐前進、水中游行、空中飛行等等。常見機器人的移動機構計有輪子(wheel)、履帶(track)及機器腳(leg)等三種方式。輪子為最有效率的移動方式、自動維持平衡、容易控制。履帶為最能適應崎嶇地形、能夠攜帶大負載、自動維持平衡、容易控制。機器腳為最靈活的移動方式、與人類相似、需克服重力維持平衡故最難控制、速度慢。另外也有混合式的移動機器人(hybrid mobile robot)，例如結合步行與輪行的移動機器人(walking wheels robot)稱為輪足機器人(wheel-legged robot)或足輪機器人(leg-wheeled robot)。

輪行移動機器人(wheeled mobile robot)依輪子為主動輪或被動輪以及使用輪子的個數可組合成許多不同的機台。移動機器人常使用的輪子有：

(1) 主動驅動輪(driving wheel)：有 1 個自由度可控制輪子轉速。

(2) 主動方向輪(steering wheel)：有 1 個自由度可控制輪子方向。

(3)　標準主動輪(standard wheel)：有 2 個自由度可控制輪子轉速及方向。

(4)　被動輔助輪(castor wheel)：有 2 個自由度，輪子轉速及方向可自由變化。

(5)　全方位輪(omnidirectional wheel)：有 3 個自由度可控制輪子轉速、方向及傾斜角。

(6)　麥克納姆輪(Mecanum wheel)：有 3 個自由度可控制輪子轉速、方向及傾斜角。

(7)　球形輪(ball or spherical wheel)：可 3 個自由度任意旋轉。

輪行移動機器人依輪子的個數可分類為單輪機器人、雙輪機器人、三輪機器人、四輪機器人及六輪機器人。

移動機器人在哪裡？移動機器人要去哪裡？是研究移動機器人的 2 個最基礎的問題。移動機器人與機械臂最大的不同在於移動機器人的運動與輪子位置無直接關係，而是與輪子速度直接關聯。因此移動機器人的基本運動方程式為速度運動學。定義 (x,y,θ) 為移動機器人之中心點於參考座標系統之位置與方位角(簡稱為 pose)。$\begin{bmatrix} \dot{x}(t) & \dot{y}(t) & \dot{\theta}(t) \end{bmatrix}^T$ 與驅動輪角速度及方向輪方位角度之關係式稱為**速度運動學(velocity kinematics)**，以及 $[x(t),y(t),\theta(t)]^T$ 與驅動輪角速度及方向輪方位角度之關係式稱為**前進運動學(forward kinemctics)**，

$$\begin{bmatrix} x(t) \\ y(t) \\ \theta(t) \end{bmatrix} = \begin{bmatrix} x_0 \\ y_0 \\ \theta_0 \end{bmatrix} + \begin{bmatrix} \int_0^t \dot{x}(\tau)d\tau \\ \int_0^t \dot{y}(\tau)d\tau \\ \int_0^t \dot{\theta}(\tau)d\tau \end{bmatrix} \text{。} \tag{9.1}$$

反之，已知移動機器人的起始位置與方位 $[x_0,y_0,\theta_0]^T$ 及底達時間 T，求得驅動輪角速度及方向輪方位角度的時間變化函數使得移動機器人到達終點位置與方位 $[x_1,y_1,\theta_1]^T$，稱為移動機器人的**反運動學(inverse kinemctics)**，或稱為移動機器人的**軌跡規劃(trajectory planning)**。

以下先介紹有關平面曲線的曲率(curvature)定義及計算公式以作為研究移動機器人運動學特性的基本重要工具之一。

定義 1：平面曲線(plane curve) $r(t)$ 及路徑長度(arc length) s

$$r(t) = \begin{bmatrix} x(t) \\ y(t) \end{bmatrix}$$

或

$$r(s) = \begin{bmatrix} x(s) \\ y(s) \end{bmatrix}$$

$$ds = \left\| \dot{r}(t) \right\| dt = \sqrt{\dot{x}^2(t) + \dot{y}^2(t)}\ dt$$

$$s(t) = \int_0^t \left\| \dot{r}(\tau) \right\| d\tau = \int_0^t \sqrt{\dot{x}^2(\tau) + \dot{y}^2(\tau)}\ d\tau \tag{9.2}$$

定義 2：曲線的單位切線向量(unit tangent vector) T 及切線角(tangent angle) θ

$$T = \frac{\dot{r}(t)}{\left\| \dot{r}(t) \right\|} = \frac{dr}{ds} = \begin{bmatrix} \cos\theta(s) \\ \sin\theta(s) \end{bmatrix}, \tag{9.3}$$

$$\left\| T \right\|^2 = T \cdot T = 1$$

定義 3：曲線的單位法向量(unit normal vector) N

$$N = \frac{dT}{ds} \bigg/ \left\| \frac{dT}{ds} \right\| = \frac{\dot{T}(t)}{\left\| \dot{T}(t) \right\|}, \tag{9.4}$$

$$T \cdot \dot{T} = T \cdot N = 0,$$
$$T \times N = \pm\vec{z}. \tag{9.5}$$

定義 4：曲線的曲率(curvature) $\kappa = \left\| \dfrac{dT}{ds} \right\|$

$$\frac{dT}{ds} = \left\| \frac{dT}{ds} \right\| N = \kappa N. \tag{9.6}$$

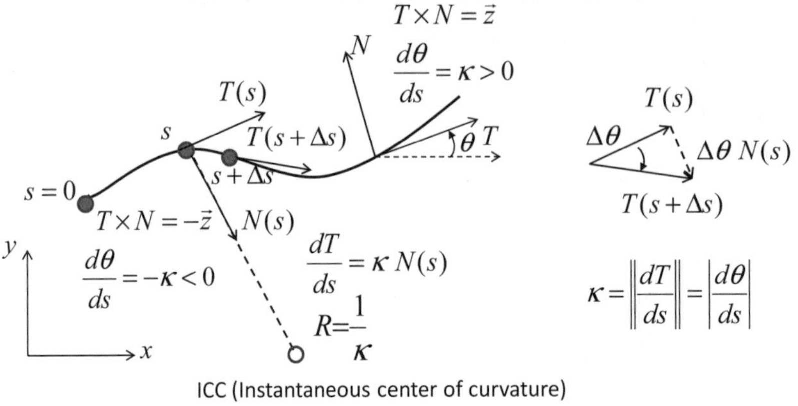

CHAPTER 9

ICC (Instantaneous center of curvature)

圖 9-1　平面曲線之曲率及瞬間曲率中心(instantaneous center of curvature)

計算曲線曲率的基本公式如下所列。

基本公式 1： $\kappa = \left\| \dfrac{dT}{ds} \right\| = \left\| \dfrac{\frac{dT}{dt}}{\frac{ds}{dt}} \right\| = \dfrac{\| \dot{T}(t) \|}{\| \dot{r}(t) \|}$ 　　　　　　(9.7)

基本公式 2： $\kappa = \dfrac{\| \dot{r}(t) \times \ddot{r}(t) \|}{\| \dot{r}(t) \|^3} = \dfrac{\dot{x}(t)\ddot{y}(t) - \dot{y}(t)\ddot{x}(t)}{\left(\dot{x}(t)^2 + \dot{y}(t)^2 \right)^{\frac{3}{2}}}$ 　　(9.8)

基本公式 3： $\kappa = \left\| \dfrac{dT}{ds} \right\| = \left| \dfrac{d\theta}{ds} \right|$ 　　　　　　　　(9.9)

(1) $\kappa = \left\| \dfrac{dT}{ds} \right\| = \left\| \dfrac{T(s+ds) - T(s)}{ds} \right\| = \left\| \dfrac{d\theta\, N}{ds} \right\| = \left| \dfrac{d\theta}{ds} \right|$

(2) $\kappa = \left\| \dfrac{dT}{ds} \right\| = \left\| \dfrac{d}{ds} \begin{bmatrix} \cos\theta(s) \\ \sin\theta(s) \end{bmatrix} \right\| = \left\| \begin{bmatrix} -\sin\theta \\ \cos\theta \end{bmatrix} \right\| \left| \dfrac{d\theta}{ds} \right| = \left| \dfrac{d\theta}{ds} \right|$

(3) $\dfrac{d\theta}{ds} = \begin{cases} \kappa & T \times N = \vec{z} \\ -\kappa & T \times N = -\vec{z} \end{cases}$ 　　　(9.10)

(4) $\theta(s) = \theta(0) + \displaystyle\int_0^s \dfrac{d\theta}{ds}\,ds$ 　　　　　(9.11)

■ 9.2 雙輪獨立驅動移動機器人

雙輪獨立驅動(independent drive)移動機器人為機構最簡單而且最容易控制的輪行移動機器人。雙輪獨立驅動移動機器人除了於左右側各裝有一個主動驅動輪之外，還需加裝一個或二個被動輔助輪來維持車底平衡。雙輪獨立驅動移動機器人例可如圖9-2 所示。

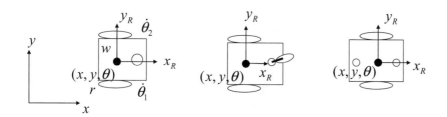

圖 9-2 雙輪獨立驅動移動機器人例

　　雙輪獨立驅動移動機器人之控制變數為 $\dot{\theta}_1$ 與 $\dot{\theta}_2$ 分別為左右驅動輪轉速，以及 r 為驅動輪之半徑、$2w$ 為左右驅動輪之距離長度。令 (x, y, θ) 為移動機器人中心點(左右驅動輪中點)於工作座標系統之位置與方位角度、v 為中點之移動速度以及 ω 為移動機器人之旋轉角速度(旋轉軸為 z 軸)，如圖 9-3 所示。由物理定律可得

$$v_1 = r\dot{\theta}_1 = v + w\omega \tag{9.12}$$

$$v_2 = r\dot{\theta}_2 = v - w\omega \tag{9.13}$$

我們可解得

$$v = \frac{v_1 + v_2}{2} = r\frac{\dot{\theta}_1 + \dot{\theta}_2}{2} \tag{9.14}$$

$$\omega = \frac{v_1 - v_2}{2w} = \frac{r}{w}\frac{\dot{\theta}_1 - \dot{\theta}_2}{2} \quad ; \tag{9.15}$$

因此，雙輪移動機器人之速度運動方程式可表示為

$$\begin{bmatrix} \dot{x} \\ \dot{y} \\ \dot{\theta} \end{bmatrix} = \begin{bmatrix} vc_\theta \\ vs_\theta \\ \omega \end{bmatrix} = \begin{bmatrix} c_\theta & 0 \\ s_\theta & 0 \\ 0 & 1 \end{bmatrix} \begin{bmatrix} v \\ \omega \end{bmatrix} = \begin{bmatrix} \dfrac{r}{2}c_\theta & \dfrac{r}{2}c_\theta \\ \dfrac{r}{2}s_\theta & \dfrac{r}{2}s_\theta \\ \dfrac{r}{2w} & -\dfrac{r}{2w} \end{bmatrix} \begin{bmatrix} \dot{\theta}_1 \\ \dot{\theta}_2 \end{bmatrix} \; 。 \tag{9.16}$$

　　由於雙輪獨立驅動是靠雙輪的轉速差來控制移動機器人的轉向，因此又常被稱為**差分驅動(differential drive)**移動機器人。

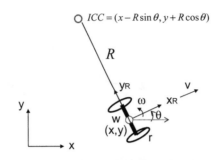

圖 9-3　雙輪獨立驅動移動機器人之相關變數定義

經簡單的計算，雙輪獨立驅動移動機器人的瞬間曲率變化 κ 為

$$\kappa = \frac{\omega}{v} = \frac{1}{w}\frac{\dot{\theta}_1 - \dot{\theta}_2}{\dot{\theta}_1 + \dot{\theta}_2} \ , \tag{9.17}$$

瞬間旋轉半徑 R 為

$$R = \frac{1}{\kappa} = \frac{\dot{\theta}_1 + \dot{\theta}_2}{\dot{\theta}_1 - \dot{\theta}_2} w \ , \tag{9.18}$$

以及瞬間曲率中心 ICC (instantaneous center of curvature)落在於

$$ICC = [x - R s_\theta, y + R c_\theta]^T \ 。 \tag{9.19}$$

當 $\dot{\theta}_1 = \dot{\theta}_2$ 時，曲率變化 $\kappa = 0$、瞬間旋轉半徑 $R = \infty$，移動機器人直線前進。又當 $\dot{\theta}_1 = -\dot{\theta}_2$ 時，曲率變化 $\kappa = \infty$、瞬間旋轉半徑 $R = 0$，移動機器人原地旋轉。

　　上述根據物理定律求移動機器人運動方程式之解法雖然簡單，但較無規律性及明確的步驟可以依循。以下接著介紹另一種比較有步驟依循的系統解法。同樣的定義 (x, y, θ) 為移動機器人中心點於工作座標系統，以及 (x_R, y_R, θ) 為於機器人座標系統之位置與方位角，則兩者之座標轉換關係為

$$\begin{bmatrix} \dot{x} \\ \dot{y} \\ \dot{\theta} \end{bmatrix} = R(\theta) \begin{bmatrix} \dot{x}_R \\ \dot{y}_R \\ \omega \end{bmatrix} = \begin{bmatrix} c_\theta & -s_\theta & 0 \\ s_\theta & c_\theta & 0 \\ 0 & 0 & 1 \end{bmatrix} \begin{bmatrix} \dot{x}_R \\ \dot{y}_R \\ \omega \end{bmatrix},$$ (9.20)

以及

$$\begin{bmatrix} \dot{x}_R \\ \dot{y}_R \\ \dot{\theta} \end{bmatrix} = R^T(\theta) \begin{bmatrix} \dot{x} \\ \dot{y} \\ \omega \end{bmatrix} = \begin{bmatrix} c_\theta & s_\theta & 0 \\ -s_\theta & c_\theta & 0 \\ 0 & 0 & 1 \end{bmatrix} \begin{bmatrix} \dot{x} \\ \dot{y} \\ \omega \end{bmatrix} 。$$ (9.21)

主動輪 1 及 2 於機器人中心座標系統之運動限制條件(wheel kinematic constraints)為

(1) 主動輪旋轉限制條件(rolling constraint)

$$\dot{x}_R + w\dot{\theta} = r\dot{\theta}_1$$
$$\dot{x}_R - w\dot{\theta} = r\dot{\theta}_2$$

(2) 無側向滑動限制條件(no lateral slipping constraint)

$$\dot{y}_R = 0 。$$

將上述之運動條件改寫為矩陣方程式，我們可得

$$\begin{bmatrix} 1 & 0 & w \\ 1 & 0 & -w \\ 0 & 1 & 0 \end{bmatrix} \begin{bmatrix} \dot{x}_R \\ \dot{y}_R \\ \dot{\theta} \end{bmatrix} = \begin{bmatrix} r\dot{\theta}_1 \\ r\dot{\theta}_2 \\ 0 \end{bmatrix} 。$$ (9.22)

因此，雙輪獨立驅動移動機器人之速度運動方程式可表示為

$$\begin{bmatrix} \dot{x}_R \\ \dot{y}_R \\ \dot{\theta} \end{bmatrix} = \begin{bmatrix} 1 & 0 & w \\ 1 & 0 & -w \\ 0 & 1 & 0 \end{bmatrix}^{-1} \begin{bmatrix} r\dot{\theta}_1 \\ r\dot{\theta}_2 \\ 0 \end{bmatrix} = \begin{bmatrix} \frac{1}{2} & \frac{1}{2} & 0 \\ 0 & 0 & 1 \\ \frac{1}{2w} & \frac{-1}{2w} & 0 \end{bmatrix} \begin{bmatrix} r\dot{\theta}_1 \\ r\dot{\theta}_2 \\ 0 \end{bmatrix} 。$$ (9.23)

以及

$$\begin{bmatrix} \dot{x} \\ \dot{y} \\ \dot{\theta} \end{bmatrix} = \begin{bmatrix} c_\theta & -s_\theta & 0 \\ s_\theta & c_\theta & 0 \\ 0 & 0 & 1 \end{bmatrix} \begin{bmatrix} \dfrac{1}{2} & \dfrac{1}{2} & 0 \\ 0 & 0 & 1 \\ \dfrac{1}{2w} & \dfrac{-1}{2w} & 0 \end{bmatrix} \begin{bmatrix} r\dot{\theta}_1 \\ r\dot{\theta}_2 \\ 0 \end{bmatrix} = \begin{bmatrix} \dfrac{r\dot{\theta}_1 + r\dot{\theta}_2}{2} c_\theta \\ \dfrac{r\dot{\theta}_1 + r\dot{\theta}_2}{2} s_\theta \\ \dfrac{r\dot{\theta}_1 - r\dot{\theta}_2}{2w} \end{bmatrix} = \begin{bmatrix} v\,c_\theta \\ v\,s_\theta \\ \omega \end{bmatrix} \tag{9.24}$$

其中 $v = \dfrac{r\dot{\theta}_1 + r\dot{\theta}_2}{2}$、$\omega = \dfrac{r\dot{\theta}_1 - r\dot{\theta}_2}{2w}$，此式與我們先前(9.16)式所得到的運動方程式相同。

以下介紹雙輪獨立驅動移動機器人之前進運動學 (x, y, θ) 的計算方法並分下列 3 種情況討論。

(1) 直線前進：$\dot{\theta}_1 = \dot{\theta}_2$、$\kappa = 0$ 、$v = \dfrac{r\dot{\theta}_1 + r\dot{\theta}_2}{2}$、$\omega = 0$

$$\begin{bmatrix} x(t_0 + \Delta t) \\ y(t_0 + \Delta t) \\ \theta(t_0 + \Delta t) \end{bmatrix} = \begin{bmatrix} x_0 \\ y_0 \\ \theta_0 \end{bmatrix} + \begin{bmatrix} v\Delta t \cos\theta_0 \\ v\Delta t \sin\theta_0 \\ 0 \end{bmatrix} 。 \tag{9.25}$$

(2) 原地旋轉：$\dot{\theta}_1 = -\dot{\theta}_2$、$R = \dfrac{1}{\kappa} = 0$ 、$v = 0$、$\omega = \dfrac{r\dot{\theta}_1 - r\dot{\theta}_2}{2w}$

$$\begin{bmatrix} x(t_0 + \Delta t) \\ y(t_0 + \Delta t) \\ \theta(t_0 + \Delta t) \end{bmatrix} = \begin{bmatrix} x_0 \\ y_0 \\ \theta_0 \end{bmatrix} + \begin{bmatrix} 0 \\ 0 \\ \omega\Delta t \end{bmatrix} 。 \tag{9.26}$$

(3) 通式：$0 < \kappa = \dfrac{\omega}{v} < \infty$、$\omega = \dfrac{r\dot{\theta}_1 - r\dot{\theta}_2}{2w}$、$v = \dfrac{r\dot{\theta}_1 + r\dot{\theta}_2}{2}$

方法 1：

由 $ICC(t) = \begin{bmatrix} x(t) - R\sin\theta(t) \\ y(t) + R\cos\theta(t) \end{bmatrix}$，我們可得

$$\begin{bmatrix} x(t) - ICC_x(t) \\ y(t) - ICC_y(t) \end{bmatrix} = \begin{bmatrix} R\sin\theta(t) \\ -R\cos\theta(t) \end{bmatrix} 。 \tag{9.27}$$

令　$\theta(t+\Delta t)=\theta(t)+\omega\Delta t$ 並假設 $ICC(t+\Delta t)\cong ICC(t)$，則

$$\begin{bmatrix} x(t+\Delta t)-ICC_x \\ y(t+\Delta t)-ICC_y \end{bmatrix}=\begin{bmatrix} R\sin\theta(t+\Delta t) \\ -R\cos\theta(t+\Delta t) \end{bmatrix}=\begin{bmatrix} \cos(\omega\Delta t) & -\sin(\omega\Delta t) \\ \sin(\omega\Delta t) & \cos\omega\Delta t \end{bmatrix}\begin{bmatrix} R\sin\theta \\ -R\cos\theta \end{bmatrix}。$$

因此，雙輪獨立驅動移動機器人之前進運動學的計算通式為

$$\begin{bmatrix} x(t+\Delta t) \\ y(t+\Delta t) \\ \theta(t+\Delta t) \end{bmatrix}=\begin{bmatrix} \cos(\omega\Delta t) & -\sin(\omega\Delta t) & 0 \\ \sin(\omega\Delta t) & \cos(\omega\Delta t) & 0 \\ 0 & 0 & 1 \end{bmatrix}\begin{bmatrix} x(t)-ICC_x \\ y(t)-ICC_y \\ \theta(t) \end{bmatrix}+\begin{bmatrix} ICC_x \\ ICC_y \\ \omega\Delta t \end{bmatrix}, \tag{9.28}$$

其中，$ICC=[x-R\sin\theta, y+R\cos\theta]^T$ 、 $R=\dfrac{v}{\omega}$ 。

方法 2：假設 $v=\dfrac{r\dot\theta_1+r\dot\theta_2}{2}$ 及 $\omega=\dfrac{r\dot\theta_1-r\dot\theta_2}{2w}$ 於 $t_0\leq t\leq t_0+\Delta t$ 時為不等於零之數。

直接積分

$$\begin{bmatrix} x(t_0+\Delta t) \\ y(t_0+\Delta t) \\ \theta(t_0+\Delta t) \end{bmatrix}=\begin{bmatrix} x_0 \\ y_0 \\ \theta_0 \end{bmatrix}+\begin{bmatrix} \int_{t_0}^{t_0+\Delta t} v\cos\theta\, dt \\ \int_{t_0}^{t_0+\Delta t} v\sin\theta\, dt \\ \int_{t_0}^{t_0+\Delta t} \omega\, dt \end{bmatrix}, \tag{9.29}$$

其中，第 3 項 $\int_{t_0}^{t_0+\Delta t}\omega\, dt=\int_0^{\Delta t}\omega\, d\tau=\omega\Delta t$ ，以及

$\theta(t)=\theta(\tau+t_0)=\theta_0+\omega\tau,\ \ 0\leq\tau\leq\Delta t$ 。

第 1 項直接積分，

$$\int_{t_0}^{t_0+\Delta t} v\cos\theta(t)\, dt=\int_0^{\Delta t} v\cos\theta(\tau+t_0)\, d\tau$$

$$=\int_0^{\Delta t} v\cos(\omega\tau+\theta_0)\, d\tau=\frac{v}{\omega}\sin(\omega\Delta t+\theta_0)-\frac{v}{\omega}\sin(\theta_0)。$$

第 2 項直接積分，

$$\int_{t_0}^{t_0+\Delta t} v\sin\theta(t)\,dt = \int_0^{\Delta t} v\sin\theta(\tau+t_0)\,d\tau$$

$$= \int_0^{\Delta t} v\sin(\omega\tau+\theta_0)\,d\tau = -\frac{v}{\omega}\cos(\omega\Delta t+\theta_0) + \frac{v}{\omega}\cos(\theta_0) \; \text{。}$$

因此，雙輪獨立驅動移動機器人之前進運動學的計算通式可以表示為

$$\begin{bmatrix} x(t_0+\Delta t) \\ y(t_0+\Delta t) \\ \theta(t_0+\Delta t) \end{bmatrix} = \begin{bmatrix} x_0 \\ y_0 \\ \theta_0 \end{bmatrix} + \begin{bmatrix} R(\sin(\omega\Delta t+\theta_0)-\sin(\theta_0)) \\ R(\cos(\theta_0)-\cos(\omega\Delta t+\theta_0)) \\ \omega\Delta t \end{bmatrix}, \quad R=\frac{v}{\omega}$$

$$= \begin{bmatrix} x_0 \\ y_0 \\ \theta_0 \end{bmatrix} + \begin{bmatrix} \cos\omega\Delta t-1 & -\sin\omega\Delta t & 0 \\ \sin\omega\Delta t & \cos\omega\Delta-1 & 0 \\ 0 & 0 & 1 \end{bmatrix} \begin{bmatrix} R\sin\theta_0 \\ -R\cos\theta_0 \\ \omega\Delta t \end{bmatrix} \text{。} \tag{9.30}$$

更進一步簡化($\cos\omega\Delta t \cong 1$、$\sin\omega\Delta t \cong \omega\Delta t$)的近似公式為

$$\begin{bmatrix} x(t_0+\Delta t) \\ y(t_0+\Delta t) \\ \theta(t_0+\Delta t) \end{bmatrix} \cong \begin{bmatrix} x_0 \\ y_0 \\ \theta_0 \end{bmatrix} + \begin{bmatrix} v\Delta t\cos\theta_0 \\ v\Delta t\sin\theta_0 \\ \omega\Delta t \end{bmatrix}, \tag{9.31}$$

上式為直線前進運動學公式(9.25)及原地旋轉運動學公式(9.26)的疊加式。

▌ 9.3 三輪車式移動機器人

三輪車式移動機器人(tricycle mobile robot)之前輪為有兩個自由度可控制輪子轉速及方向的主動輪，左右側則各裝有一個固定的輔助輪，並如圖 9-4 所示。同上節，定義 (x,y,θ) 為移動機器人中心點於工作座標系統以及 (x_R, y_R, θ) 為於機器人座標系統之位置與方位角。三輪車式移動機器人之控制變數為主動輪轉速 $\dot\theta_1$ 與角度 β，以及系統參數 r 為主動輪半徑、L 為主動輪至輔助輪連線的垂直距離。

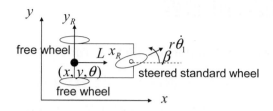

圖 9-4　三輪車式移動機器人例

主動輪於機器人中心座標系統之運動條件為

(1)　主動輪旋轉限制條件

$$\cos\beta\,\dot{x}_R + \sin\beta\,\dot{y}_R + L\dot{\theta}\sin\beta = r\dot{\theta}_1$$

(2)　無側向滑動限制條件

$$-\sin\beta\,\dot{x}_R + \dot{y}_R\cos\beta + L\dot{\theta}\cos\beta = 0$$

$$\dot{y}_R = 0 \text{。}$$

將上述之運動條件改寫為矩陣方程式，我們可得

$$\begin{bmatrix} \cos\beta & \sin\beta & L\sin\beta \\ -\sin\beta & \cos\beta & L\cos\beta \\ 0 & 1 & 0 \end{bmatrix} \begin{bmatrix} \dot{x}_R \\ \dot{y}_R \\ \dot{\theta} \end{bmatrix} = \begin{bmatrix} r\dot{\theta}_1 \\ 0 \\ 0 \end{bmatrix} \text{。} \tag{9.32}$$

因此，三輪車式移動機器人之運動方程式可表示為

$$\begin{bmatrix} \dot{x}_R \\ \dot{y}_R \\ \dot{\theta} \end{bmatrix} = \begin{bmatrix} \cos\beta & \sin\beta & L\sin\beta \\ -\sin\beta & \cos\beta & L\cos\beta \\ 0 & 1 & 0 \end{bmatrix}^{-1} \begin{bmatrix} r\dot{\theta}_1 \\ 0 \\ 0 \end{bmatrix} = \begin{bmatrix} \cos\beta \\ 0 \\ \dfrac{1}{L}\sin\beta \end{bmatrix} r\dot{\theta}_1 \tag{9.33}$$

以及

$$\begin{bmatrix} \dot{x} \\ \dot{y} \\ \dot{\theta} \end{bmatrix} = \begin{bmatrix} \cos\theta & -\sin\theta & 0 \\ \sin\theta & \cos\theta & 0 \\ 0 & 0 & 1 \end{bmatrix} \begin{bmatrix} \cos\beta \\ 0 \\ \dfrac{1}{L}\sin\beta \end{bmatrix} r\dot{\theta}_1 = \begin{bmatrix} \cos\beta\cos\theta \\ \cos\beta\sin\theta \\ \dfrac{1}{L}\sin\beta \end{bmatrix} r\dot{\theta}_1 \text{。} \tag{9.34}$$

■ 9.4　二輪自行車機器人

　　二輪自行車機器人(well-balanced bicycle robot)為可自動維持平衡之自行車機器人，如圖 9-5 所示。二輪自行車機器人之控制變數為前輪(方向輪)的方向角度 β 及後輪(驅動輪)轉速 $\dot{\theta}_1$，以及系統參數 r 為後輪半徑、L 為機器人中心點至前輪或後輪的距離。同理，定義 (x, y, θ) 為移動機器人中心點於工作座標系統以及 (x_R, y_R, θ) 為於機器人中心座標系統之位置與方位角。

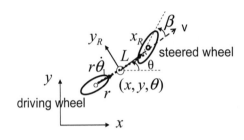

圖 9-5　二輪自行車機器人

驅動輪之旋轉限制條件為

$$\cos\beta\, \dot{x}_R + \sin\beta\, \dot{y}_R + L\dot{\theta}\sin\beta = \frac{r\dot{\theta}_1}{\cos\beta} \ ,$$

二輪自行車機器人中心點之前進方向及側面方向之運動限制條件為

$$\dot{x}_R = r\dot{\theta}_1$$

以及

$$\dot{y}_R = L\dot{\theta} \ 。$$

將上述之三組運動條件改寫為矩陣方程式，我們可得

$$\begin{bmatrix} 1 & 0 & 0 \\ 0 & 1 & -L \\ \cos^2\beta & \cos\beta\sin\beta & L\cos\beta\sin\beta \end{bmatrix} \begin{bmatrix} \dot{x}_R \\ \dot{y}_R \\ \dot{\theta} \end{bmatrix} = \begin{bmatrix} r\dot{\theta}_1 \\ 0 \\ r\dot{\theta}_1 \end{bmatrix} \tag{9.35}$$

因此，二輪自行車機器人之速度運動方程式可表示為

$$
\begin{bmatrix} \dot{x}_R \\ \dot{y}_R \\ \dot{\theta} \end{bmatrix} = \begin{bmatrix} 1 & 0 & 0 \\ 0 & 1 & -L \\ \cos^2\beta & \cos\beta\sin\beta & L\cos\beta\sin\beta \end{bmatrix}^{-1} \begin{bmatrix} r\dot{\theta}_1 \\ 0 \\ r\dot{\theta}_1 \end{bmatrix}
$$

$$
= \begin{bmatrix} 1 \\ \dfrac{-\cos\beta}{2\sin\beta} + \dfrac{1}{2\sin\beta\cos\beta} \\ \dfrac{-\cos\beta}{2L\sin\beta} + \dfrac{1}{2L\sin\beta\cos\beta} \end{bmatrix} r\dot{\theta}_1 = \begin{bmatrix} 1 \\ \dfrac{\sin\beta}{2\cos\beta} \\ \dfrac{\sin\beta}{2L\cos\beta} \end{bmatrix} r\dot{\theta}_1 \tag{9.36}
$$

故所以，

$$
\begin{bmatrix} \dot{x} \\ \dot{y} \\ \dot{\theta} \end{bmatrix} = \begin{bmatrix} \cos\theta & -\sin\theta & 0 \\ \sin\theta & \cos\theta & 0 \\ 0 & 0 & 1 \end{bmatrix} \begin{bmatrix} 1 \\ \dfrac{\tan\beta}{2} \\ \dfrac{\tan\beta}{2L} \end{bmatrix} r\dot{\theta}_1 = \begin{bmatrix} \cos\theta - \dfrac{\tan\beta}{2}\sin\theta \\ \sin\theta + \dfrac{\tan\beta}{2}\cos\theta \\ \dfrac{\tan\beta}{2L} \end{bmatrix} r\dot{\theta}_1 \quad 。 \tag{9.37}
$$

上述之自行車運動方程式我們可以驗證如下。由自行車瞬間旋轉中心的觀點(參考圖 9-6)首先我們可得

$$
R_1\dot{\theta} = r\dot{\theta}_1
$$

其中 R_1 為後輪的瞬間旋轉半徑。再由三角幾何我們可得

$$
\frac{R_1}{\cos\beta} = \frac{2L}{\sin\beta} \quad ,
$$

因此，

$$
\dot{\theta} = \frac{r\dot{\theta}_1}{R_1} = \frac{\tan\beta}{2L}r\dot{\theta}_1 \quad 。
$$

令V_0為自行車機器人中心點之瞬間速度，則

$$V_0 \cos\alpha = \dot{x}_R = r\dot{\theta}_1$$

$$V_0 \sin\alpha = \dot{y}_R = L\dot{\theta} = \frac{\tan\beta}{2}r\dot{\theta}_1 \;;$$

故所以，

$$\dot{x} = V_0 \cos(\theta+\alpha) = \left(\cos\theta - \frac{\tan\beta}{2}\sin\theta\right)r\dot{\theta}_1$$

$$\dot{y} = V_0 \sin(\theta+\alpha) = \left(\sin\theta + \frac{\tan\beta}{2}\cos\theta\right)r\dot{\theta}_1 \;。$$

比較上述之$(\dot{x},\dot{y},\dot{\theta})$與(9.37)式結果相同無誤。

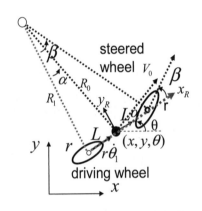

圖 9-6　二輪自行車機器人瞬間旋轉中心圖

■ 9.5　全方位式三輪移動機器人

全方位式三輪移動機器人(omnidirectional three-wheel mobile robot)於機器人底部每 120 度位置安裝有一個主動全方位輪，並如圖 9-7 所示。同理，定義(x,y,θ)為移動機器人中心點於工作座標系統以及(x_R,y_R,θ)為於機器人中心座標系統之位置與方位角。全方位移動機器人之控制變數為三個主動輪轉速$\dot{\theta}_1$、$\dot{\theta}_2$與$\dot{\theta}_3$，以及系統參數r為主動輪半徑、w為機器人中心點至主動輪的距離。

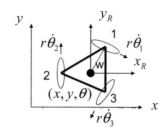

圖 9-7　全方位式三輪移動機器人

主動全方位輪 1、2、3 於機器人中心座標系統之運動條件為

$$\sin\frac{\pi}{3}\dot{x}_R - \cos\frac{\pi}{3}\dot{y}_R - w\dot{\theta} = r\dot{\theta}_1$$

$$-\cos\pi\,\dot{y}_R - w\dot{\theta} = r\dot{\theta}_2$$

$$\sin(\frac{-\pi}{3})\dot{x}_R - \cos(\frac{-\pi}{3})\dot{y}_R - w\dot{\theta} = r\dot{\theta}_3 \,\text{。}$$

將上述之運動條件改寫為矩陣方程式，我們可得

$$\begin{bmatrix} \sin\frac{\pi}{3} & -\cos\frac{\pi}{3} & -w \\ 0 & -\cos\pi & -w \\ \sin(\frac{-\pi}{3}) & -\cos(\frac{-\pi}{3}) & -w \end{bmatrix} \begin{bmatrix} \dot{x}_R \\ \dot{y}_R \\ \dot{\theta} \end{bmatrix} = \begin{bmatrix} \dfrac{\sqrt{3}}{2} & -\dfrac{1}{2} & -w \\ 0 & 1 & -w \\ -\dfrac{\sqrt{3}}{2} & -\dfrac{1}{2} & -w \end{bmatrix} \begin{bmatrix} \dot{x}_R \\ \dot{y}_R \\ \dot{\theta} \end{bmatrix} = \begin{bmatrix} r\dot{\theta}_1 \\ r\dot{\theta}_2 \\ r\dot{\theta}_3 \end{bmatrix} \qquad (9.38)$$

因此，全方位式三輪移動機器人之速度運動方程式可表示為

$$\begin{bmatrix} \dot{x}_R \\ \dot{y}_R \\ \dot{\theta} \end{bmatrix} = \begin{bmatrix} \dfrac{\sqrt{3}}{2} & -\dfrac{1}{2} & -w \\ 0 & 1 & -w \\ -\dfrac{\sqrt{3}}{2} & -\dfrac{1}{2} & -w \end{bmatrix}^{-1} \begin{bmatrix} r\dot{\theta}_1 \\ r\dot{\theta}_2 \\ r\dot{\theta}_3 \end{bmatrix} = \begin{bmatrix} \dfrac{1}{\sqrt{3}} & 0 & -\dfrac{1}{\sqrt{3}} \\ -\dfrac{1}{3} & \dfrac{2}{3} & -\dfrac{1}{3} \\ -\dfrac{1}{3w} & -\dfrac{1}{3w} & -\dfrac{1}{3w} \end{bmatrix} \begin{bmatrix} r\dot{\theta}_1 \\ r\dot{\theta}_2 \\ r\dot{\theta}_3 \end{bmatrix} \qquad (9.39)$$

以及

$$\begin{bmatrix} \dot{x} \\ \dot{y} \\ \dot{\theta} \end{bmatrix} = \begin{bmatrix} \cos\theta & -\sin\theta & 0 \\ \sin\theta & \cos\theta & 0 \\ 0 & 0 & 1 \end{bmatrix} \begin{bmatrix} \dfrac{1}{\sqrt{3}} & 0 & -\dfrac{1}{\sqrt{3}} \\ -\dfrac{1}{3} & \dfrac{2}{3} & -\dfrac{1}{3} \\ -\dfrac{1}{3w} & -\dfrac{1}{3w} & -\dfrac{1}{3w} \end{bmatrix} \begin{bmatrix} r\dot{\theta}_1 \\ r\dot{\theta}_2 \\ r\dot{\theta}_3 \end{bmatrix} 。 \tag{9.40}$$

■ 9.6　麥克納姆四輪全方位移動機器人

全方位式麥克納姆四輪移動機器人(Mecanum wheel mobile robot)平台由 4 個麥克納姆四輪來組成，並如圖 9-8 所示，並假設 $L_1 = L_3 = L$, $L_2 = L_4 = -L$ 及 $W_1 = W_2 = W$, $W_3 = W_4 = -W$。麥克納姆四輪移動機器人之運動限制條件為

(1) 麥克納姆輪直向速度限制條件(longitudinal speed constraint)

$$\dot{x}_R - W_i\dot{\theta} = r\dot{\theta}_i + v_{ir}\cos\theta_{ir}, \quad i = 1, 2, 3, 4 \tag{9.41}$$

(2) 麥克納姆輪橫向 lateral speed constraint:

$$\dot{y}_R + L_i\dot{\theta} = v_{ir}\sin\theta_{ir}, \quad i = 1, 2, 3, 4 \tag{9.42}$$

上式中 $\theta_{1r} = \theta_{3r} = -\dfrac{\pi}{4}$, $\theta_{2r} = \theta_{4r} = \dfrac{\pi}{4}$。

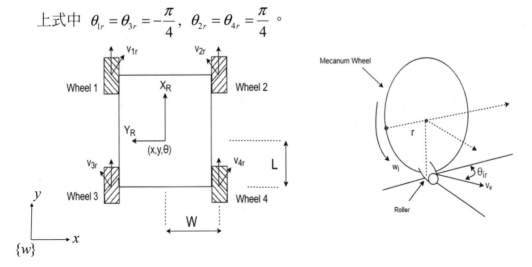

圖 9-8　Mecanum 麥克納姆四輪移動機器人

聯立解(9.41)式及(9.42)式可得

$$v_{ir} = \frac{\dot{y}_R + L_i\dot{\theta}}{\sin\theta_{ir}}, \quad i = 1,2,3,4 \tag{9.43}$$

以及

$$r\dot{\theta}_i = \dot{x}_R - L_i\dot{\theta} - \frac{\dot{y}_R + L_i\dot{\theta}}{\tan\theta_{ir}}, \quad i = 1,2,3,4 \text{。} \tag{9.44}$$

將上式改爲矩陣表示式可得

$$\begin{bmatrix} r\dot{\theta}_1 \\ r\dot{\theta}_2 \\ r\dot{\theta}_3 \\ r\dot{\theta}_4 \end{bmatrix} = \begin{bmatrix} 1 & -1 & -W-L \\ 1 & 1 & W+L \\ 1 & 1 & -W-L \\ 1 & -1 & W+L \end{bmatrix} \begin{bmatrix} \dot{x}_R \\ \dot{y}_R \\ \dot{\theta} \end{bmatrix} = \begin{bmatrix} 1 & -1 & -W-L \\ 1 & 1 & W+L \\ 1 & 1 & -W-L \\ 1 & -1 & W+L \end{bmatrix} \begin{bmatrix} c_\theta & s_\theta & 0 \\ -s_\theta & c_\theta & 0 \\ 0 & 0 & 1 \end{bmatrix} \begin{bmatrix} \dot{x} \\ \dot{y} \\ \dot{\theta} \end{bmatrix}, \tag{9.46}$$

以及

$$\begin{bmatrix} \dot{x}_R \\ \dot{y}_R \\ \dot{\theta} \end{bmatrix} = \begin{bmatrix} 1 & -1 & -W-L \\ 1 & 1 & W+L \\ 1 & 1 & -W-L \\ 1 & -1 & W+L \end{bmatrix}^+ \begin{bmatrix} r\dot{\theta}_1 \\ r\dot{\theta}_2 \\ r\dot{\theta}_3 \\ r\dot{\theta}_4 \end{bmatrix}$$

$$= \frac{1}{4} \begin{bmatrix} 1 & 1 & 1 & 1 \\ -1 & 1 & 1 & -1 \\ \frac{-1}{W+L} & \frac{1}{W+L} & \frac{-1}{W+L} & \frac{1}{W+L} \end{bmatrix} \begin{bmatrix} r\dot{\theta}_1 \\ r\dot{\theta}_2 \\ r\dot{\theta}_3 \\ r\dot{\theta}_4 \end{bmatrix}, \tag{9.47}$$

其中 A^+ 爲矩陣 A 之廣義(或虛擬)反矩陣；因此，

$$
\begin{bmatrix} \dot{x} \\ \dot{y} \\ \dot{\theta} \end{bmatrix} = J \begin{bmatrix} r\dot{\theta}_1 \\ r\dot{\theta}_2 \\ r\dot{\theta}_3 \\ r\dot{\theta}_4 \end{bmatrix}
$$

$$
= \frac{1}{4} \begin{bmatrix} c_\theta & -s_\theta & 0 \\ s_\theta & c_\theta & 0 \\ 0 & 0 & 1 \end{bmatrix} \begin{bmatrix} 1 & 1 & 1 & 1 \\ -1 & 1 & 1 & -1 \\ \dfrac{-1}{W+L} & \dfrac{1}{W+L} & \dfrac{-1}{W+L} & \dfrac{1}{W+L} \end{bmatrix} \begin{bmatrix} r\dot{\theta}_1 \\ r\dot{\theta}_2 \\ r\dot{\theta}_3 \\ r\dot{\theta}_4 \end{bmatrix} 。 \tag{9.48}
$$

上述之微分矩陣 J 之零空間(null space)的維度為 1，其基底向量為

$$
\begin{bmatrix} \dot{\theta}_1 & \dot{\theta}_2 & \dot{\theta}_3 & \dot{\theta}_4 \end{bmatrix} = \begin{bmatrix} 1 & 1 & -1 & -1 \end{bmatrix} 。
$$

物理義意上麥克納姆四輪移動機器人於平面運動只有 3 個自由度 $(\dot{x}, \dot{y}, \dot{\theta})$，因此 4 輪轉速 $(\dot{\theta}_1, \dot{\theta}_2, \dot{\theta}_3, \dot{\theta}_4)$ 需額外滿足 1 個限制條件 $\dot{\theta}_1 + \dot{\theta}_2 - \dot{\theta}_3 - \dot{\theta}_4 = 0$。

■ 9.7　移動機器人微分矩陣分析例

本例考慮雙輪獨立驅動及一個輔助自由輪之移動機器人平台，在兩個驅動輪中心點連線中點位置之垂直線上安裝一組畫筆可在行進路面上繪圖。假設 $(\dot{\theta}_1, \dot{\theta}_2)$ 分別為驅動輪之角速度、r 為驅動輪之半徑、L 為兩個驅動輪之中點位置至驅動輪的距離，以及 D 為兩個驅動輪之中點位置至畫筆的垂直距離，如圖 9-9 所示。令 (x_b, y_b) 及 (x, y) 分別為兩個驅動輪之中點位置及畫筆之世界座標 {W}，機器人座標 {B} 之原點為兩個驅動輪之中點位置，以及方向角 θ 為從 (x, y) 指向 (x_b, y_b) 之連線向量相對於世界座標 {W} 之 X 軸之角度。

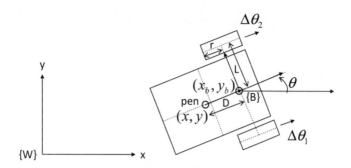

圖 9-9　移動機器人及畫筆之世界座標{W}與機器人座標{B}定義以及相關系統參數

假設 v 及 ω 分別爲移動機器人平台座標{B}之線速度及角速度，則機器人中心點之速度運動學方程式可表示爲

$$\begin{bmatrix} \dot{x}_b \\ \dot{y}_b \\ \dot{\theta} \end{bmatrix} = \begin{bmatrix} \cos\theta & 0 \\ \sin\theta & 0 \\ 0 & 1 \end{bmatrix} \begin{bmatrix} v \\ \omega \end{bmatrix}, \tag{9.49}$$

以及

$$\begin{bmatrix} v \\ \omega \end{bmatrix} = \frac{r}{2} \begin{bmatrix} 1 & 1 \\ L^{-1} & L^{-1} \end{bmatrix} \begin{bmatrix} \dot{\theta}_1 \\ \dot{\theta}_2 \end{bmatrix} 。 \tag{9.50}$$

如同大部分常見 2 個控制自由度的移動機器人，此結構之速度運動學不是全方向性的 (not-omnidirectional)。假設我們將畫筆的直角世界座標位置 (x, y) 爲機器人系統的輸出變數，則

$$\begin{bmatrix} x \\ y \end{bmatrix} = \begin{bmatrix} x_b \\ y_b \end{bmatrix} - D \begin{bmatrix} \cos\theta \\ \sin\theta \end{bmatrix} \tag{9.51}$$

以及

$$\begin{bmatrix} \dot{x} \\ \dot{y} \end{bmatrix} = \begin{bmatrix} \cos\theta & D\sin\theta \\ \sin\theta & -D\cos\theta \end{bmatrix} \begin{bmatrix} v \\ \omega \end{bmatrix} 。 \tag{9.52}$$

因此，不考慮機器人方位角 θ 為輸出變數之一的機器人速度運動學方程式為

$$\begin{bmatrix} \dot{x} \\ \dot{y} \end{bmatrix} = J(\theta) \begin{bmatrix} \dot{\theta}_1 \\ \dot{\theta}_2 \end{bmatrix} \tag{9.53}$$

其中微分矩陣 $J(\theta)$ 為

$$J(\theta) = \frac{r}{2} \begin{bmatrix} \cos\theta + \rho\sin\theta & \cos\theta - \rho\sin\theta \\ \sin\theta - \rho\cos\theta & \sin\theta + \rho\cos\theta \end{bmatrix}, \tag{9.54}$$

以及比例值(ratio) $\rho = D / L$。微分矩陣 $J(\theta)$ 之行列式值為常數，

$$\det(J) = \frac{1}{2} \rho\, r^2 \; ; \tag{9.55}$$

因此只要 $\rho > 0$ 或者此微分矩陣存在有反矩陣 $J^{-1}(\theta)$，

$$J^{-1}(\theta) = \frac{1}{r} \begin{bmatrix} \cos\theta + \rho^{-1}\sin\theta & \sin\theta - \rho^{-1}\cos\theta \\ \cos\theta - \rho^{-1}\sin\theta & \sin\theta + \rho^{-1}\cos\theta \end{bmatrix} 。 \tag{9.56}$$

上述之微分矩陣 $J(\theta)$ 的幾何義意為將機器人方向角轉向的控制自由度轉變成側向移動的控制自由度；當比例值 ρ 越大，側向移動的能力也越大。因此，在不考慮機器人方向角的情況下，此策略可視為在平面直角座標之全方位的移動機器人。有趣的例子就是將畫筆設計成圓形狀機器人平台的中心點。

微分矩陣 $J(\theta)$ 之奇異值分解為

$$J = U\Sigma V^T = \begin{bmatrix} u_1 & u_2 \end{bmatrix} \begin{bmatrix} \sigma_1 & 0 \\ 0 & \sigma_2 \end{bmatrix} \begin{bmatrix} v_1^T \\ v_2^T \end{bmatrix} \tag{9.57}$$

上式中

$$\sigma_1 = \frac{r}{\sqrt{2}} \; 、 \; \sigma_2 = \rho\frac{r}{\sqrt{2}} ,$$

$$u_1 = \begin{bmatrix} \cos\theta \\ \sin\theta \end{bmatrix} \; 、 \; u_2 = \begin{bmatrix} -\sin\theta \\ \cos\theta \end{bmatrix} ,$$

$$v_1 = \frac{1}{\sqrt{2}}\begin{bmatrix} 1 \\ 1 \end{bmatrix} 、 v_2 = \frac{1}{\sqrt{2}}\begin{bmatrix} -1 \\ 1 \end{bmatrix} 。$$

最大與最小的奇異值分別為

$$\sigma_{max} = \begin{cases} 1 & 0 < \rho \le 1 \\ \rho & \rho > 1 \end{cases} 、 \sigma_{min} = \begin{cases} \rho & 0 < \rho \le 1 \\ 1 & \rho > 1 \end{cases} ;$$

以及條件數(condition number)

$$\kappa(J) = \frac{\sigma_{max}}{\sigma_{min}} = \begin{cases} \rho^{-1} & 0 < \rho \le 1 \\ \rho & \rho > 1 \end{cases} 。 \tag{9.58}$$

當比例值 $\rho = 1$ 時，$\sigma_1 = \sigma_2 = 1$，微分矩陣之 $J(\theta)$ 條件數等於 1，此時表示微分矩陣的行向量恆為相同大小的正交向量。因此，矩陣 J 為最佳化之等方向的(isotropic or isotropy kinematics)；也就是說比例值 $\rho = 1$ 時兩個驅動輪可以作出最好的直角座標的 2 個運動自由度。.

■ 9.8　移動機器人結合影像系統例

移動機器人結合影像系統可大大的提昇機器人的功能與應用。例如有一獨立雙輪移動機器人其驅動輪(直徑 $2r$)置於兩側中間間距 $2w$，前後各有一個輔助輪維持機器人平穩，如圖 9-10 所示。在其中心點正前方 L 距離高 H 處安置有一向下仰望 α 角度之相機用來作為影像伺服控制追蹤地板之紅色小球,其影像座標為 (u, v)。此影像伺服系統之影像 Jacobian 矩陣定義為

$$\begin{bmatrix} \dot{u} \\ \dot{v} \end{bmatrix} = J_s \begin{bmatrix} \dot{\theta}_1 \\ \dot{\theta}_2 \end{bmatrix} \tag{9.59}$$

其中 θ_1 及 θ_2 為驅動輪角度、v 為機器人相機之前進速度以及 ω 為機器人相機之原地旋轉角速度。此影像 Jacobian 矩陣為其運動控制的基礎。

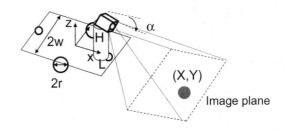

圖 9-10　移動機器人結合影像系統例

移動機器人結合影像系統之座標系統計有參考座標或工作空間座標{0}、機器人座標{r}以及相機座標{c}。相機座標與機器人座標之轉換關係為

$$
^{r}R_{c} = R_{y}(\alpha)\begin{bmatrix} 0 & 0 & 1 \\ 1 & 0 & 0 \\ 0 & 1 & 0 \end{bmatrix} = \begin{bmatrix} c_{\alpha} & 0 & s_{\alpha} \\ 0 & 1 & 0 \\ -s_{\alpha} & 0 & c_{\alpha} \end{bmatrix}\begin{bmatrix} 0 & 0 & 1 \\ 1 & 0 & 0 \\ 0 & 1 & 0 \end{bmatrix} = \begin{bmatrix} 0 & s_{\alpha} & c_{\alpha} \\ 1 & 0 & 0 \\ 0 & c_{\alpha} & -s_{\alpha} \end{bmatrix}, \quad (9.60)
$$

以及相機座標與參考座標之轉換關係為

$$
^{0}R_{c} = {}^{0}R_{r}\,{}^{r}R_{c} = R_{z}(\theta)R_{y}(\alpha)R = \begin{bmatrix} c_{\theta}\theta & -s_{\theta} & 0 \\ s_{\theta} & c_{\theta} & 0 \\ 0 & 0 & 1 \end{bmatrix}\begin{bmatrix} 0 & s_{\alpha} & c_{\alpha} \\ 1 & 0 & 0 \\ 0 & c_{\alpha} & -s_{\alpha} \end{bmatrix} = \begin{bmatrix} -s_{\theta} & c_{\theta}s_{\alpha} & c_{\theta}c_{\alpha} \\ c_{\theta} & s_{\theta}s_{\alpha} & s_{\theta}c_{\alpha} \\ 0 & c_{\alpha} & -s_{\alpha} \end{bmatrix}。 \quad (9.61)
$$

機器人相對於相機座標之速度向量以及角速度分別為

$$
^{c}v = {}^{c}R_{r}\,{}^{r}v = \begin{bmatrix} 0 & 1 & 0 \\ s_{\alpha} & 0 & c_{\alpha} \\ c_{\alpha} & 0 & -s_{\alpha} \end{bmatrix}\begin{bmatrix} \dfrac{r}{2} & \dfrac{r}{2} \\ 0 & 0 \\ 0 & 0 \end{bmatrix}\begin{bmatrix} \dot{\theta}_{1} \\ \dot{\theta}_{2} \end{bmatrix} = \frac{r}{2}\begin{bmatrix} 0 & 0 \\ s_{\alpha} & s_{\alpha} \\ c_{\alpha} & c_{\alpha} \end{bmatrix}\begin{bmatrix} \dot{\theta}_{1} \\ \dot{\theta}_{2} \end{bmatrix}, \quad (9.62)
$$

以及

$$
^{c}\omega = {}^{c}R_{r}\,{}^{r}\omega = \begin{bmatrix} 0 & 1 & 0 \\ s_{\alpha} & 0 & c_{\alpha} \\ c_{\alpha} & 0 & -s_{\alpha} \end{bmatrix}\begin{bmatrix} 0 & 0 \\ 0 & 0 \\ \dfrac{r}{2w} & -\dfrac{r}{2w} \end{bmatrix}\begin{bmatrix} \dot{\theta}_{1} \\ \dot{\theta}_{2} \end{bmatrix} = \frac{r}{2w}\begin{bmatrix} 0 & 0 \\ c_{\alpha} & -c_{\alpha} \\ -s_{\alpha} & s_{\alpha} \end{bmatrix}\begin{bmatrix} \dot{\theta}_{1} \\ \dot{\theta}_{2} \end{bmatrix}。 \quad (9.63)
$$

假設彩色球固定於參加座標之位置向量為 $^0p_g = \begin{bmatrix} X & Y & 0 \end{bmatrix}^T$，則彩色球相對於相機座標之位置向量為 $^cp_g = {}^cR_0({}^0p_g - {}^0p_{0c})$，

$$^cp_g = \begin{bmatrix} a \\ b \\ c \end{bmatrix} = \begin{bmatrix} -s_\theta & c_\theta & 0 \\ c_\theta s_\alpha & s_\theta s_\alpha & c_\alpha \\ c_\theta c_\alpha & s_\theta c_\alpha & -s_\alpha \end{bmatrix} \begin{bmatrix} X - x - Lc_\theta \\ Y - y - Ls_\theta \\ -H \end{bmatrix}$$

$$= \begin{bmatrix} -s_\theta(X-x) + c_\theta(Y-y) \\ s_\alpha c_\theta(X-x) + s_\alpha s_\theta(Y-y) - Hc_\alpha \\ c_\alpha c_\theta(X-x) + c_\alpha s_\theta(Y-y) + Hs_\alpha \end{bmatrix} \text{。} \tag{9.64}$$

彩色球相對於相機座標之速度向量為

$$^c\dot{p}_g = \begin{bmatrix} \dot{a} \\ \dot{b} \\ \dot{c} \end{bmatrix} = \begin{bmatrix} -\left(c_\theta(X-x) + s_\theta(Y-y)\right) \\ s_\alpha\left(-s_\theta(X-x) + c_\theta(Y-y)\right) \\ c_\alpha\left(-s_\theta(X-x) + c_\theta(Y-y)\right) \end{bmatrix} \dot{\theta} + \begin{bmatrix} s_\theta\dot{x} - c_\theta\dot{y} \\ -s_\alpha c_\theta\dot{x} - s_\alpha s_\theta\dot{y} \\ -c_\alpha c_\theta\dot{x} - c_\alpha s_\theta\dot{y} \end{bmatrix}$$

$$= \begin{bmatrix} s_\theta & -c_\theta & s_\alpha b + c_\alpha c \\ -s_\alpha c_\theta & -s_\alpha s_\theta & s_\alpha a \\ -c_\alpha c_\theta & -c_\alpha s_\theta & c_\alpha b \end{bmatrix} \begin{bmatrix} \dot{x} \\ \dot{y} \\ \dot{\theta} \end{bmatrix}$$

$$= \begin{bmatrix} s_\theta & -c_\theta & s_\alpha b + c_\alpha c \\ -s_\alpha c_\theta & -s_\alpha s_\theta & s_\alpha a \\ -c_\alpha c_\theta & -c_\alpha s_\theta & c_\alpha b \end{bmatrix} \begin{bmatrix} \dfrac{r}{2}c_\theta & \dfrac{r}{2}c_\theta \\ \dfrac{r}{2}s_\theta & \dfrac{r}{2}s_\theta \\ \dfrac{r}{2}w & -\dfrac{r}{2}w \end{bmatrix} \begin{bmatrix} \dot{\theta}_1 \\ \dot{\theta}_2 \end{bmatrix} \text{。} \tag{9.65}$$

由相機之透視投影關係式 $u = \lambda\dfrac{a}{c}$、$v = \lambda\dfrac{b}{c}$，可得

$$\begin{bmatrix} \dot{u} \\ \dot{v} \end{bmatrix} = \frac{\lambda}{c} \begin{bmatrix} \dot{a} \\ \dot{b} \end{bmatrix} \tag{9.66}$$

以及由 $H = c\,s_\alpha$ 可得 $c^{-1} = H^{-1}s_\alpha$。所以，

$$
\begin{bmatrix} \dot{u} \\ \dot{v} \end{bmatrix} = \lambda H^{-1}s_\alpha \begin{bmatrix} s_\theta & -c_\theta & s_\alpha b + c_\alpha c \\ -s_\alpha c_\theta & -s_\alpha s_\theta & s_\alpha a \end{bmatrix} \begin{bmatrix} \dfrac{r}{2}c_\theta & \dfrac{r}{2}c_\theta \\ \dfrac{r}{2}s_\theta & \dfrac{r}{2}s_\theta \\ \dfrac{r}{2w} & -\dfrac{r}{2w} \end{bmatrix} \begin{bmatrix} \dot{\theta}_1 \\ \dot{\theta}_2 \end{bmatrix}
$$

$$
= \lambda H^{-1}s_\alpha \begin{bmatrix} \dfrac{r}{2w}(s_\alpha b + c_\alpha c) & -\dfrac{r}{2w}(s_\alpha b + c_\alpha c) \\ -\dfrac{r}{2}s_\alpha + \dfrac{r}{2w}s_\alpha a & -\dfrac{r}{2}s_\alpha - \dfrac{r}{2w}s_\alpha a \end{bmatrix} \begin{bmatrix} \dot{\theta}_1 \\ \dot{\theta}_2 \end{bmatrix}。 \tag{9.67}
$$

因此，移動機器人之影像 Jacobian 矩陣為

$$
\begin{bmatrix} \dot{u} \\ \dot{v} \end{bmatrix} = J_s \begin{bmatrix} \dot{\theta}_1 \\ \dot{\theta}_2 \end{bmatrix},
$$

其中

$$
J_s = \lambda H^{-1}s_\alpha \begin{bmatrix} \dfrac{r}{2w}(s_\alpha b + c_\alpha c) & -\dfrac{r}{2w}(s_\alpha b + c_\alpha c) \\ -\dfrac{r}{2}s_\alpha + \dfrac{r}{2w}s_\alpha a & -\dfrac{r}{2}s_\alpha - \dfrac{r}{2w}s_\alpha a \end{bmatrix}。 \tag{9.68}
$$

【另解】

$$
H = z s_\alpha, \quad z^{-1} = H^{-1}s_\alpha \tag{9.69}
$$

$$
\dot{s} = \begin{bmatrix} \dot{u} \\ \dot{v} \end{bmatrix} = L_i \begin{bmatrix} {}^c v_c \\ {}^c \omega_c \end{bmatrix} = L_i J \begin{bmatrix} \dot{\theta}_1 \\ \dot{\theta}_2 \end{bmatrix} = J_s \begin{bmatrix} \dot{\theta}_1 \\ \dot{\theta}_2 \end{bmatrix}, \tag{9.70}
$$

其中 $L_i = \begin{bmatrix} -\dfrac{\lambda}{z} & 0 & \dfrac{u}{z} & \dfrac{uv}{\lambda} & -\lambda-\dfrac{u^2}{\lambda} & v \\ 0 & -\dfrac{\lambda}{z} & \dfrac{v}{z} & \lambda+\dfrac{v^2}{\lambda} & -\dfrac{uv}{\lambda} & -u \end{bmatrix}$ 。

$$^c v_c = \begin{bmatrix} c_\alpha & 0 & s_\alpha \\ 0 & 1 & 0 \\ -s_\alpha & 0 & c_\alpha \end{bmatrix}\begin{bmatrix} 0 & 0 & 1 \\ 1 & 0 & 0 \\ 0 & 1 & 0 \end{bmatrix}\begin{bmatrix} v \\ L\omega \\ 0 \end{bmatrix} = \begin{bmatrix} 0 & Ls_\alpha \\ 1 & L \\ 0 & Lc_\alpha \end{bmatrix}\begin{bmatrix} v \\ \omega \end{bmatrix} \tag{9.71}$$

$$^c \omega_c = {}^c e_3\, \omega = \begin{bmatrix} s_\alpha \\ 0 \\ c_\alpha \end{bmatrix}\omega, \tag{9.72}$$

$$\begin{bmatrix} ^c v_c \\ ^c \omega_c \end{bmatrix} = \begin{bmatrix} 0 & Ls_\alpha \\ 1 & L \\ 0 & Lc_\alpha \\ 0 & s_\alpha \\ 0 & 0 \\ 0 & c_\alpha \end{bmatrix}\begin{bmatrix} v \\ \omega \end{bmatrix} = J\begin{bmatrix} \dot\theta_1 \\ \dot\theta_2 \end{bmatrix} = \begin{bmatrix} 0 & Ls_\alpha \\ 1 & L \\ 0 & Lc_\alpha \\ 0 & s_\alpha \\ 0 & 0 \\ 0 & c_\alpha \end{bmatrix}\begin{bmatrix} \dfrac{r}{2} & \dfrac{r}{2} \\ \dfrac{r}{2w} & \dfrac{-r}{2w} \end{bmatrix}\begin{bmatrix} \dot\theta_1 \\ \dot\theta_2 \end{bmatrix} \tag{9.73}$$

$$J_s = L_i J = \begin{bmatrix} -\dfrac{\lambda}{z} & 0 & \dfrac{u}{z} & \dfrac{uv}{\lambda} & -\lambda-\dfrac{u^2}{\lambda} & v \\ 0 & -\dfrac{\lambda}{z} & \dfrac{v}{z} & \lambda+\dfrac{v^2}{\lambda} & -\dfrac{uv}{\lambda} & -u \end{bmatrix}\begin{bmatrix} 0 & Ls_\alpha \\ 1 & L \\ 0 & Lc_\alpha \\ 0 & s_\alpha \\ 0 & 0 \\ 0 & c_\alpha \end{bmatrix}\begin{bmatrix} \dfrac{r}{2} & \dfrac{r}{2} \\ \dfrac{r}{2w} & \dfrac{-r}{2w} \end{bmatrix}$$

$$= \begin{bmatrix} 0 & -\dfrac{\lambda}{z}Ls_\alpha+\dfrac{u}{z}Lc_\alpha+\dfrac{uv}{\lambda}s_\alpha+vc_\alpha \\ -\dfrac{\lambda}{z} & -\dfrac{\lambda}{z}L+\dfrac{v}{z}Lc_\alpha+(\lambda+\dfrac{v^2}{\lambda})s_\alpha-uc_\alpha \end{bmatrix}\begin{bmatrix} \dfrac{r}{2} & \dfrac{r}{2} \\ \dfrac{r}{2w} & \dfrac{-r}{2w} \end{bmatrix} 。 \tag{9.74}$$

參考文獻

[1] Roland Siegward and Illah R. Nourbakhsh, Introduction to autonomous mobile robots, The MIT Press, 2004.

[2] George A. Bekey, Autonomous robots, MIT Press, 2005.

[3] Alessandro De Luca and Giuseppe Oriolo, Control of wheeled mobile robots: an experimental overview, Ramsete 2001.

[4] D.R. Parhi and B. Deepak, Kinematic model of three wheeled mobile robot, Journal of Mechanical Engineering Research, 2011.

[5] C.L. Shih and L.C. Lin, Trajectory planning and tracking control of a differential-drive mobile robot in a picture drawing application, Robotics Journal, 2016.

[6] X. Lu, X. Zhang, G. Zhang and S. Jia, Design of adaptive sliding mode controller for four-Mecanum wheel mobile robot, Proceedings of the 37th Chinese Control Conference, 2018.

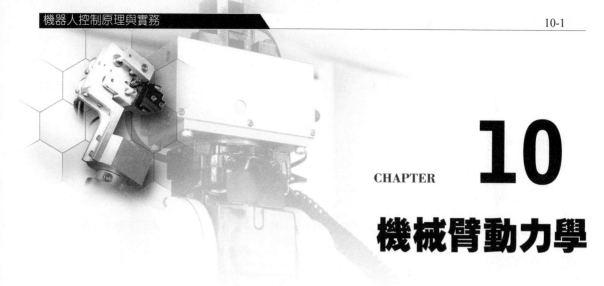

CHAPTER

10

機械臂動力學

　　機械臂動力學為機械臂運動速度及加速度與作用力之關係，如圖 10-1 所示。機械臂動力學的主要應用為設計機械臂控制器(如何產生機械臂理想運動所需的工作力矩)以及機械臂控制模擬(在有工作力矩作用下機械臂如何運動)。推導機械臂動力學的方法計有：(1) Lagrange 法、(2) Newton-Euler 法、(3) Newton-Lagrange 法、(4)其他方法等等。本章將介紹計算機械臂動力方程式的最常用 Lagrange 法、牛頓尤拉法 (Newton-Euler method)以及結合 Lagrange 公式及牛頓尤拉公式的 Newton-Lagrange 計算方法。

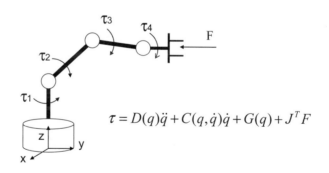

$$\tau = D(q)\ddot{q} + C(q,\dot{q})\dot{q} + G(q) + J^T F$$

圖 10-1　機械臂動力學

■ 10.1　Lagrange 能量方法

　　假設機械臂有 n 個自由度並定義 $q = (q_1, q_2, \cdots, q_n)$ 為其廣義座標系統。令 K 為機械臂機械系統的總動能以及 P 為系統的總位能，並定義 Lagrange 函數 $L = K - P$，則機械臂的動力方程式可表示為純量型式的 Lagrange 方程式。

$$\frac{d}{dt}\frac{\partial L}{\partial \dot{q}_i} - \frac{\partial L}{\partial q_i} = u_i, \quad i = 1, 2, \cdots, n \tag{10.1}$$

或者矩陣向量型式的 Lagrange 方程式

$$\frac{d}{dt}\frac{\partial L}{\partial \dot{q}} - \frac{\partial L}{\partial q} = u, \tag{10.2}$$

其中 $u = (u_1, u_2, \cdots, u_n)$ 為各個關節的輸入力矩。若 $u_i = 0$ 表示第 i 個關節為無加裝致動器之被動關節。

以如圖 10-2 所示的單軸機械臂為例，其總動能為

$$K = \frac{1}{2}mr^2\dot{\theta}^2 + \frac{1}{2}I\dot{\theta}^2 = \frac{1}{2}(mr^2 + I)\dot{\theta}^2,$$

總位能為 $P = mgr\cos\theta$，以及 Lagrange 函數為

$$L = K - P = \frac{1}{2}(mr^2 + I)\dot{\theta}^2 - mgr\cos\theta \; 。$$

由 Lagrange 方程式 $\dfrac{d}{dt}\dfrac{\partial L}{\partial \dot{\theta}} - \dfrac{\partial L}{\partial \theta} = \tau$ 可得

$$\frac{d}{dt}(mr^2 + I)\dot{\theta} - mgr\sin\theta = \tau \; ；$$

因此，單軸機械臂的動力方程式為

$$(mr^2 + I)\ddot{\theta} - mgr\sin\theta = \tau \; 。$$

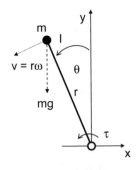

圖 10-2 單軸機械臂

多自由度機械臂的動力方程式(10.2)式可表示為下列之矩陣形式的一般式

$$D(q)\ddot{q} + C(q,\dot{q})\dot{q} + G(q) = u \text{ 。}$$ (10.3)

其中慣性矩陣 $D(q)$ 為 $n \times n$ 的正定對稱矩陣以及系統的總動能 K 為

$$K = \frac{1}{2}\dot{q}^T D(q)\dot{q} \text{ 。}$$ (10.4)

以及

$$D(q) = \frac{\partial}{\partial \dot{q}}\left(\frac{\partial K}{\partial \dot{q}}\right) \text{ 。}$$ (10.5)

$C(q,\dot{q})$ 為 $n \times n$ 矩陣代表系統的科氏力(Coriolis)及離心力(centrifugal)矩陣

$$C(q,\dot{q}) = \dot{D}(q) - \frac{1}{2}\frac{\partial}{\partial q}\dot{q}^T D(q) \text{ ，}$$ (10.6)

其第(i,j)個元素 $C_{i,j}$ 可表示為

$$C_{i,j} = \sum_{k=1}^{n}\frac{1}{2}(\frac{\partial D_{i,j}}{\partial q_k} + \frac{\partial D_{i,k}}{\partial q_j} - \frac{\partial D_{j,k}}{\partial q_i})\dot{q}_k \text{ 。}$$ (10.7)

最後，$G(q)$ 為 $n \times 1$ 系統的重力向量

$$G(q) = \frac{\partial P}{\partial q} \text{ 。}$$ (10.8)

定義：$V(x) \in R$，$x \in R^n$ 為正定函數(positive definite function)，若滿足下列 3 個條件：

(i) $V(x) > 0, x \neq 0$，

(ii) $V(x) = 0, x = 0$，

(iii) $V(x) = \infty, x \to \infty$ 。

慣性矩陣 $D(q)$ 為 $n \times n$ 的正定對稱矩陣，正定對稱矩陣 $A_{n \times n}$，$A \in R^{n \times n}$ 的特性如下。

(1) $A = \dfrac{A + A^T}{2} + \dfrac{A - A^T}{2}$，正矩陣 A 等於對稱矩陣 $\dfrac{A + A^T}{2}$ 與反對稱矩陣 $\dfrac{A - A^T}{2}$ 之和。

　二項式函數對稱化 $x^T A x = x^T A^T x = x^T \dfrac{A + A^T}{2} x$，$x \in R^n$ 以及 $x^T \dfrac{A - A^T}{2} x = 0$。

　因此，只需考慮對稱矩陣部份是否為正定矩陣。

(2) 對稱矩陣 A 為正定，若且為若矩陣 A 的固有值為實數且皆大於零，$\lambda(A) > 0$。

(3) 令 $A = \begin{bmatrix} a_{ij} \end{bmatrix}_{n \times n}$，$A_1 = [a_{11}]$，$A_2 = \begin{bmatrix} a_{11} & a_{12} \\ a_{21} & a_{22} \end{bmatrix}$，…，$A_k = \begin{bmatrix} a_{ij} \end{bmatrix}_{k \times k}$，$k = 1, 2, \cdots, n$；

　則對稱矩陣 A 為正定，若且為若 $\det(A_k) > 0$，$k = 1, 2, \cdots, n$。

(4) 正定對稱矩陣的固有值等於奇異值 $\lambda(A) = \sigma(A)$。

　$\lambda(A^T A) = \lambda(A A^T) = \lambda(A^2) = \lambda(A)^2 = \sigma(A)^2$。

(5) 對稱矩陣 A 的二項式滿足 $\lambda_{\min}(A)\, x^T x \le x^T A x \le \lambda_{\max}(A)\, x^T x$。

(6) 任何 $m \times n$ 實數矩陣 A 滿足 $\|Ax\|_2 \le \sqrt{\lambda_{\max}(A^T A)}\, \|x\|_2 = \sigma_{\max}(A)\, \|x\|_2$。

定理 1：令機械臂的總動能為 $K = \dfrac{1}{2} \dot{q}^T D_{n \times n}(q) \dot{q}$ 以及

$$C_{n \times n}(q, \dot{q}) = \dot{D}(q) - \dfrac{1}{2} \dfrac{\partial}{\partial q}\left(\dot{q}^T D(q) \right),$$

$C(q, \dot{q})$ 之第 (i,j) 個元素為

$$C_{i,j} = \sum_{k=1}^{n} \dfrac{1}{2}\left(\dfrac{\partial D_{i,j}}{\partial q_k} + \dfrac{\partial D_{i,k}}{\partial q_j} - \dfrac{\partial D_{j,k}}{\partial q_i} \right) \dot{q}_k, \quad 1 \le i, j \le n。 \tag{10.9}$$

證明：

$$K = \dfrac{1}{2} \dot{q}^T D(q) \dot{q} = \sum_{j=1}^{n} \sum_{k=1}^{n} \dfrac{1}{2} D_{j,k} \dot{q}_j \dot{q}_k$$

$$\dfrac{d}{dt} \dfrac{\partial K}{\partial \dot{q}_i} - \dfrac{\partial K}{\partial q_i} + \dfrac{\partial P}{\partial q_i} = u_i$$

$$\dfrac{\partial K}{\partial \dot{q}_i} = \dfrac{\partial}{\partial \dot{q}_i} \sum_{j=1}^{n} \sum_{k=1}^{n} \dfrac{1}{2} D_{j,k} \dot{q}_j \dot{q}_k = \sum_{k=1}^{n} \dfrac{1}{2} D_{i,k} \dot{q}_k + \sum_{j=1}^{n} \dfrac{1}{2} D_{j,i} \dot{q}_j$$

$$\frac{\partial K}{\partial q_i} = \frac{\partial}{\partial q_i} \sum_{j=1}^{n} \sum_{k=1}^{n} \frac{1}{2} D_{j,k} \dot{q}_j \dot{q}_k = \sum_{j=1}^{n} \sum_{k=1}^{n} \frac{1}{2} \frac{\partial D_{j,k}}{\partial q_i} \dot{q}_j \dot{q}_k$$

$$\frac{d}{dt} \frac{\partial K}{\partial \dot{q}_i} = \sum_{k=1}^{n} \frac{1}{2} D_{i,k} \ddot{q}_k + \sum_{j=1}^{n} \frac{1}{2} D_{j,i} \ddot{q}_j + \sum_{k=1}^{n} \frac{1}{2} \dot{D}_{i,k} \dot{q}_k + \sum_{j=1}^{n} \frac{1}{2} \dot{D}_{j,i} \dot{q}_j$$

$$= \sum_{k=1}^{n} \frac{1}{2} D_{i,k} \ddot{q}_k + \sum_{j=1}^{n} \frac{1}{2} D_{i,j} \ddot{q}_j + \sum_{k=1}^{n} \sum_{j=1}^{n} \frac{1}{2} \frac{\partial D_{i,k}}{\partial q_j} \dot{q}_j \dot{q}_k + \sum_{j=1}^{n} \sum_{k=1}^{n} \frac{1}{2} \frac{\partial D_{j,i}}{\partial q_k} \dot{q}_k \dot{q}_j$$

$$= \sum_{j=1}^{n} D_{i,j} \ddot{q}_j + \sum_{j=1}^{n} \sum_{k=1}^{n} \frac{1}{2} \left(\frac{\partial D_{i,k}}{\partial q_j} + \frac{\partial D_{j,i}}{\partial q_k} \right) \dot{q}_k \dot{q}_j$$

$$C_{i,j,k} = \frac{1}{2} \left(\frac{\partial D_{i,k}}{\partial q_j} + \frac{\partial D_{j,i}}{\partial q_k} - \frac{\partial D_{j,k}}{\partial q_i} \right) = \frac{1}{2} \left(\frac{\partial D_{i,k}}{\partial q_j} + \frac{\partial D_{i,j}}{\partial q_k} - \frac{\partial D_{j,k}}{\partial q_i} \right) = C_{i,k,j}$$

$$\frac{d}{dt} \frac{\partial K}{\partial \dot{q}_i} - \frac{\partial K}{\partial q_i} + \frac{\partial P}{\partial q_i} = \sum_{j=1}^{n} D_{ij} \ddot{q}_j + \sum_{j=1}^{n} \sum_{k=1}^{n} \frac{1}{2} \left(\frac{\partial D_{i,k}}{\partial q_j} + \frac{\partial D_{j,i}}{\partial q_k} - \frac{\partial D_{j,k}}{\partial q_i} \right) \dot{q}_k \dot{q}_j + \frac{\partial P}{q_i} = u_i$$

$$\sum_{j=1}^{n} D_{i,j} \ddot{q}_j + \sum_{j=1}^{n} \left(\sum_{k=1}^{n} C_{i,j,k} \dot{q}_k \right) \dot{q}_j + G_i = u_i$$

$$\sum_{j=1}^{n} D_{i,j} \ddot{q}_j + \sum_{j=1}^{n} C_{i,j} \dot{q}_j + G_i = u_i \, ,$$

$$\therefore \quad C_{i,j} = \sum_{k=1}^{n} C_{i,j,k} \dot{q}_k = \sum_{k=1}^{n} \frac{1}{2} \left(\frac{\partial D_{i,k}}{\partial q_j} + \frac{\partial D_{i,j}}{\partial q_k} - \frac{\partial D_{j,k}}{\partial q_i} \right) \dot{q}_k \quad 。$$

定理2：$N(q,\dot{q}) = \dot{D}(q) - 2C(q,\dot{q})$ 為反對稱矩陣(skew-symmetric)，亦即 $\dot{q}^T N(q,\dot{q})\dot{q} = 0$。

證明：

$$N_{i,j} = \dot{D}_{i,j} - 2C_{i,j} = \sum_{k=1}^{n} \frac{\partial D_{i,j}}{\partial q_k}\dot{q}_k - 2\sum_{k=1}^{n} \frac{1}{2}\left(\frac{\partial D_{i,k}}{\partial q_j} + \frac{\partial D_{i,j}}{\partial q_k} - \frac{\partial D_{j,k}}{\partial q_i} \right)\dot{q}_k$$

$$= \sum_{k=1}^{n} \left(\frac{\partial D_{j,k}}{\partial q_i} - \frac{\partial D_{i,k}}{\partial q_j} \right)\dot{q}_k = -N_{j,i}$$

$\dot{q}^T N(q,\dot{q})\dot{q} = 0$。

補充說明：科氏力及離心力矩陣 $C(q,\dot{q})$ 不是唯一的矩陣。

例 10-1

使用 Lagrange 法計算二軸機械臂(如圖 10-3 所示)之動力方程式

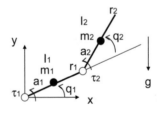

圖 10-3　二軸機械臂

解答

首先計算第一個及第二個連桿的重心位置及速度分別為

$$\begin{bmatrix} x_{1c} \\ y_{1c} \end{bmatrix} = \begin{bmatrix} a_1 c_1 \\ a_1 s_1 \end{bmatrix} \text{、} \begin{bmatrix} x_{2c} \\ y_{2c} \end{bmatrix} = \begin{bmatrix} r_1 c_1 + a_2 c_{12} \\ r_1 s_1 + a_2 s_{12} \end{bmatrix}$$

$$\begin{bmatrix} \dot{x}_{1c} \\ \dot{y}_{1c} \end{bmatrix} = \begin{bmatrix} -a_1 s_1 \\ a_1 c_1 \end{bmatrix} \dot{q}_1 \text{、} \begin{bmatrix} \dot{x}_{2c} \\ \dot{y}_{2c} \end{bmatrix} = \begin{bmatrix} -r_1 s_1 - a_2 s_{12} \\ r_1 c_1 + a_2 c_{12} \end{bmatrix} \dot{q}_1 + \begin{bmatrix} -a_2 s_{12} \\ a_2 c_{12} \end{bmatrix} \dot{q}_2 \text{。}$$

第一個及第二個連桿的動能分別為

$$K_1 = \frac{1}{2}m_1(\dot{x}_1^2 + \dot{y}_1^2) + \frac{1}{2}I_1\dot{q}_1^2 = \frac{1}{2}\left(I_1 + m_1a_1^2\right)\dot{q}_1^2$$

$$K_2 = \frac{1}{2}m_2(\dot{x}_2^2 + \dot{y}_2^2) + \frac{1}{2}I_2\left(\dot{q}_1 + \dot{q}_2\right)^2$$

$$= \frac{1}{2}\left(I_2 + m_2\left(r_1^2 + a_2^2 + 2r_1a_2c_2\right)\right)\dot{q}_1^2$$

$$+ \frac{1}{2}\left(I_2 + m_2a_2^2\right)\dot{q}_2^2 + \left(I_2 + m_2\left(a_2^2 + r_1a_2c_2\right)\right)\dot{q}_1\dot{q}_2 \ ;$$

二軸機械臂的總動能為

$$K = K_1 + K_2$$

$$= \frac{1}{2}\left(I_1 + I_2 + m_1a_1^2 + m_2\left(r_1^2 + a_2^2 + 2r_1a_2c_2\right)\right)\dot{q}_1^2$$

$$+ \frac{1}{2}\left(I_2 + m_2a_2^2\right)\dot{q}_2^2 + \left(I_2 + m_2\left(a_2^2 + r_1a_2c_2\right)\right)\dot{q}_1\dot{q}_2$$

以及總位能為

$$P = m_1gy_1 + m_2gy_2$$

$$= m_1ga_1s_1 + m_2g\left(r_1s_1 + a_2s_{12}\right) = g\left(\left(m_1a_1 + m_2r_1\right)s_1 + m_2a_2s_{12}\right) \ ;$$

所以

$$L = K - P = \frac{1}{2}\left(I_1 + I_2 + m_1a_1^2 + m_2\left(r_1^2 + a_2^2 + 2r_1a_2c_2\right)\right)\dot{q}_1^2 + \frac{1}{2}\left(I_2 + m_2a_2^2\right)\dot{q}_2^2$$

$$+ \left(I_2 + m_2\left(a_2^2 + r_1a_2c_2\right)\right)\dot{q}_1\dot{q}_2 - g\left(\left(m_1a_1 + m_2r_1\right)s_1 + m_2a_2s_{12}\right) \ 。$$

第一個連桿的動力方程式為 $\dfrac{d}{dt}\dfrac{\partial L}{\partial \dot{q}_1} - \dfrac{\partial L}{\partial q_1} = \tau_1$ ，

計算

$$\frac{\partial L}{\partial \dot{q}_1} = \left(I_1 + I_2 + m_1 a_1^2 + m_2\left(r_1^2 + a_2^2 + 2r_1 a_2 c_2\right)\right)\dot{q}_1 + \left(I_2 + m_2\left(a_2^2 + r_1 a_2 c_2\right)\right)\dot{q}_2$$

$$\frac{d}{dt}\frac{\partial L}{\partial \dot{q}_1} = \left(I_1 + I_2 + m_1 a_1^2 + m_2\left(r_1^2 + a_2^2 + 2r_1 a_2 c_2\right)\right)\ddot{q}_1 + \left(I_2 + m_2\left(a_2^2 + r_1 a_2 c_2\right)\right)\ddot{q}_2$$

$$-2m_2 r_1 a_2 s_2 \dot{q}_1 \dot{q}_2 - m_2 r_1 a_2 s_2 \dot{q}_2^2$$

$$\frac{\partial L}{\partial q_1} = -g\left(\left(m_1 a_1 + m_2 r_1\right)c_1 + m_2 a_2 c_{12}\right) ;$$

經整理，我們可以得到第一個連桿的動力方程式為

$$\left(I_1 + I_2 + m_1 a_1^2 + m_2\left(r_1^2 + a_2^2 + 2r_1 a_2 c_2\right)\right)\ddot{q}_1 + \left(I_2 + m_2\left(a_2^2 + r_1 a_2 c_2\right)\right)\ddot{q}_2$$

$$-2m_2 r_1 a_2 s_2 \dot{q}_1 \dot{q}_2 - m_2 r_1 a_2 s_2 \dot{q}_2^2 + g\left(\left(m_1 a_1 + m_2 r_1\right)c_1 + m_2 a_2 c_{12}\right) = \tau_1 \text{。}$$

同理，第二個連桿的動力方程式為 $\dfrac{d}{dt}\dfrac{\partial L}{\partial \dot{q}_2} - \dfrac{\partial L}{\partial q_2} = \tau_2$

計算

$$\frac{d}{dt}\frac{\partial L}{\partial \dot{q}_2} = \frac{d}{dt}\left(\left(I_2 + m_2 a_2^2\right)\dot{q}_2 + \left(I_2 + m_2\left(a_2^2 + r_1 a_2 c_2\right)\right)\dot{q}_1\right)$$

$$= \left(I_2 + m_2\left(a_2^2 + r_1 a_2 c_2\right)\right)\ddot{q}_1 + \left(I_2 + m_2 a_2^2\right)\ddot{q}_2 - m_2 r_1 a_2 s_2 \dot{q}_1 \dot{q}_2$$

$$\frac{\partial L}{\partial q_2} = -m_2 r_1 a_2 s_2 \dot{q}_1^2 - m_2 r_1 a_2 s_2 \dot{q}_1 \dot{q}_2 - g m_2 a_2 c_{12} ;$$

經整理，我們可以得到第二個連桿的動力方程式為

$$\left(I_2 + m_2\left(a_2^2 + r_1 a_2 c_2\right)\right)\ddot{q}_1 + \left(I_2 + m_2 a_2^2\right)\ddot{q}_2 + m_2 r_1 a_2 s_2 \dot{q}_1^2 + g m_2 a_2 c_{12} = \tau_2 \text{。}$$

將上述之動力方程式組表示為矩陣型式

$$D(q)\begin{bmatrix}\ddot{q}_1\\\ddot{q}_2\end{bmatrix}+C(q,\dot{q})\begin{bmatrix}\dot{q}_1\\\dot{q}_2\end{bmatrix}+G(q)=\begin{bmatrix}\tau_1\\\tau_2\end{bmatrix},$$

上式中

$$D=\begin{bmatrix}I_1+I_2+m_1a_1^2+m_2\left(r_1^2+a_2^2+2r_1a_2c_2\right) & I_2+m_2\left(a_2^2+r_1a_2c_2\right)\\I_2+m_2\left(a_2^2+r_1a_2c_2\right) & I_2+m_2a_2^2\end{bmatrix}$$

$$C=\begin{bmatrix}-m_2r_1a_2s_2\dot{q}_2 & -m_2r_1a_2s_2\dot{q}_1-m_2r_1a_2s_2\dot{q}_2\\m_2r_1a_2s_2\dot{q}_1 & 0\end{bmatrix}$$

以及

$$G=g\begin{bmatrix}(m_1a_1+m_2r_1)c_1+m_2a_2c_{12}\\m_2a_2c_{12}\end{bmatrix}。$$

■ 10.2 牛頓尤拉法

首先我們同樣的以如圖 10-2 所示之單軸機械臂為例來介紹牛頓尤拉法。由牛頓力方程式可得

$$f=\begin{bmatrix}m\ddot{x} & m\ddot{y}+mg & 0\end{bmatrix}^T,$$

以及尤拉力矩方程式可得

$$\tau=n+(r\times f)_z,$$

其中

$$n=I\ddot{\theta}。$$

計算

$$\begin{bmatrix} 0 \\ 0 \\ \tau \end{bmatrix} = \begin{bmatrix} 0 \\ 0 \\ I\ddot{\theta} \end{bmatrix} + \begin{bmatrix} -r\sin\theta \\ r\cos\theta \\ 0 \end{bmatrix} \times \begin{bmatrix} 0 \\ mg \\ 0 \end{bmatrix} + \begin{bmatrix} -r\sin\theta \\ r\cos\theta \\ 0 \end{bmatrix} \times m\ddot{\theta}\begin{bmatrix} -r\cos\theta \\ -r\sin\theta \\ 0 \end{bmatrix} + \begin{bmatrix} -r\sin\theta \\ r\cos\theta \\ 0 \end{bmatrix} \times m\dot{\theta}^2\begin{bmatrix} r\sin\theta \\ -r\cos\theta \\ 0 \end{bmatrix}$$

我們可得單軸機械臂的動力方程式為

$$\tau = \left(mr^2 + I\right)\ddot{\theta} - mgr\sin\theta \quad 。$$

牛頓尤拉法所得到的單軸機械臂動力方程式與 Lagrange 法所得到的動力方程式相同。

接著說明使用牛頓尤拉法(Newton-Euler method)求得多自由度機械臂的動力方程式之詳細步驟。首先定義下列符號：

p_i 　　座標(連桿)i 的原點位置向量

$^{i-1}p_{i-1,i}$ 第 i 個座標(連桿)原點相對於第 i-1 個座標之位置座標

$^{i-1}s_{i-1,i}$ 第 i 個連桿重心相對於第 i-1 個座標之位置座標

ω_i 　　第 i 個連桿之角速度

$^{i-1}\omega_{i-1,i}$ 第 i 個連桿相對於第 i-1 個座標之角速度

以及 $\alpha_i = \dot{\omega}_i$、$v_i = \dot{p}_i$、$a_i = \dot{v}_i$，如圖 10-4 所示。機械臂的已知參數為 $^{i-1}p_{i-1,i}$ 與 $^{i-1}s_{i-1,i}$ 以及 $^{i}R_{i-1} = {}^{i-1}R_i^T$，$i = 1, 2, \cdots, n$。

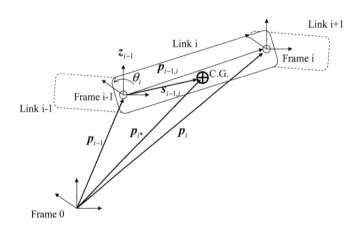

圖 10-4 機械臂連桿之速度及加速度

使用牛頓尤拉法計算開回路連桿機械臂的動力學方程式之步驟為

步驟 1：計算機械臂速度及加速度；

步驟 2：計算機械臂作用力及力矩。

步驟 1：計算機械臂速度及加速度

初始設定值：${}^{0}\omega_0 = 0$ 、 ${}^{0}\alpha_0 = 0$ 、 ${}^{0}v_0 = 0$ 、 ${}^{0}a_0 = -g$ 。

【**步驟 1.1**】疊代角速度及角加速度，$i = 1, 2, \cdots, n$

計算角速度

$$\omega_i = \omega_{i-1} + \omega_{i-1,i} , \quad \omega_{i-1,i} = \dot{\theta}_i z_{i-1}$$

$${}^{i}\omega_i = {}^{i}R_{i-1}({}^{i-1}\omega_{i-1} + {}^{i-1}\omega_{i-1,i}) = {}^{i}R_{i-1}({}^{i-1}\omega_{i-1} + \dot{\theta}_i \, {}^{i-1}z_{i-1}) , \quad {}^{i-1}z_{i-1} = \begin{bmatrix} 0 & 0 & 1 \end{bmatrix}^{T}$$

$${}^{i}\omega_{i*} = {}^{i}\omega_i \,.$$

計算角加速度

$${}^{i}\alpha_i = {}^{i}R_{i-1}({}^{i-1}\alpha_{i-1} + \ddot{\theta}_i \, {}^{i-1}z_{i-1} + {}^{i-1}\omega_{i-1} \times \dot{\theta}_i \, {}^{i-1}z_{i-1})$$

$${}^{i}\alpha_{i*} = {}^{i}\alpha_i \,.$$

【**步驟 1.2**】疊代連桿重心之位置、速度及加速度，$i = 1, 2, \cdots, n$

計算連桿位置

$$p_i = p_{i-1} + p_{i-1,i}$$

$$p_{i*} = p_{i-1} + s_{i-1,i}$$

計算連桿速度

$$v_i = v_{i-1} + \dot{p}_{i-1,i} = v_{i-1} + \omega_i \times p_{i-1,i}$$

$${}^{i}v_i = {}^{i}R_{i-1} \, {}^{i-1}v_{i-1} + {}^{i}\omega_i \times {}^{i}R_{i-1} \, {}^{i-1}p_{i-1,i}$$

$${}^{i}v_{i*} = {}^{i}R_{i-1} \, {}^{i-1}v_{i-1} + {}^{i}\omega_i \times {}^{i}R_{i-1} \, {}^{i-1}s_{i-1,i} \,.$$

計算連桿加速度

$$a_i = a_{i-1} + \dot{\omega}_i \times p_{i-1,i} + \omega_i \times \dot{p}_{i-1,i}$$

$${}^{i}a_i = {}^{i}R_{i-1} \, {}^{i-1}a_{i-1} + {}^{i}\alpha_i \times {}^{i}R_{i-1} \, {}^{i-1}p_{i-1,i} + {}^{i}\omega_i \times ({}^{i}\omega_i \times {}^{i}R_{i-1} \, {}^{i-1}p_{i-1,i})$$

$${}^{i}a_{i*} = {}^{i}R_{i-1} \, {}^{i-1}a_{i-1} + {}^{i}\alpha_i \times {}^{i}R_{i-1} \, {}^{i-1}s_{i-1,i} + {}^{i}\omega_i \times ({}^{i}\omega_i \times {}^{i}R_{i-1} \, {}^{i-1}s_{i-1,i}) \,.$$

CHAPTER 10

步驟 2：開回路連桿機械臂作用力及力矩(參考圖 10-5)

【步驟 2.1】計算連桿慣性力及力矩，$i = 1, 2, \cdots, n$

$${}^iF_i = m_i \, {}^ia_{i*}$$

$${}^iN_i = I_i \, {}^i\alpha_{i*} + {}^i\omega_{i*} \times I_i \, {}^i\omega_{i*} \, 。$$

【步驟 2.2】計算連桿與連桿間作用力及力矩，$i = n, n-1, \cdots, 1$

$${}^{i-1}f_{i-1,i} = {}^{i-1}R_i \left\{ {}^if_{i,i+1} + {}^if_i \right\} \quad 。$$

$${}^{i-1}n_{i-1,i} = {}^{i-1}R_i \left\{ {}^in_{i+1} + {}^iN_i + {}^is_{i-1,i} \times {}^iF_i + {}^ip_{i-1,i} \times {}^if_{i,i+1} \right\} \, 。$$

【步驟 2.3】計算關節馬達輸出力矩，$i = 1, 2, \cdots, n$

$$\tau_i = {}^{i-1}n_{i-1,i} \cdot {}^{i-1}z_{i-1} \, 。$$

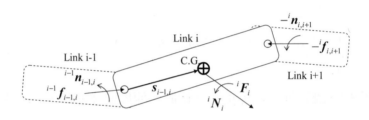

圖 10-5　機械臂連桿之作用力及力矩

例 10-2

使用 Newton-Euler 法計算二軸機械臂(圖 10-6)之動力方程式

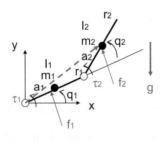

圖 10-6　二軸機械臂

解答

首先計算第一個連桿重心位置、速度、加速度及慣性力與力矩分別為

$$\begin{bmatrix} x_{1c} \\ y_{1c} \end{bmatrix} = \begin{bmatrix} a_1 c_1 \\ a_1 s_1 \end{bmatrix} \,\text{、}\, \begin{bmatrix} \dot{x}_{1c} \\ \dot{y}_{1c} \end{bmatrix} = \begin{bmatrix} -a_1 s_1 \\ a_1 c_1 \end{bmatrix} \dot{q}_1 \,\text{、}\, \begin{bmatrix} \ddot{x}_{1c} \\ \ddot{y}_{1c} \end{bmatrix} = \begin{bmatrix} -a_1 s_1 \\ a_1 c_1 \end{bmatrix} \ddot{q}_1 + \begin{bmatrix} -a_1 c_1 \\ -a_1 s_1 \end{bmatrix} \dot{q}_1^2$$

$$f_1 = \begin{bmatrix} m_1 \ddot{x}_{1c} \\ m_1 (\ddot{y}_{1c} + g) \end{bmatrix} \,\text{、}\, n_1 = I_1 \ddot{q}_1 \,\text{。}$$

第二個連桿重心位置、速度、加速度及慣性力與力矩分別為

$$\begin{bmatrix} x_{2c} \\ y_{2c} \end{bmatrix} = \begin{bmatrix} r_1 c_1 + a_2 c_{12} \\ r_1 s_1 + a_2 s_{12} \end{bmatrix} \,\text{、}\, \begin{bmatrix} \dot{x}_{2c} \\ \dot{y}_{2c} \end{bmatrix} = \begin{bmatrix} -r_1 s_1 - a_2 s_{12} \\ r_1 c_1 + a_2 c_{12} \end{bmatrix} \dot{q}_1 + \begin{bmatrix} -a_2 s_{12} \\ a_2 c_{12} \end{bmatrix} \dot{q}_2 \,\text{、}$$

$$\begin{bmatrix} \ddot{x}_{2c} \\ \ddot{y}_{2c} \end{bmatrix} = \begin{bmatrix} -r_1 s_1 - a_2 s_{12} \\ r_1 c_1 + a_2 c_{12} \end{bmatrix} \ddot{q}_1 + \begin{bmatrix} -a_2 s_{12} \\ a_2 c_{12} \end{bmatrix} \ddot{q}_2 - \begin{bmatrix} r_1 c_1 + a_2 c_{12} \\ r_1 s_1 + a_2 s_{12} \end{bmatrix} \dot{q}_1^2 - \begin{bmatrix} a_2 c_{12} \\ a_2 s_{12} \end{bmatrix} \dot{q}_2^2 - \begin{bmatrix} 2 a_2 c_{12} \\ 2 a_2 s_{12} \end{bmatrix} \dot{q}_1 \dot{q}_2$$

$$f_2 = \begin{bmatrix} m_2 \ddot{x}_{2c} \\ m_2 (\ddot{y}_{2c} + g) \end{bmatrix} \,\text{、}\, n_2 = I_2 (\ddot{q}_1 + \ddot{q}_2) \,\text{。}$$

連桿間的 Newton 方程式為

$$f_2 = f_{1,2} - f_{2,3} \,\text{，}\, f_{2,3} = 0$$

$$f_1 = f_{0,1} - f_{1,2}$$

$$f_{0,1} = f_1 + f_{1,2} = f_1 + f_2 \,\text{。}$$

第二個連桿的 Euler 方程式為

$$\tau_2 = n_2 + a_2 \times f_2 \text{,}$$

$$= I_2(\ddot{q}_1 + \ddot{q}_2) + \begin{bmatrix} a_2 c_{12} \\ a_2 s_{12} \end{bmatrix} \times \begin{bmatrix} m_2 \ddot{x}_{2c} \\ m_2(\ddot{y}_{2c} + g) \end{bmatrix}$$

$$= I_2(\ddot{q}_1 + \ddot{q}_2) + g m_2 a_2 c_{12}$$

$$+ m_2 \begin{bmatrix} a_2 c_{12} \\ a_2 s_{12} \end{bmatrix} \times \left(\begin{bmatrix} -r_1 s_1 - a_2 s_{12} \\ r_1 c_1 + a_2 c_{12} \end{bmatrix} \ddot{q}_1 + \begin{bmatrix} -a_2 s_{12} \\ a_2 c_{12} \end{bmatrix} \ddot{q}_2 - \begin{bmatrix} r_1 c_1 \\ r_1 s_1 \end{bmatrix} \dot{q}_1^2 \right) \text{,}$$

上式中 $\begin{bmatrix} a \\ b \end{bmatrix} \times \begin{bmatrix} c \\ d \end{bmatrix} = ad - bc$。經整理，我們可以得到第二個連桿的動力方程式為

$$\left(I_2 + m_2 a_2^2 + m_2 r_1 a_2 c_2\right)\ddot{q}_1 + \left(I_2 + m_2 a_2^2\right)\ddot{q}_2 + m_2 r_1 a_2 s_2 \dot{q}_1^2 + g m_2 a_2 c_{12} = \tau_2 \text{。}$$

第一個連桿的 Euler 方程式為

$$\tau_1 - \tau_2 = n_1 + a_1 \times f_1 + r_1 \times f_{1,2}$$

所以

$$\tau_1 = n_1 + n_2 + a_1 \times f_1 + (r_1 + a_2) \times f_2 \text{。}$$

計算

$$n_1 + n_2 + a_1 \times f_1 = n_1 + n_2 + \begin{bmatrix} a_1 c_1 \\ a_1 s_1 \end{bmatrix} \times \begin{bmatrix} m_1 \ddot{x}_{1c} \\ m_1(\ddot{y}_{1c} + g) \end{bmatrix}$$

$$= n_1 + n_2 + \begin{bmatrix} a_1 c_1 \\ a_1 s_1 \end{bmatrix} \times m_1 \left(\begin{bmatrix} -a_1 s_1 \\ a_1 c_1 \end{bmatrix} \ddot{q}_1 - \begin{bmatrix} a_1 c_1 \\ a_1 s_1 \end{bmatrix} \dot{q}_1^2 + \begin{bmatrix} 0 \\ g \end{bmatrix} \right)$$

$$= I_1 \ddot{q}_1 + I_2(\ddot{q}_1 + \ddot{q}_2) + m_1 a_1^2 \ddot{q}_1 + g m_1 a_1 c_1 \text{；}$$

以及

$$(r_1+a_2)\times f_2$$
$$=\begin{bmatrix} r_1c_1+a_2c_{12} \\ r_1s_1+a_2s_{12} \end{bmatrix}\times\begin{bmatrix} m_2\ddot{x}_{2c} \\ m_2(\ddot{y}_{2c}+g) \end{bmatrix}$$

$$=gm_2(r_1c_1+a_2c_{12})+(I_2+m_2a_2^2+m_2r_1a_2c_2)\ddot{q}_1+(I_2+m_2a_2^2)\ddot{q}_2+m_2r_1a_2s_2\dot{q}_1^2+\begin{bmatrix} r_1c_1 \\ r_1s_1 \end{bmatrix}$$

$$\times m_2\left(\begin{bmatrix} -r_1s_1-a_2s_{12} \\ r_1c_1+a_2c_{12} \end{bmatrix}\ddot{q}_1+\begin{bmatrix} -a_2s_{12} \\ a_2c_{12} \end{bmatrix}\ddot{q}_2-\begin{bmatrix} r_1c_1+a_2c_{12} \\ r_1s_1+a_2s_{12} \end{bmatrix}\dot{q}_1^2-\begin{bmatrix} a_2c_{12} \\ a_2s_{12} \end{bmatrix}\dot{q}_2^2-\begin{bmatrix} 2a_2c_{12} \\ 2a_2s_{12} \end{bmatrix}\dot{q}_1\dot{q}_2\right)$$

經整理，我們可以得到第一個連桿的動力方程式為

$$I_1\ddot{q}_1+I_2(\ddot{q}_1+\ddot{q}_2)+m_1a_1^2\ddot{q}_1+m_2(r_1^2+a_2^2+2r_1a_2c_2)\ddot{q}_1+(I_2+m_2(a_2^2+r_1a_2c_2))\ddot{q}_2$$
$$-m_2(r_1a_2s_2\dot{q}_2^2+2r_1a_2s_2\dot{q}_1\dot{q}_2)+g(m_1a_1c_1+m_2(r_1c_1+a_2c_{12}))=\tau_1 \ \text{。}$$

比較【例 10-2】所得到的二軸機械臂動力方程式其與【例 10-1】所得到的動力方程式完全相同。

10.3 比較 Lagrange 法與 Newton-Euler 法

本節分別以連桿分解法來說明使用 Lagrange 法與 Newton-Euler 法計算機械臂動力方程式的詳細內涵。

10.3.1 Lagrange 表示法

令 $K_{\omega i}$ 及 K_{vi} 分別為機械臂第 i 個連桿的旋轉動能(rotational kinetic energy)與移動動能(translational kinetic energy)及 K 為系統的總動能；因此，

$$K=\sum_{i=1}^{n}K_{\omega i}+\sum_{i=1}^{n}K_{vi} \ \text{。} \tag{10.10}$$

同理，令 P_i 爲機械臂第 i 個連桿的位能(potential energy)及 P 爲系統的總位能；因此，

$$P = \sum_{i=1}^{n} P_i \text{。}$$ (10.11)

令 m_i 爲機械臂第 i 個連桿的質量、p_{ci} 爲質量中心點(centre of mass, CoM)位置、I_i 爲在連桿座標之轉動慣量矩陣、ω_i 爲角速度及 R_i 爲旋轉矩陣。第 i 個連桿的角速度 ω_i 可以表示爲

$$\omega_i = J_{\omega i} \dot{q} \text{，}$$ (10.12)

其中 $J_{\omega i} = \dfrac{\partial \omega_i}{\partial \dot{q}}$ 爲第 i 個連桿的旋轉微分矩陣以及第 i 個連桿的旋轉動能 $K_{\omega i}$ 爲

$$K_{\omega i} = \frac{1}{2} \omega_i^T \left(R_i I_i R_i^T \right) \omega_i = \frac{1}{2} \dot{q}^T \left(J_{\omega i}^T R_i I_i R_i^T J_{\omega i} \right) \dot{q} \text{。}$$ (10.13)

第 i 個連桿的位能 P_i 可以表示爲

$$P_i = m_i g\, p_{ci}^T e_3 \text{。}$$ (10.14)

其中 g 爲重力加速度以及 $e_3 = \begin{bmatrix} 0 & 0 & 1 \end{bmatrix}^T$。第 i 個連桿質量中心點的速度 $\dot{p}_{ci}$ 可以表示爲

$$\dot{p}_{ci} = J_{vi} \dot{q} \text{，}$$ (10.15)

其中 $J_{vi} = \dfrac{\partial p_{ci}}{\partial q}$ 爲第 i 個連桿的平移微分矩陣以及第 i 個連桿的移動動能 K_{vi} 爲

$$K_{vi} = \frac{1}{2} m_i \dot{p}_{ci}^T \dot{p}_{ci} = \frac{1}{2} \dot{q}^T \left(m_i J_{vi}^T J_{vi} \right) \dot{q} \text{。}$$ (10.16)

由 Lagrange 原理我們可以得到

$$D_{\omega i} = \frac{\partial}{\partial \dot{q}} \frac{\partial K_{\omega i}}{\partial \dot{q}}$$

$$C_{\omega i} = \frac{\partial}{\partial q} \frac{\partial K_{\omega i}}{\partial \dot{q}} - \frac{1}{2} \frac{\partial}{\partial q} \left(D_{\omega i} \dot{q} \right)$$

以及

$$D_{vi} = \frac{\partial}{\partial \dot{q}} \frac{\partial K_{vi}}{\partial \dot{q}}$$

$$C_{vi} = \frac{\partial}{\partial q} \frac{\partial K_{vi}}{\partial \dot{q}} - \frac{1}{2} \frac{\partial}{\partial q} (D_{vi} \dot{q})$$

$$G_i = \frac{\partial P_i}{\partial q} \quad \circ$$

因此，機械臂動力方程式的 D, C 及 G 矩陣可以將各個連桿疊加起來爲

$$D = \sum_{i=1}^{n} D_{\omega i} + \sum_{i=1}^{n} D_{vi} \tag{10.17}$$

$$C = \sum_{i=1}^{n} C_{\omega i} + \sum_{i=1}^{n} C_{vi} \tag{10.18}$$

及

$$G = \sum_{i=1}^{n} G_i \quad \circ \tag{10.19}$$

10.3.2　Newton-Euler 表示法

第 i 個連桿的角加速度 $\dot{\omega}_i$ 可以表示爲

$$\dot{\omega}_i = J_{\omega i} \ddot{q} + \dot{J}_{\omega i} \dot{q} \quad , \tag{10.20}$$

其中 $\dot{J}_{\omega i} = \frac{\partial}{\partial q} (J_{\omega i} \dot{q})$ 爲旋轉微分矩陣 $D = \sum_{i=1}^{n} J_{\omega i}^T R_i I_i R_i^T J_{\omega i} + \sum_{i=1}^{n} m_i J_{vi}^T J_{vi}$ 的微分。

第 i 個連桿的尤拉方程式爲

$$R_i I_i R_i^T \dot{\omega}_i + \omega_i \times \left(R_i I_i R_i^T \right) \omega_i = \tau_i \quad , \tag{10.21}$$

所以

$$R_i I_i R_i^T \left(J_{\omega i} \ddot{q} + \dot{J}_{\omega i} \dot{q} \right) + \omega_i \times \left(R_i I_i R_i^T \right) \omega_i = \tau_i \quad \circ$$

因為 $J_{\omega i}^T \tau_i = u$，我們可以得到

$$J_{\omega i}^T R_i I_i R_i^T J_{\omega i} \ddot{q} + J_{\omega i}^T R_i I_i R_i^T \dot{J}_{\omega i} \dot{q} + J_{\omega i}^T \omega_i \times \left(R_i I_i R_i^T \right) J_{\omega i} \dot{q} = J_{\omega i}^T \tau_i = u,$$

上式等同於動力方程式

$$D_{\omega i} \ddot{q} + C_{\omega i} \dot{q} = u.$$

因此，$D_{\omega i}$ 與 $C_{\omega i}$ 矩陣為

$$D_{\omega i} = J_{\omega i}^T \left(R_i I_i R_i^T \right) J_{\omega i} \tag{10.22}$$

以及

$$C_{\omega i} = J_{\omega i}^T \left(R_i I_i R_i^T \right) \dot{J}_{\omega i} + J_{\omega i}^T \left[\omega_i \times \right] \left(R_i I_i R_i^T \right) J_{\omega i}, \tag{10.23}$$

上式中 $\begin{bmatrix} x \\ y \\ z \end{bmatrix} \times \equiv \begin{bmatrix} 0 & -z & y \\ z & 0 & -x \\ -y & x & 0 \end{bmatrix}$ 為計算向量外積的矩陣表示法。

第 i 個連桿質量中心點的加速度 $\ddot{p}_{ci}$ 可以表示為

$$\ddot{p}_{ci} = J_{vi} \ddot{q} + \dot{J}_{vi} \dot{q}, \tag{10.24}$$

其中 $\dot{J}_{vi} = \dfrac{\partial}{\partial q} \left(J_{vi} \dot{q} \right)$ 為平移微分矩陣 J_{vi} 的微分。第 i 個連桿的牛頓方程式為

$$m_i \ddot{p}_{ci} + m_i g e_3 = f_i \tag{10.25}$$

所以

$$m_i \left(J_{vi} \ddot{q} + \dot{J}_{vi} \dot{q} \right) + m_i g e_3 = f_i \circ$$

因為 $J_{vi}^T f_i = u$，我們可以得到

$$m_i J_{vi}^T J_{vi} \ddot{q} + m_i J_{vi}^T \dot{J}_{vi} \dot{q} + m_i g J_{vi}^T e_3 = J_{vi}^T f_i = u,$$

上式等同於動力方程式

$$D_{vi} \ddot{q} + C_{vi} \dot{q} + G_i = u \circ$$

因此，D_{vi}、C_{vi} 與 G_i 矩陣為

$$D_{vi} = m_i J_{vi}^T J_{vi} \tag{10.26}$$

$$C_{vi} = m_i J_{vi}^T \dot{J}_{vi} \tag{10.27}$$

及

$$G_i = \frac{\partial P_i}{\partial q} \text{ 。} \tag{10.28}$$

■ 10.4 串聯式機械臂動力方程式的演算法

本節接著以上節的連桿分解法為基本原理，說明串聯式機械臂(serial-link robot manipulator)動力方程式演算法的詳細計算步驟。為表達清楚起見我們假設機械臂的第 i 個連桿相對於第 $(i-1)$ 個連桿的相對運動方式為對 x 軸、y 軸或 z 軸的其中一軸旋轉或平移運動，並以符號 ρ_i 來表示；因此

$$\rho_i \in \{+Rx, -Rx, +Ry, -Ry, +Rz, -Rz, +Tx, -Tx, +Ty, -Ty, +Tz, -Tz\} \text{ 。}$$

定義基本旋轉矩陣 $R_x(q_i)$、$R_y(q_i)$ 以及 $R_z(q_i)$ 分別為

$$R_x(q_i) = \begin{bmatrix} 1 & 0 & 0 \\ 0 & \cos q_i & -\sin q_i \\ 0 & \sin q_i & \cos q_i \end{bmatrix}$$

$$R_y(q_i) = \begin{bmatrix} \cos q_i & 0 & \sin q_i \\ 0 & 1 & 0 \\ -\sin q_i & 0 & \cos q_i \end{bmatrix}$$

以及

$$R_z(q_i) = \begin{bmatrix} \cos q_i & -\sin q_i & 0 \\ \sin q_i & \cos q_i & 0 \\ 0 & 0 & 1 \end{bmatrix} \text{ 。}$$

串聯式機械臂動力方程式 $D(q)\ddot{q} + C(q,\dot{q})\dot{q} + G(q) = u$ 的詳細計算步驟如下。

步驟 1：計算旋轉矩陣 R_i，$i = 1, 2, \cdots, n$

令 $R_0 = I_{3\times3}$ 單位矩陣，以及

$$R_i = \begin{cases} R_{i-1}R_x(\pm q_i) & \rho_i = \pm Rx \\ R_{i-1}R_y(\pm q_i) & \rho_i = \pm Ry \\ R_{i-1}R_z(\pm q_i) & \rho_i = \pm Rz \\ R_{i-1} & \text{prismatic joint} \end{cases} , \quad i = 1, 2, \cdots, n \, \circ \tag{10.29}$$

令 a_i 與 t_i 分別為第 i 個連桿相對於第(i-1)個連桿運動之旋轉軸或平移軸的單位向量，則

$$a_i = \begin{cases} \pm R_{i-1}(:,1) & \rho_i = \pm Rx \\ \pm R_{i-1}(:,2) & \rho_i = \pm Ry \\ \pm R_{i-1}(:,3) & \rho_i = \pm Rz \\ 0_{3\times1} & \text{prismatic joint} \end{cases} \tag{10.30}$$

以及

$$t_i = \begin{cases} \pm R_{i-1}(:,1) & \rho_i = \pm Tx \\ \pm R_{i-1}(:,2) & \rho_i = \pm Ty \\ \pm R_{i-1}(:,3) & \rho_i = \pm Tz \\ 0_{3\times1} & \text{revolute joint} \end{cases} , \quad i = 1, 2, \cdots, n, \tag{10.31}$$

其中 $R(:,k)$，$k = 1, 2, 3$ 表示旋轉矩陣 R 的第 k 行。

步驟 2：計算旋轉微分矩陣 $D = \sum_{i=1}^{n} J_{\omega i}^T R_i I_i R_i^T J_{\omega i} + \sum_{i=1}^{n} m_i J_{vi}^T J_{vi}$，$\omega_i = J_{\omega i}\dot{q}$，$i = 1, 2, \cdots, n$

令 $\omega_0 = 0_{3\times1}$，以及

$$\omega_i = \omega_{i-1} + a_i\dot{q}_i, \quad i = 1, 2, \cdots, n. \tag{10.32}$$

因為

$$\omega_i = \omega_{i-1} + a_i\dot{q}_i = a_1\dot{q}_1 + a_2\dot{q}_2 + \cdots + a_i\dot{q}_i \ ,$$

所以，第 i 個連桿的旋轉微分矩陣 $J_{\omega i}$ 為

$$J_{\omega i}(:,j)=\frac{\partial \omega_i}{\partial \dot{q}_j}=\begin{cases} a_j & j \le i \\ 0_{3\times 1} & j > i \end{cases}, \ i,j=1,2,\cdots,n. \tag{10.33}$$

其中 $J_{\omega i}(:,j)$ 表示為矩陣 $J_{\omega i}$ 的第 j 行。機械臂系統的總旋轉動能 K_ω 為

$$K_\omega=\sum_{i=1}^{n}K_{\omega i}=\sum_{i=1}^{n}\frac{1}{2}\omega_i^T R_i I_i R_i^T \omega_i=\frac{1}{2}\dot{q}^T\left(\sum_{i=1}^{n}J_{\omega i}^T R_i I_i R_i^T J_{\omega i}\right)\dot{q}\ ; \tag{10.34}$$

因此，矩陣 $D_{\omega i}=J_{\omega i}^T R_i I_i R_i^T J_{\omega i}$，$i=1,2,\cdots,n$。

步驟 3：微分微分矩陣 $D=\sum_{i=1}^{n}J_{\omega i}^T R_i I_i R_i^T J_{\omega i}+\sum_{i=1}^{n}m_i J_{vi}^T J_{vi}$，$i=1,2,\cdots,n$

第 i 個連桿的角加速度 $\dot{\omega}_i$ 為

$$\dot{\omega}_i=J_{\omega i}\ddot{q}+\dot{J}_{\omega i}\dot{q}, \ i=1,2,\cdots,n,$$

上式中 $\dot{J}_{\omega i}=\frac{\partial}{\partial q}\left(J_{\omega i}\dot{q}\right)=\sum_{j=1}^{n}\frac{\partial J_{\omega i}}{\partial q_j}\dot{q}_j$ 可以計算為

$$\dot{J}_{\omega i}(:,j)=\begin{cases} \dot{a}_j=\omega_j \times a_j=\sum_{k=1}^{j-1}a_k \times a_j\,\dot{q}_k & j \le i \\ 0_{3\times 1} & j > i \end{cases}, \ i,j=1,2,\cdots,n. \tag{10.35}$$

因此，矩陣 $C_{\omega i}=J_{\omega i}^T R_i I_i R_i^T \dot{J}_{\omega i}+J_{\omega i}^T [\omega_i \times]R_i I_i R_i^T J_{\omega i}$，$i=1,2,\cdots,n$.

步驟 4：計算平移微分矩陣 J_{vi}，$\dot{p}_{ci}=J_{vi}\dot{q}$，$i=1,2,\cdots,n$

先計算第 i 個連桿的關節點及質量中心點位置 p_i 與 p_{ci}，$i=1,2,\cdots,n$。然後，第 i 個連桿質量中心點的平移微分矩陣 $J_{vi}=\frac{\partial p_{ci}}{\partial q}$ 為

$$J_{vi}(:,j)=\begin{cases} \begin{cases}\frac{\partial p_{ci}}{\partial q_j}=a_j \times(p_{ci}-p_j) & \text{revolute joint} \\ t_j & \text{prismatic joint}\end{cases} & j \le i \\ 0_{3\times 1} & j > i \end{cases},$$

$i,j=1,2,\cdots,n$。 \tag{10.36}

上式中因為 p_{ci} 與第 i 個關節之後的關節角度 q_j，$i<j\le n$ 無關；因此 $J_{vi}(:,j)=0_{3\times1}$，$i<j\le n$。所以，機械臂系統的總移動能 K_v 以及總位能 P 分別計算為

$$K_v=\sum_{i=1}^{n}K_{vi}=\frac{1}{2}\sum_{i=1}^{n}m_i\dot{p}_{ci}^T\dot{p}_{ci}=\frac{1}{2}\dot{q}^T\left(\sum_{i=1}^{n}m_iJ_{vi}^TJ_{vi}\right)\dot{q} \tag{10.37}$$

以及

$$P=\sum_{i=1}^{n}P_i=\sum_{i=1}^{n}m_i g\,p_{ci}^Te_3 \text{ 。} \tag{10.38}$$

因此，矩陣 $D_{vi}=m_iJ_{vi}^TJ_{vi}$ 以及 $G_i=m_i g J_{vi}^Te_3$，$i=1,2,\cdots,n$。

步驟 5：微分平移微分矩陣 J_{vi}，$i=1,2,\cdots,n$

第 i 個連桿質量中心點的加速度 $\ddot{p}_{ci}$ 為

$$\ddot{p}_{ci}=J_{vi}\ddot{q}+\frac{\partial}{\partial q}(J_{vi}\dot{q})\dot{q}=J_{vi}\ddot{q}+\dot{J}_{vi}\dot{q} \text{ ，}$$

上式中 $\dot{J}_{vi}=\frac{\partial}{\partial q}(J_{vi}\dot{q})=\sum_{j=1}^{n}\frac{\partial J_{vi}}{\partial q_j}\dot{q}_j$。當 $j\le i$ 時，

$$\dot{J}_{vi}(:,j)=\frac{d}{dt}a_j\times(p_{ci}-p_j)=\dot{a}_j\times(p_{ci}-p_j)+a_j\times\frac{d}{dt}(p_{ci}-p_j)$$

$$=\sum_{k=1}^{j-1}\frac{\partial a_j}{\partial q_k}\times(p_{ci}-p_j)\dot{q}_k+a_j\times\sum_{k=j}^{i}\frac{\partial(p_{ci}-p_j)}{\partial q_k}\dot{q}_k$$

$$=\sum_{k=1}^{j-1}a_k\times J_{vi}(:,j)\dot{q}_k+\sum_{k=j}^{i}a_j\times J_{vi}(:,k)\dot{q}_k \text{ 。} \tag{10.39}$$

所以，$\dot{J}_{vi}$ 可以計算為

$$\dot{J}_{vi}(:,j) = \begin{cases} \sum_{k=1}^{j-1} a_k \times J_{vi}(:,j)\dot{q}_k + \sum_{k=j}^{i} a_j \times J_{vi}(:,k)\dot{q}_k & \text{revolute joint} \\ \sum_{k=1}^{j-1} a_k \times J_{vi}(:,j)\dot{q}_k & \text{prismatic joint} \\ 0_{3\times1} & j > i \end{cases} \quad j \le i,$$

$$i, j = 1, 2, \cdots, n \circ \tag{10.40}$$

因此，矩陣 $C_{vi} = m_i J_{vi}^T \dot{J}_{vi}$ ，$i = 1, 2, \cdots, n$ 。

步驟 6：疊加各個連桿

最後，機械臂動力方程式的 D 、C 與 G 矩陣為

$$D = \sum_{i=1}^{n} D_{\omega i} + \sum_{i=1}^{n} D_{vi} = \sum_{i=1}^{n} J_{\omega i}^T R_i I_i R_i^T J_{\omega i} + \sum_{i=1}^{n} m_i J_{vi}^T J_{vi} \tag{10.41}$$

$$C = \sum_{i=1}^{n} C_{\omega i} + \sum_{i=1}^{n} C_{vi}$$
$$= \sum_{i=1}^{n} \left(J_{\omega i}^T R_i I_i R_i^T \dot{J}_{\omega i} + J_{\omega i}^T [\omega_i \times] R_i I_i R_i^T J_{\omega i} \right) + \sum_{i=1}^{n} m_i J_{vi}^T \dot{J}_{vi} \tag{10.42}$$

以及

$$G = \sum_{i=1}^{n} G_i = \sum_{i=1}^{n} m_i g J_{vi}^T e_3 \circ \tag{10.43}$$

■ 10.5 有限制條件之機器人動力方程式

首先考慮有位置變數限制條件之機器人動力方程式。假設機器人運動之位置限制
條件可表示為

$$f(q) = 0, \ f \in R^m, \ q \in R^n, \ n > m$$

以及

$$\dot{f}(q) = J(q)\dot{q} = 0$$

其中微分矩陣 $J = \dfrac{\partial f(q)}{\partial q}$，$J \in R^{m \times n}$。將 Lagrange 函數為擴增為

$$L = K - P + \lambda^T f$$

其中 K 為機機器人系統的總動能，P 為總位能以及 $\lambda \in R^m$ 為 Lagrange 乘數 (Lagrange multiplier)，再經由同樣的 Lagrange 方程式

$$\frac{d}{dt}\frac{\partial L}{\partial \dot{q}} - \frac{\partial L}{\partial q} = u$$

我們可得有位置變數限制條件之機器人動力方程式可表示為如下所述

$$D(q)\ddot{q} + C(q,\dot{q})\dot{q} + G(q) = u + J^T \lambda \ 。 \tag{10.44}$$

假設機器人位置限制條件可分解為

$$f(q) = f_1(q_1) - f_2(q_2) = 0, \quad q = \begin{bmatrix} q_1 \\ q_2 \end{bmatrix} \in R^n$$

以及

$$\dot{f}(q) = J_1(q_1)\dot{q}_1 - J_2(q_2)\dot{q}_2 = 0,$$

其中 $J_1 = \dfrac{\partial f_1(q_1)}{\partial q_1}$，$J_2 = \dfrac{\partial f_2(q_2)}{\partial q_2}$ 以及 $J = [J_1 \quad -J_2]$。因此，若 J_2^{-1} 存在，我們可得

$$\dot{q}_2 = J_2^{-1} J_1 \dot{q}_1 \ 。$$

將機器人動力方程式改寫為

$$\begin{bmatrix} D_{11} & D_{12} \\ D_{21} & D_{22} \end{bmatrix} \begin{bmatrix} \ddot{q}_1 \\ \ddot{q}_2 \end{bmatrix} + \begin{bmatrix} h_1 \\ h_2 \end{bmatrix} = \begin{bmatrix} u_1 \\ u_2 \end{bmatrix} + \begin{bmatrix} J_1^T \lambda \\ -J_2^T \lambda \end{bmatrix},$$

然後可由第 2 列解得

$$\lambda = J_2^{-T}(u_2 - D_{21}\ddot{q}_1 - D_{22}\ddot{q}_2 - h_2) \ ；$$

再將 λ 代入第一列

$$D_{11}\ddot{q}_1 + D_{12}\ddot{q}_2 + h_1 = u_1 + J_1^T \lambda$$

我們可得較爲簡化的機器人動力方程式

$$(D_{11} + J_1^T J_2^{-T} D_{21})\ddot{q}_1 + (D_{12} + J_1^T J_2^{-T} D_{22})\ddot{q}_2 + h_1 + J_1^T J_2^{-T} h_2$$
$$= u_1 + J_1^T J_2^{-T} u_2 \text{。}$$

$$(10.45)$$

■ 10.6　移動機器人動力方程式

本節介紹如何推導有速度變數限制條件之移動機器人的動力方程式。假設移動機器人之廣義座標爲 $q \in R^n$ 及運動速度變數之限制條件可表示爲

$$J(q)\dot{q} = 0 , \quad J \in R^{m \times n} , \quad q \in R^n , \quad n > m \text{；}$$

則移動機器人動力方程式可表示爲

$$D(q)\ddot{q} + C(q,\dot{q})\dot{q} = Bu + J^T \lambda \text{，}$$

$$(10.46)$$

其中 B 爲常數輸入矩陣及 $\lambda \in R^m$ 爲 Lagrange 乘數，假設移動機器人之運動空間爲平面地形，因此，我們只考慮動能項而不考慮位能項，故 $G(q) = 0$。本節以圖 10-7 所示之兩輪獨立驅動移動機器人爲例使用 Lagrange 方法來推導其動力方程式。

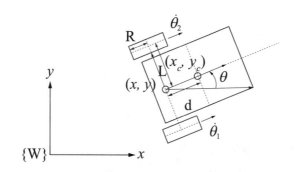

圖 10-7　兩輪獨立驅動移動機器人系統變數與相關參數

令兩輪獨立驅動移動機器人之廣義座標系統為 $q = \begin{bmatrix} x & y & \theta & \theta_1 & \theta_2 \end{bmatrix}^T$、
$\dot{q} = \begin{bmatrix} \dot{x} & \dot{y} & \dot{\theta} & \dot{\theta}_1 & \dot{\theta}_2 \end{bmatrix}^T$；以及其微分運動學方程式為

$$\begin{bmatrix} \dot{x} \\ \dot{y} \\ \dot{\theta} \end{bmatrix} = \begin{bmatrix} v\cos\theta \\ v\sin\theta \\ \omega \end{bmatrix},$$

$$\begin{bmatrix} v \\ \omega \end{bmatrix} = \begin{bmatrix} \dfrac{R}{2}(\dot{\theta}_1 + \dot{\theta}_2) \\ \dfrac{R}{2L}(\dot{\theta}_1 - \dot{\theta}_2) \end{bmatrix}。$$

廣義座標速度變數 $\dot{q} = \begin{bmatrix} \dot{x} & \dot{y} & \dot{\theta} & \dot{\theta}_1 & \dot{\theta}_2 \end{bmatrix}^T$ 為多餘自由度系統，移動機器人只有兩個自由度，因此，此系統有 3 個速度變數限制條件：

$$\cos\theta\,\dot{x} + \sin\theta\,\dot{y} - \frac{R}{2}(\dot{\theta}_1 + \dot{\theta}_2) = 0$$
$$\sin\theta\,\dot{x} - \cos\theta\,\dot{y} = 0$$

以及

$$\dot{\theta} - \frac{R}{2L}(\dot{\theta}_1 - \dot{\theta}_2) = 0。$$

上述之限制條件可表示為微分矩陣之形式

$$J\dot{q} = \begin{bmatrix} \sin\theta & -\cos\theta & 0 & 0 & 0 \\ \cos\theta & \sin\theta & 0 & \dfrac{-R}{2} & \dfrac{-R}{2} \\ 0 & 0 & 1 & \dfrac{-R}{2L} & \dfrac{R}{2L} \end{bmatrix} \begin{bmatrix} \dot{x} \\ \dot{y} \\ \dot{\theta} \\ \dot{\theta}_1 \\ \dot{\theta}_2 \end{bmatrix} = 0 。 \tag{10.47}$$

移動機器人之總動能為移動平台及左右側驅動輪三者動能之和。移動平台動能為

$$K_c = \frac{1}{2}m_c(\dot{x}_c^2 + \dot{y}_c^2) + \frac{1}{2}I_c\dot{\theta}^2$$

右側驅動輪動能為

$$K_1 = \frac{1}{2}m_w(\dot{x}_1^2 + \dot{y}_1^2) + \frac{1}{2}I_m\dot{\theta}^2 + \frac{1}{2}I_w\dot{\theta}_1^2$$

以及左側驅動輪動能為

$$K_2 = \frac{1}{2}m_w(\dot{x}_2^2 + \dot{y}_2^2) + \frac{1}{2}I_m\dot{\theta}^2 + \frac{1}{2}I_w\dot{\theta}_2^2 ,$$

上式中 m_c 為移動平台質量、I_c 為對垂直軸轉動慣量，m_w 為驅動輪質量、I_m 為對垂直軸轉動慣量及 I_w 為對驅動軸轉動慣量。移動機器人中心及左右側驅動輪之位置變數分別為

$$\begin{bmatrix} x_c \\ y_c \end{bmatrix} = \begin{bmatrix} x \\ y \end{bmatrix} + \begin{bmatrix} dc_\theta \\ ds_\theta \end{bmatrix}, \quad \begin{bmatrix} \dot{x}_c \\ \dot{y}_c \end{bmatrix} = \begin{bmatrix} \dot{x} \\ \dot{y} \end{bmatrix} + \begin{bmatrix} -ds_\theta \\ dc_\theta \end{bmatrix}\dot{\theta},$$

$$\begin{bmatrix} x_1 \\ y_1 \end{bmatrix} = \begin{bmatrix} x \\ y \end{bmatrix} + \begin{bmatrix} Ls_\theta \\ -Lc_\theta \end{bmatrix}, \quad \begin{bmatrix} \dot{x}_1 \\ \dot{y}_1 \end{bmatrix} = \begin{bmatrix} \dot{x} \\ \dot{y} \end{bmatrix} + \begin{bmatrix} Lc_\theta \\ Ls_\theta \end{bmatrix}\dot{\theta}$$

以及

$$\begin{bmatrix} x_2 \\ y_2 \end{bmatrix} = \begin{bmatrix} x \\ y \end{bmatrix} + \begin{bmatrix} -Ls_\theta \\ Lc_\theta \end{bmatrix}, \quad \begin{bmatrix} \dot{x}_2 \\ \dot{y}_2 \end{bmatrix} = \begin{bmatrix} \dot{x} \\ \dot{y} \end{bmatrix} + \begin{bmatrix} -Lc_\theta \\ -Ls_\theta \end{bmatrix}\dot{\theta} ;$$

我們可求得移動機器人之總動能為

$$K = K_c + K_1 + K_2$$

$$= \frac{1}{2}M(\dot{x}^2 + \dot{y}^2) + m_c d\dot{\theta}(\dot{x}\sin\theta - \dot{y}\cos\theta) + \frac{1}{2}I\dot{\theta}^2 + \frac{1}{2}I_w(\dot{\theta}_1^2 + \dot{\theta}_2^2)$$

其中 $M = m_c + 2m_w$ 爲移動機器人總質量、$I = I_c + 2I_m + m_c d^2 + 2m_w L^2$ 爲總對等轉動慣量。由 Lagrange 方程式可得

$$\frac{d}{dt}\frac{\partial K}{\partial \dot{x}} - \frac{\partial K}{\partial x} = M\ddot{x} + m_c d\ddot{\theta}\sin\theta + m_c d\dot{\theta}^2 \cos\theta$$

$$\frac{d}{dt}\frac{\partial K}{\partial \dot{y}} - \frac{\partial K}{\partial y} = M\ddot{y} - m_c d\ddot{\theta}\cos\theta + m_c d\dot{\theta}^2 \sin\theta$$

$$\frac{d}{dt}\frac{\partial K}{\partial \dot{\theta}} - \frac{\partial K}{\partial \theta} = m_c d(\ddot{x}\sin\theta - \ddot{y}\cos\theta) + I\ddot{\theta}$$

$$\frac{d}{dt}\frac{\partial K}{\partial \dot{\theta_1}} - \frac{\partial K}{\partial \theta_1} = I_w\ddot{\theta}_1$$

$$\frac{d}{dt}\frac{\partial K}{\partial \dot{\theta_2}} - \frac{\partial K}{\partial \theta_2} = I_w\ddot{\theta}_2 \quad ;$$

以及移動機器人之動力方程式

$$D\ddot{q} + C\dot{q} = Bu + J^T\lambda \quad ,$$

其中

$$D = \begin{bmatrix} M & 0 & m_c d\sin\theta & 0 & 0 \\ 0 & M & -m_c d\cos\theta & 0 & 0 \\ m_c d\sin\theta & -m_c d\cos\theta & I & 0 & 0 \\ 0 & 0 & 0 & I_w & 0 \\ 0 & 0 & 0 & 0 & I_w \end{bmatrix}, \quad K = \frac{1}{2}\dot{q}^T D\dot{q}$$

$$C = \begin{bmatrix} 0 & 0 & m_c d\dot{\theta}\cos\theta & 0 & 0 \\ 0 & 0 & m_c d\dot{\theta}\sin\theta & 0 & 0 \\ 0 & 0 & 0 & 0 & 0 \\ 0 & 0 & 0 & 0 & 0 \\ 0 & 0 & 0 & 0 & 0 \end{bmatrix}, \quad B = \begin{bmatrix} 0 & 0 \\ 0 & 0 \\ 0 & 0 \\ 1 & 0 \\ 0 & 1 \end{bmatrix} \quad ,$$

$u = \begin{bmatrix} u_1 \\ u_2 \end{bmatrix}$ 爲左右驅動輪之輸入控制力矩。

移動機器人動力方程式也可以直接表示於無須增加限制條件之驅動輪座標系統

$\varphi = \begin{bmatrix} \theta_1 \\ \theta_2 \end{bmatrix}$、$\dot{\phi} = \begin{bmatrix} \dot{\theta}_1 \\ \dot{\theta}_2 \end{bmatrix}$。廣義座標速度變數 $\dot{q} = \begin{bmatrix} \dot{x} & \dot{y} & \dot{\theta} & \dot{\theta}_1 & \dot{\theta}_2 \end{bmatrix}^T$ 可表示為

$$\dot{q} = \begin{bmatrix} \dot{x} \\ \dot{y} \\ \dot{\theta} \\ \dot{\theta}_1 \\ \dot{\theta}_2 \end{bmatrix} = \begin{bmatrix} \frac{R}{2}\cos\theta & \frac{R}{2}\cos\theta \\ \frac{R}{2}\sin\theta & \frac{R}{2}\sin\theta \\ \frac{R}{2L} & \frac{-R}{2L} \\ 1 & 0 \\ 0 & 1 \end{bmatrix} \begin{bmatrix} \dot{\theta}_1 \\ \dot{\theta}_2 \end{bmatrix} = S\dot{\phi},$$

其中座標變換矩陣

$$S = \begin{bmatrix} \frac{R}{2}\cos\theta & \frac{R}{2}\cos\theta \\ \frac{R}{2}\sin\theta & \frac{R}{2}\sin\theta \\ \frac{R}{2L} & \frac{-R}{2L} \\ 1 & 0 \\ 0 & 1 \end{bmatrix}。$$

微分 $\dot{q} = S\dot{\phi}$ 可得 $\ddot{q} = S\ddot{\phi} + \dot{S}\dot{\phi}$，其中

$$\dot{S} = \begin{bmatrix} \frac{-R}{2}\dot{\theta}\sin\theta & \frac{R}{2}\dot{\theta}\sin\theta \\ \frac{R}{2}\dot{\theta}\cos\theta & \frac{R}{2}\dot{\theta}\cos\theta \\ 0 & 0 \\ 0 & 0 \\ 0 & 0 \end{bmatrix}。$$

首先，將 $\dot{q} = S\dot{\phi}$ 及 $\ddot{q} = S\ddot{\phi} + \dot{S}\dot{\phi}$ 代入廣義座標動力方程式

$$D\ddot{q} + C\dot{q} = Bu + J^T\lambda$$

我們可得

$$DS\ddot{\phi} + (D\dot{S} + CS)\dot{\phi} = Bu + J^T\lambda \ 。$$

然後，上式左右兩側乘以 S^T，我們可得驅動輪座標動力方程式

$$S^T DS\ddot{\phi} + S^T (D\dot{S} + CS)\dot{\phi} = S^T Bu + S^T J^T\lambda \ ，$$

並整理為

$$\overline{D}\ddot{\phi} + \overline{C}\dot{\phi} = \overline{B}u + \overline{J}^T\lambda \tag{10.48}$$

其中

$$\overline{D} = S^T DS = \begin{bmatrix} I_w + \dfrac{R^2}{4L^2}(ML^2 + I) & \dfrac{R^2}{4L^2}(ML^2 - I) \\ \dfrac{R^2}{4L^2}(ML^2 - I) & I_w + \dfrac{R^2}{4L^2}(ML^2 + I) \end{bmatrix}$$

$$\overline{C} = S^T D\dot{S} + S^T CS = \begin{bmatrix} 0 & -\dfrac{R^2}{2L}m_c d\dot{\theta} \\ \dfrac{R^2}{2L}m_c d\dot{\theta} & 0 \end{bmatrix}$$

$$\overline{B} = S^T B = \begin{bmatrix} 1 & 0 \\ 0 & 1 \end{bmatrix} \text{ 以及 } \overline{J} = JS = \begin{bmatrix} 0 & 0 \\ 0 & 0 \\ 0 & 0 \end{bmatrix} \ 。$$

最後，移動機器人表示於驅動輪座標之動力方程式為

$$\begin{bmatrix} I_w + \dfrac{R^2}{4L^2}(ML^2 + I) & \dfrac{R^2}{4L^2}(ML^2 - I) \\ \dfrac{R^2}{4L^2}(ML^2 - I) & I_w + \dfrac{R^2}{4L^2}(ML^2 + I) \end{bmatrix}\begin{bmatrix} \ddot{\theta}_1 \\ \ddot{\theta}_2 \end{bmatrix} + \begin{bmatrix} 0 & -\dfrac{R^2}{2L}m_c d\dot{\theta} \\ \dfrac{R^2}{2L}m_c d\dot{\theta} & 0 \end{bmatrix}\begin{bmatrix} \dot{\theta}_1 \\ \dot{\theta}_2 \end{bmatrix}$$

$$= \begin{bmatrix} u_1 \\ u_2 \end{bmatrix} \ 。 \tag{10.49}$$

更進一步，移動機器人動力方程式也可以直接表示於瞬間移動及轉動速度 $\begin{bmatrix} v \\ \omega \end{bmatrix}$ 座標系統。驅動輪速度 $\dot{\varphi} = \begin{bmatrix} \dot{\theta}_1 \\ \dot{\theta}_2 \end{bmatrix}$ 與 $\begin{bmatrix} v \\ \omega \end{bmatrix}$ 之線性轉換式為

$$\begin{bmatrix} \dot{\theta}_1 \\ \dot{\theta}_2 \end{bmatrix} = \begin{bmatrix} \dfrac{1}{R}(v+L\omega) \\ \dfrac{1}{R}(v-L\omega) \end{bmatrix} = \begin{bmatrix} \dfrac{1}{R} & \dfrac{L}{R} \\ \dfrac{1}{R} & \dfrac{-L}{R} \end{bmatrix} \begin{bmatrix} v \\ \omega \end{bmatrix} = A \begin{bmatrix} v \\ \omega \end{bmatrix},$$

其中常數線性轉換矩陣

$$A = \begin{bmatrix} \dfrac{1}{R} & \dfrac{L}{R} \\ \dfrac{1}{R} & \dfrac{-L}{R} \end{bmatrix}。$$

同理，將 $\begin{bmatrix} \dot{\theta}_1 \\ \dot{\theta}_2 \end{bmatrix} = A \begin{bmatrix} v \\ \omega \end{bmatrix}$ 及 $\begin{bmatrix} \ddot{\theta}_1 \\ \ddot{\theta}_2 \end{bmatrix} = A \begin{bmatrix} \dot{v} \\ \dot{\omega} \end{bmatrix}$ 代入原動力方程式

$$\bar{D}\ddot{\varphi} + \bar{C}\dot{\varphi} = u$$

然後再同乘 A^T 可得新的動力方程式

$$A^T \bar{D} A \begin{bmatrix} \dot{v} \\ \dot{\omega} \end{bmatrix} + A^T \bar{C} A \begin{bmatrix} v \\ \omega \end{bmatrix} = A^T u,$$

其中

$$A^T \bar{D} A = \begin{bmatrix} M + \dfrac{2I_w}{R^2} & 0 \\ 0 & I + \dfrac{2L^2 I_w}{R^2} \end{bmatrix}, \quad A^T \bar{C} A = \begin{bmatrix} 0 & m_c d\omega \\ -m_c d\omega & 0 \end{bmatrix}。$$

最後，移動機器人表示於 (v, ω) 座標之動力方程式經整理表示為

$$\begin{bmatrix} M + \dfrac{2I_w}{R^2} & 0 \\ 0 & I + \dfrac{2L^2 I_w}{R^2} \end{bmatrix} \begin{bmatrix} \dot{v} \\ \dot{\omega} \end{bmatrix} + \begin{bmatrix} 0 & m_c d\omega \\ -m_c d\omega & 0 \end{bmatrix} \begin{bmatrix} v \\ \omega \end{bmatrix} = \begin{bmatrix} \dfrac{1}{R} & \dfrac{1}{R} \\ \dfrac{L}{R} & \dfrac{-L}{R} \end{bmatrix} \begin{bmatrix} u_1 \\ u_2 \end{bmatrix}。 \quad (10.50)$$

參考文獻

[1] John J. Craig, Introduction to robotics, mechanical and control, 3rd Edition, Pearson Education, Inc., 2005.

[2] Mark W. Spong, Seth Hutchinson and M. Vidyasagar, Robot dynamics and control, 2nd Edition, 2004.

[3] H.C. Lin, T.C. Lin and K.H. Yae, On the skew-symmetric property of the Newton-Euler formulation for open-chain robot manipulators, Proceedinds of the American Control Conference, pp. 2322-2326, Seattle 1996

[4] C.L. Shih etc., Decomposition and cross-product based method for computing dynamic equation of robots, International Journal of Advanced Robotic System, Vol. 9, 2012.

[5] Rached Dhaouadi and Ahmad Abu Hatab, Dynamic modelling of differential-drive mobile robots using Lagrange and Newton-Euler methodologies: a unified framework, Advances in Robotics & Automation, 2013.

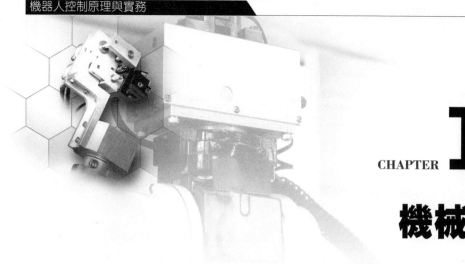

CHAPTER **11**

機械臂控制

■ 11.1 機械臂動態數學模型

機械臂控制研究如何控制機械臂沿著所規劃的路徑運動，如圖 11-1 所示。機械臂控制之系統方塊圖如圖 11-2。完整的機械臂運動控制系統需加上運動軌跡及反運動學解，其方塊圖如圖 11-3 或圖 11-4 所示，其中軌跡規劃可使用本書第 7 章所設計之多軸點到點運動軌跡或連續運動軌跡。設計機械臂控制器之首要步驟為建立動態數學模型(或稱為機械臂動力方程式)並分析其特性，然後設計控制法則以及進行系統的穩定性分析。

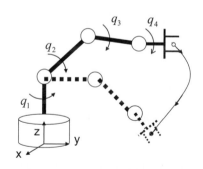

圖 11-1　機械臂控制示意圖

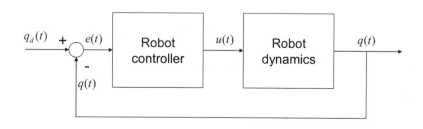

圖 11-2　機械臂控制系統方塊圖

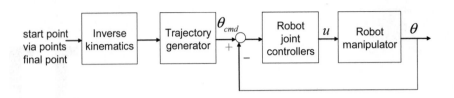

圖 11-3　機械臂運動控制系統方塊圖 1

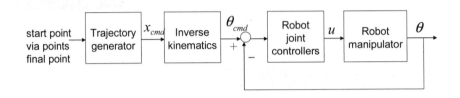

圖 11-4　機械臂運動控制系統方塊圖 2

由 Lagrange 的能量方法我們可推導出 n 個自由度機械臂之動態數學模型並將其表示為

$$D(q)\ddot{q}(t) + C(q,\dot{q})\dot{q}(t) + G(q) = u(t)，\tag{11.1}$$

其中 $D(q)$ 為 $n \times n$ 具有對稱及正定性之慣性矩陣、$C(q,\dot{q})$ 為 $n \times n$ 含科氏力及離心力之矩陣、$G(q)$ 為 $n \times 1$ 重力場向量、u 為 $n \times 1$ 伺服馬達輸入力矩。機械臂的動態特性如下所列。

特性 1：機械臂系統的動能 $K = \dfrac{1}{2}\dot{q}^T D(q)\dot{q} = \dfrac{1}{2}\dot{q}^T D(q)^T \dot{q} > 0$，而且存在常數 λ_m 及 λ_M 使得 $\lambda_m I \le \lambda_{\min}(D)I \le D(q) \le \lambda_{\max}(D)I \le \lambda_M I$。

特性 2：對所有 $q \in R^n$，$\dot{q}^T(\dot{D} - 2C)\dot{q} = 0$，其中 $N = \dot{D} - 2C = -N^T$ 為反對稱矩陣 (Skew-symmetric) 以及 $\dot{D} = C + C^T$。

特性 3：存在常數 k_c，使得科氏力及離心力滿足 $\|C(q,\dot{q})\dot{q}\| \le k_c \|\dot{q}\|^2$，其中 $\|x\| = \sqrt{x^T x} \ge 0$ 表示向量 x 的範數(norm)。

特性 4：存在常數 k_v，使得重力場向量 $\|G(q)\| \le k_v$，而且存在常數 k_g，使得

$$\|J_G\| = \left\|\frac{\partial G(q)}{\partial q}\right\| \le k_g \text{，其中 } \|A\| = \sup_{\|x\| \ne 0} \frac{\|Ax\|}{\|x\|} \ge 0 \text{ 表示矩陣 } A \text{ 的範數(norm)。}$$

特性 5：機械臂動力方程式 $D(q)\ddot{q} + C(q,\dot{q})\dot{q} + G(q) = u$ 可改寫為

$$Y(q,\dot{q},\ddot{q})\Theta = u \text{，} \tag{11.2}$$

其中 $Y(q,\dot{q},\ddot{q})$ 為 $n \times p$ 迴歸矩陣以及 Θ 為機械臂系統參數 $p \times 1$ 向量。由一些量測方法及物理公式我們可估測得參數向量 Θ 之大約值及其最大上限、最小下限。

例 11-1

2R 機械臂(如圖 11-5 所示)之動態數學模型為

$$D(q)\begin{bmatrix} \ddot{q}_1 \\ \ddot{q}_2 \end{bmatrix} + C(q,\dot{q})\begin{bmatrix} \dot{q}_1 \\ \dot{q}_2 \end{bmatrix} + G(q) = \begin{bmatrix} \tau_1 \\ \tau_2 \end{bmatrix}$$

其中

$$D = \begin{bmatrix} (I_1 + I_2 + m_1 a_1^2 + m_2 r_1^2 + m_2 a_2^2) + 2(m_2 r_1 a_2)c_2 & (I_2 + m_2 a_2^2) + (m_2 r_1 a_2)c_2 \\ (I_2 + m_2 a_2^2) + (m_2 r_1 a_2)c_2 & (I_2 + m_2 a_2^2) \end{bmatrix}$$

$$C = \begin{bmatrix} -(m_2 r_1 a_2)s_2 \dot{q}_2 & -(m_2 r_1 a_2)s_2 \dot{q}_1 - (m_2 r_1 a_2)s_2 \dot{q}_2 \\ (m_2 r_1 a_2)s_2 \dot{q}_1 & 0 \end{bmatrix}$$

$$G = g\begin{bmatrix} (m_1 a_1 + m_2 r_1)c_1 + (m_2 a_2)c_{12} \\ (m_2 a_2)c_{12} \end{bmatrix} \text{。}$$

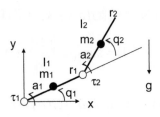

圖 11-5　2R 機械臂例

特性 1：

$$D(q) = D^T(q)$$

$$= \begin{bmatrix} I_1 + I_2 + m_1 a_1^2 + m_2 \left(r_1^2 + a_2^2 + 2r_1 a_2 c_2 \right) & I_2 + m_2 \left(a_2^2 + r_1 a_2 c_2 \right) \\ I_2 + m_2 \left(a_2^2 + r_1 a_2 c_2 \right) & I_2 + m_2 a_2^2 \end{bmatrix} > 0$$

特性 2：

$$\dot{D} = \begin{bmatrix} -2m_2 r_1 a_2 s_2 \dot{q}_2 & -m_2 r_1 a_2 s_2 \dot{q}_2 \\ -m_2 r_1 a_2 s_2 \dot{q}_2 & 0 \end{bmatrix} = C + C^T$$

$$= \begin{bmatrix} -m_2 r_1 a_2 s_2 \dot{q}_2 & -m_2 r_1 a_2 s_2 \dot{q}_1 - m_2 r_1 a_2 s_2 \dot{q}_2 \\ m_2 r_1 a_2 s_2 \dot{q}_1 & 0 \end{bmatrix}$$
$$+ \begin{bmatrix} -m_2 r_1 a_2 s_2 \dot{q}_2 & m_2 r_1 a_2 s_2 \dot{q}_1 \\ -m_2 r_1 a_2 s_2 \dot{q}_1 - m_2 r_1 a_2 s_2 \dot{q}_2 & 0 \end{bmatrix}$$

特性 3：

$$\left\| C\dot{q} \right\| = \left\| \begin{bmatrix} -m_2 r_1 a_2 s_2 \dot{q}_2 & -m_2 r_1 a_2 s_2 \dot{q}_1 - m_2 r_1 a_2 s_2 \dot{q}_2 \\ m_2 r_1 a_2 s_2 \dot{q}_1 & 0 \end{bmatrix} \begin{bmatrix} \dot{q}_1 \\ \dot{q}_2 \end{bmatrix} \right\| \le k_c \left\| \dot{q} \right\|^2$$

特性 4：

$$\|G\| = \left\| g \begin{bmatrix} (m_1 a_1 + m_2 r_1) c_1 + m_2 a_2 c_{12} \\ m_2 a_2 c_{12} \end{bmatrix} \right\| \leq k_v$$

$$\left\| \frac{\partial G}{\partial q} \right\| = \left\| \begin{bmatrix} -(m_1 a_1 + m_2 r_1) s_1 - m_2 a_2 s_{12} & -m_2 a_2 s_{12} \\ -m_2 a_2 s_{12} & -m_2 a_2 s_{12} \end{bmatrix} g \right\| \leq k_g$$

特性 5：

$$\Theta = \begin{bmatrix} \Theta_1 \\ \Theta_2 \\ \Theta_3 \\ \Theta_4 \\ \Theta_5 \end{bmatrix} = \begin{bmatrix} I_1 + m_1 a_1^2 + m_2 r_1^2 + m_2 a_2^2 \\ m_2 r_1 a_2 \\ I_2 + m_2 a_2^2 \\ m_1 a_1 + m_2 r_1 \\ m_2 a_2 \end{bmatrix}$$

$$Y(q, \dot{q}, \ddot{q})\Theta = \begin{bmatrix} \ddot{q}_1 & 2c_2\ddot{q}_1 + c_2\ddot{q}_2 - 2s_2\dot{q}_1\dot{q}_2 - s_2\dot{q}_2^2 & \ddot{q}_2 & c_1 g & c_{12} g \\ 0 & c_2\ddot{q}_1 + s_2\dot{q}_1 & \ddot{q}_1 + \ddot{q}_2 & 0 & c_{12} g \end{bmatrix} \Theta$$

$$= \begin{bmatrix} \tau_1 \\ \tau_2 \end{bmatrix} \circ$$

接著以下介紹將會用來分析機械臂控制系統穩定性相關的 Lyapunov 穩定性定理。

【Lyapunov 穩定性定理】

考慮一個 n 個維數向量 $x(t)$ 的自主性動態系統

$$\dot{x}(t) = f(x(t)) \text{，}$$

以及 $f(0) = 0$，則 $x = 0$ 稱為平衡點。若存在一個純量函數 $V(x)$

$$V(x) \geq 0 \text{，}$$

其中 $V(x) = 0$ 若且爲若 $x = 0$，以及

$$\dot{V}(x(t)) \leq 0 \text{，}$$

其中 $x \in \Omega$ 區間，則 $x = 0$ 爲穩定的平衡點。若區間 $\Omega = R^n$，則平衡點 $x = 0$ 爲全域穩定，否則爲局部穩定。

【Lyapunov 漸近穩定性定理】

考慮一個 n 個維數向量 $x(t)$ 的自主性動態系統

$$\dot{x}(t) = f(x(t)) \text{，}$$

以及 $f(0) = 0$，則 $x = 0$ 稱爲平衡點。若存在一個純量函數 $V(x)$

$$V(x) \geq 0 \text{，}$$

其中 $V(x) = 0$ 若且爲若 $x = 0$，以及

$$\dot{V}(x(t)) \leq 0 \text{，}$$

其中 $x \in \Omega$ 區間以及 $\dot{V}(x) = 0$ 若且爲若 $x = 0$，則 $x = 0$ 爲漸近穩定的平衡點。若區間 $\Omega = R^n$，則平衡點 $x = 0$ 爲全域漸近穩定，否則爲局部漸近穩定。

【Lyapunov 指數漸近穩定性定理】

考慮一個 n 個維數向量 $x(t)$ 的自主性動態系統

$$\dot{x}(t) = f(x(t)) \text{，}$$

以及 $f(0) = 0$，則 $x = 0$ 稱爲平衡點。若存在一個純量函數 $V(x)$

$$V(x) \geq 0 \text{，}$$

其中 $V(x) = 0$ 若且爲若 $x = 0$，以及存在一個正常數 $\alpha > 0$ 使得

$$\dot{V}(x(t)) + \alpha V(x(t)) \leq 0 \text{，}$$

其中 $x \in \Omega$ 區間，則 $x = 0$ 爲漸近穩定的平衡點。若區間 $\Omega = R^n$，則平衡點 $x = 0$ 爲全域指數漸近穩定，否則爲局部指數漸近穩定。

■ 11.2 機械臂 PD 控制器

令 q_d 為機械臂關節角度位置命令，定義 $e(t) = q(t) - q_d$ 為追蹤之誤差訊號。最簡單的機械臂控制器為比例微分控制器(PD Control)加上前饋項重力補償向量

$$u(t) = G(q) - K_P e(t) - K_D \dot{e}(t), \quad K_P, K_D > 0 \text{。} \tag{11.3}$$

定義誤差訊號為 $e(t) = q(t) - q_d$、$\dot{e} = \dot{q}$ 以及系統狀態向量為 $x = (e, \dot{q})$。將機械臂控制器(11.3)代入機械臂動力方程式

$$D(q)\ddot{q}(t) + C(q,\dot{q})\dot{q}(t) + G(q) = u(t)$$

可得機械臂閉回路動力方程式

$$D(q)\ddot{q}(t) + C(q,\dot{q})\dot{q}(t) + K_P e(t) + K_D \dot{q}(t) = 0 \text{。}$$

令 Lyapunov 函數 $V(t)$ 為

$$V = \frac{1}{2}\dot{q}^T D\dot{q} + \frac{1}{2}e^T K_p e > 0 \text{；} \tag{11.4}$$

很明顯的 $V(t)$ 為正定函數。Lyapunov 函數的時間微分函數 $\dot{V}(t)$ 為

$$\dot{V} = \frac{1}{2}\dot{q}^T \dot{D}\dot{q} + \dot{q}^T\left(D\ddot{q} + K_P e\right)$$

$$= \dot{q}^T\left(\frac{1}{2}\dot{D} - C\right)\dot{q} - \dot{q}^T K_D \dot{q} = -\dot{q}^T K_D \dot{q} \leq 0 \text{，} \tag{11.5}$$

為半負定函數。但更進一步，當 $\dot{q} = 0$ 時，$\ddot{q} = 0$；將兩者代入機械臂閉回路動力方程式我們可得 $e(t) = 0$。因此，只有 $x = (e,\dot{q}) = (0,0)$ 時，$\dot{V}(t) = 0$；故 $\dot{V}(t)$ 為負定函數。所以由 Lyapunov 漸近穩定性定理可知比例微分加上前饋項重力補償向量控制器為具有漸近穩定性的控制器。

由於機械臂的重力項通常無法被完完全全的估算及補償，接著我們考慮在無重力項補償時，比例微分控制器可能出現的最大穩態誤差值。令 q_d 為機器手臂關節角度位置命令，定義 $e(t) = q(t) - q_d$、$\dot{e} = \dot{q}$ 為誤差訊號以及 $x = (e,\dot{q})$。比例微分控制器為

$$u(t) = -K_P e(t) - K_D \dot{e}(t), \quad K_P, K_D > 0 \text{。} \tag{11.6}$$

將機械臂 PD 控制器代入機械臂動力方程式可得機械臂閉回路動力方程式

$$D(q)\ddot{q}(t) + C(q,\dot{q})\dot{q}(t) + G(q) + K_p e(t) + K_D \dot{q}(t) = 0 \text{ 。}$$

當 $\dot{q} = 0$ 及 $\ddot{q} = 0$ 時，我們可得

$$G(q) + K_p \overline{e} = G(q_d + \overline{e}) + K_p \overline{e} = 0 \text{ ，}$$

以及

$$G(q_d) + \frac{\partial G}{\partial q} \overline{e} + K_P \overline{e} = 0 \text{ ；}$$

所以

$$\overline{e} = -\left(\frac{\partial G}{\partial q} + K_P\right)^{-1} G(q_d) \text{ 。} \tag{11.7}$$

因此閉回路之工作平衡點為 $(\overline{e}, 0)$。令 Lyapunov 函數 $V(t)$ 為

$$V = \frac{1}{2}\dot{q}^T D\dot{q} + \frac{1}{2}(e - \overline{e})^T K_p (e - \overline{e}) > 0 \text{ ；} \tag{11.8}$$

很明顯的 $\dot{V}(t)$ 於工作平衡點為 $(\overline{e}, 0)$ 為正定函數。Lyapunov 函數的時間微分函數 $\dot{V}(t)$ 為

$$\begin{aligned}\dot{V} &= \frac{1}{2}\dot{q}^T \dot{D}\dot{q} + \dot{q}^T \left(D\ddot{q} + K_p(e - \overline{e})\right) \\ &= \dot{q}^T(\frac{1}{2}\dot{D} - C)\dot{q} + \dot{q}^T \left(-K_D q - G(q) - K_p \overline{e}\right) \\ &= -\dot{q}^T K_d \dot{q} - \dot{q}^T \left(G(q) + K_p \overline{e}\right)\end{aligned} \tag{11.9}$$

為半負定函數。但更進一步，當 $\dot{q} = 0$ 時，$\ddot{q} = 0$；將兩者代入機械臂閉回路動力方程式我們可得 $G(q) + K_p \overline{e} = 0$。因此，只有當 $x = (e, \dot{q}) = (\overline{e}, 0)$ 時，$\dot{V}(t) = 0$；故 $\dot{V}(t)$ 於工作平衡點為 $(\overline{e}, 0)$ 為負定函數。由於我們期望之平衡點為 $x = (e, \dot{q}) = (0, 0)$，因此，此無重力項補償的比例微分控制器之位置穩態誤差為 $\overline{e}$。

當機械臂命令軌跡曲線 $q_d(t)$ 為時間訊號時，定義 $e(t) = q(t) - q_d(t)$ 為追蹤之誤差訊號。比例微分控制器(PD control)加上前饋項重力補償向量

$$u(t) = G(q) - K_P e(t) - K_D \dot{e}(t), \quad K_P, K_D > 0 \text{。}$$

但是此方法只具有 Lyapunov 穩定無法保證其收斂特性。要去除穩態誤差雖可進一步採用比例微分積分控制器(PID control)

$$u(t) = -K_P e(t) - K_I \int_0^t e(\tau)d\tau - K_D \dot{e}(t), \quad K_P, K_I, K_D > 0 \text{，} \tag{11.10}$$

但由於機械臂為非線性系統，此控制方法不易找出線性的 PID 控制器的最佳參數。有興趣分析機械臂 PID 控制器穩定性之讀者可參考相關文獻。

■ 11.3 機械臂可變結構滑動模式 PID 控制

本節介紹可變結構滑動模式之 PID 控制器(variable structure sliding-mode PID control)來改進 PD 或 PID 控制器的控制性能。首先令 $q_d(t)$ 為機械臂關節角度位置命令訊號、$e(t) = q(t) - q_d(t)$ 為誤差訊號以及切換變數 $s(t)$ 為誤差訊號 $e(t)$ 之 PID 型式，

$$s(t) = K_P e(t) + K_I \int_0^t e(\tau)d\tau + \dot{e}(t), \quad K_P, K_I > 0 \text{。} \tag{11.11}$$

令 $\dot{q}_r = \dot{q} - s$ 以及 $q(t) = q_d(t) + e(t)$，則

$$\dot{q}_r = \dot{q}_d - K_P e - K_I \int_0^t e(t)dt \text{ ；}$$

又因

$$\dot{q} = \dot{q}_r + s$$
$$\ddot{q} = \ddot{q}_r + \dot{s} \text{ ，}$$

所以機械臂動力方程式 $D\ddot{q} + C\dot{q} + G = u$ 可以表示為

$$D\dot{s} + Cs + G = u - (D\ddot{q}_r + C\dot{q}_r) \text{。}$$

CHAPTER 11

將控制器設計為下列之形式

$$u(t) = -Ks(t) - \alpha \frac{\|Y\|}{\|s\|}s, \quad K > 0,$$ (11.12)

上式中第一項為 PID 控制器，第二項為切換變數補償器，其中
$Y = \begin{bmatrix} \|\ddot{q}_r - \lambda s\| & \|\dot{q}\|\|\dot{q}_r\| & 1 \end{bmatrix}^T$。

接著令可代表系統能量之 Lyapunov 函數為

$$V = \frac{1}{2}s^T D s \, ;$$ (11.13)

很明顯的 $V(t)$ 為正定函數。Lyapunov 函數的時間微分函數 $\dot{V}(t)$ 為

$$\dot{V} = s^T D\dot{s} + \frac{1}{2}s^T \dot{D} s$$

$$= s^T \left(\tau - (D\ddot{q}_r + C\dot{q}_r + G)\right) + \frac{1}{2}s^T \left(\dot{D} - 2C\right)s$$

$$= -2\lambda V + s^T \left(u - \eta\right)$$

其中

$$\eta = D(\ddot{q}_r - \lambda s) + C\dot{q}_r + G,$$

以及

$$\|\eta\| \le \|D\|\|\ddot{q}_r - \lambda s\| + \|C\|\|\dot{q}_r\| + \|G\| \le c_1\|\ddot{q}_r - \lambda s\| + c_2\|\dot{q}\|\|\dot{q}_r\| + c_3 \le \|Y\|\|\Theta\|$$

$$\Theta = \begin{bmatrix} c_1 & c_2 & c_3 \end{bmatrix}^T 。$$

將機械臂控制器代入 $\dot{V}(t)$ 可得

$$\dot{V} = -2\lambda V + s^T \left(u - \eta\right) = -2\lambda V - s^T Ks - s^T \alpha \frac{\|Y\|}{\|s\|}s - s^T \eta$$

$$\le -2\lambda V - s^T Ks - \|s\|\|Y\|\left(\alpha - \|\Theta\|\right) 。$$

若令 $\alpha > \|\Theta\|$ 以及 $\|\eta\| \leq \|Y\|\|\Theta\|$，則

$$-s^T \alpha \frac{\|Y\|}{\|s\|} s - s^T \eta \leq 0 \text{ ，}$$

以及

$$\dot{V} \leq -2\lambda V - s^T K s < 0 \text{ 。} \tag{11.14}$$

因此理論上只要選擇 $K, \lambda > 0$，我們即可保證系統為穩定的。再者因

$$V(t) \leq V(0) e^{-2\lambda t} \text{ ；} \tag{11.15}$$

所以滑動變數具有指數遞減收斂性(exponentially convergence)。

　　由於滑動變數為一穩定的線性系統，只要適當的選擇 K_p, K_I 即可達到滑動變數所需的收斂速度。為避免可變結構控制器容易產生的抖動現象(chattering)，我們可將控制器修改為於切換平面兩側加入邊界層(boundary layer)寬度 ε 使得在邊界層裡面的控制訊號是連續的藉以消除抖動的現象；亦即令控制輸入為

$$u(t) = \begin{cases} -Ks(t) - \alpha \dfrac{\|Y\|}{\|s\|} s & \|Y\|\|s\| > \varepsilon \\[3mm] -Ks(t) - \alpha \dfrac{\|Y\|^2}{\varepsilon} s & \|Y\|\|s\| \leq \varepsilon \end{cases} \text{ ，} \tag{11.16}$$

$$Y = \begin{bmatrix} \|\ddot{q}_r - \lambda s\| & \|\dot{q}\|\|\dot{q}_r\| & 1 \end{bmatrix}^T \text{ 。}$$

　　更進一步，我們接著設計具有適應性的可變結構滑動模式之 PID 控制器。適應性可變結構滑動模式 PID 控制器之控制策略為線上修正可變結構滑動模式 PID 控制器之 α 項，並如下所示

$$s(t) = K_p e(t) + K_i \int_0^t e(t)dt + \dot{e}(t), \quad K_p, K_i > 0 \tag{11.17}$$

$$u = -Ks - \hat{\alpha} \frac{\|Y\|}{\|s\|} s \tag{11.18}$$

$$\dot{\hat{\alpha}} = -\beta^2 \hat{\alpha} + \lambda \|Y\| \|s\| \tag{11.19}$$

$$\dot{\beta} = -k_\beta \beta , \tag{11.20}$$

其中 $\hat{\alpha}(0) = 0$、$\beta(0) \neq 0$、$K > 0$、$\lambda > 0$、$k_\beta > 0$。令可代表系統能量之 Lyapunov 函數為

$$V = \frac{1}{2} s^T D s + \frac{1}{2} \lambda^{-1} \left((\hat{\alpha} - \|\Theta\|)^2 + \frac{k_\beta^{-1}}{4} \|\Theta\|^2 \beta^2 \right) , \tag{11.21}$$

很明顯的 $V(t)$ 為正定函數。Lyapunov 函數的時間微分函數 $\dot{V}(t)$ 滿足

$$\dot{V} \leq -\lambda s^T D s - s^T K s - \|s\| \|Y\| (\hat{\alpha} - \|\Theta\|) + \lambda^{-1} (\hat{\alpha} - \|\Theta\|) \dot{\hat{\alpha}} + \lambda^{-1} \frac{k_\beta^{-1}}{4} \|\Theta\|^2 \beta \dot{\beta}$$

$$\leq -\lambda s^T D s - s^T K s - \|s\| \|Y\| (\hat{\alpha} - \|\Theta\|) + \lambda^{-1} (\hat{\alpha} - \|\Theta\|) \left(-\beta^2 \hat{\alpha} + \lambda \|s\| \|Y\| \right) - \lambda^{-1} \frac{1}{4} \|\Theta\|^2 \beta^2$$

$$\leq -\lambda s^T D s - s^T K s - \lambda^{-1} \beta^2 (\hat{\alpha}^2 - \|\Theta\| \hat{\alpha} + \frac{1}{4} \|\Theta\|^2)$$

$$\leq -\lambda s^T D s - s^T K s - \lambda^{-1} \beta^2 \left(\hat{\alpha} - \frac{\|\Theta\|}{2} \right)^2 < 0 。 \tag{11.22}$$

因此，上述之適應性可變結構滑動模式 PID 控制器為具有漸近穩定性的控制器。

■ 11.4 基材搬運機械臂控制器設計範例

本節舉例說明中科院所設計製作之基材搬運機器臂之控制器設計，包括數位 PID 及滑動模式控制器的詳細設計步驟。基材搬運機器臂示意圖及運動自由度如圖 11-6 所示。基材搬運機器臂有 3 個自由度：(1) θ 軸水平旋轉、(2) r 軸手臂伸展以及(3) z 軸上下運動；操作範圍為水平旋轉 360 deg.、手臂伸展 900 mm 以及上下運動 20 mm。

(a) 基材搬運機械臂示意圖

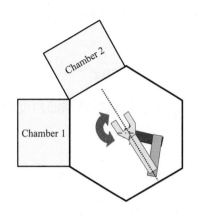

(b) 旋轉運動

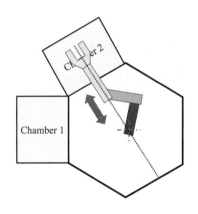

(c) 伸展運動

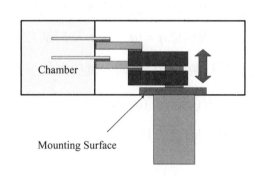

(d) 上下運動

圖 11-6 中科院設計製作之基材搬運機械臂，
(a)機械臂示意圖、(b)旋轉運動、(c)伸展運動、(d)上下運動

11.4.1 基材搬運機械臂數學模型

三自由度基材搬運機械臂採用機構解耦合之設計，水平旋轉 θ、機械臂伸展 r 以及上下運動 z 可分別由一個致動器來獨立驅動。因此其直接運動學方程式可簡化為

$$\theta = q_1, \ -\pi < q_1 \leq \pi$$

$$r = h(q_2) = 2d\sin(q_2) + d, \ -\frac{\pi}{6} \leq q_2 \leq \frac{\pi}{2}$$

$$z = cq_3 = \frac{1}{30\pi}q_3, \ 0 \leq q_3 < \frac{3}{5}\pi$$

其中 q_1、q_2、q_3 為機械臂關節角度變數以及 d 為機械臂連桿之桿長。其反運動學方程式為

$$q_1 = \theta, \ -\pi < \theta \leq \pi$$

$$q_2 = \sin^{-1}\frac{r-d}{2d}, \ 0 \leq r \leq 3a$$

$$q_3 = \frac{1}{c}z, \ 0 \leq z \leq 0.02 \ \circ$$

假設機械臂於運動平面三連桿之桿長均為 d，以及三個連桿之重量分別為 m_1、m_2 及 m_3。令廣義座標 $q = \begin{bmatrix} q_1 & q_2 \end{bmatrix}^T$ 及控制力矩 $\tau = \begin{bmatrix} \tau_1 & \tau_2 \end{bmatrix}^T$，則由 Lagrange 動力方程式我們可得基材搬運機械臂前二軸於運動平面之動力模型為

$$H(q)\ddot{q} + C(q,\dot{q})\dot{q} = \tau$$

上式中 $H = [H_{ij}]_{2\times2}$ 其中

$$H_{11} = \left(\frac{1}{4}m_1 + \frac{5}{4}m_2 + 3m_3 - (m_2 + 2m_3)\cos(2q_2) + 4m_3\sin(q_2)\right)d^2$$

$$H_{12} = H_{21} = \left(\frac{1}{4}m_1 + \frac{3}{4}m_2\right)d^2$$

$$H_{22} = \left(\frac{1}{4}m_1 + \frac{5}{4}m_2 + 2m_3 + (m_2 + 2m_3)\cos(2q_2)\right)d^2$$

以及 $C = [C_{ij}]_{2\times2}$ 其中

$$C_{11} = \left(2m_3\sin(2q_2) + 2m_3\cos(q_2) + m_2\sin(2q_2)\right)d^2\dot{q}_2$$

$$C_{12} = -C_{21} = \left(2m_3\sin(2q_2) + 2m_3\cos(q_2) + m_2\sin(2q_2)\right)d^2\dot{q}_1$$

$$C_{22} = -(m_2 + 2m_3)\sin(2q_2)d^2\dot{q}_2 \ \circ$$

在分散式解耦合控制方法下我們可忽略各軸之耦合項，因此機械臂前二軸之動力方程式可簡化為

$$a_1 \ddot{q}_1 + b_1 \dot{q}_1 = u_1$$
$$a_2 \ddot{q}_2 + b_2 \dot{q}_2 = u_2$$

以及 z 軸動力方程式可表示為

$$I \ddot{q}_3 + b_3 \dot{q}_3 + M g = u_3$$

其中 u_1、u_2 及 u_3 為各軸馬達驅動器之輸入變數，I 為機械臂於 z 軸之對等的轉動慣量，M 為機械臂總重量，b_1、b_2 及 b_3 為各軸之磨擦係數，以及未知參數 a_1 與 a_2。未知參數 a_1 與 a_2 之上下限值滿足

$$\left(\frac{1}{4}m_1 + \frac{1}{4}m_2 + m_3\right)d^2 \leq a_1 = H_{11} \leq \left(\frac{1}{4}m_1 + \frac{5}{4}m_2 + 7m_3\right)d^2$$

及

$$\left(\frac{1}{4}m_1 + \frac{5}{4}m_2 + 2m_3\right)d^2 \leq a_2 = H_{22} \leq \left(\frac{1}{4}m_1 + \frac{9}{4}m_2 + 4m_3\right)d^2 \,.$$

上述之簡化的系統模型將作為我們設計機械臂各軸控制器之參考模型。

11.4.2　數位 PID 控制器設計

令基材搬運機械臂各軸之輸出變數為 $y_1 = \theta$、$y_2 = r$ 及 $y_3 = z$；並令各軸馬達驅動器之控制輸入變數為 u_1、u_2、u_3。由於基材搬運機械臂之各個關節使用高比例的減速機，因此機械臂之動態特性可以近似為解耦合之系統，以及各軸可以表示為型式為 1 的二階線性系統

$$\frac{Y_i(s)}{U_i(s)} = G_i(s) = \frac{b_i}{s(s+a_i)} \quad , \quad i = 1, 2, 3 \, , \tag{11.23}$$

CHAPTER 11

其中 a_i 及 b_i 為待測之系統參數。為簡化表示式我們將以第一軸的動態模式

$$\frac{Y_1(s)}{U_1(s)} = G_1(s) = \frac{b_1}{s(s+a_1)} \quad , \tag{11.24}$$

為代表來說明機械臂系統參數的估測方法及數位控制器的設計方法。

由系統動態模式(11.24)，我們可將其輸入輸出系統方程式表示為

$$\ddot{y}_1(t) + a_1\dot{y}_1(t) = b_1u_1(t) \quad 。 \tag{11.25}$$

假設系統之初始狀態為靜止，並且輸入為一常數之電壓值 $u_1(t) = U_1$；則定電壓輸入開回路響應之初始加速度可表示為

$$b_1U_1 = \ddot{y}_1(0^+) = A^+ \quad , \tag{11.26}$$

以及穩態速度可表示為

$$\frac{b_1}{a_1}U_1 = \dot{y}_1(\infty) = V_{ss} \quad 。 \tag{11.27}$$

由(11.26)式及(11.27)式，系統參數 a_1 及 b_1 可表示為

$$a_1 = \frac{A^+}{V_{ss}} \tag{11.28}$$

以及

$$b_1 = \frac{A^+}{U_1} \quad 。 \tag{11.29}$$

PID 控制器為在工業界應用最廣泛的控制器，同時也適合用於具有高比例減速機之機械臂之伺服控制器，因為在理論上 PID 控制器為具有穩定性的機械臂控制器。假設第一軸 PID 控制器之型式為

$$G_c(s) = P + \frac{I}{s} + Ds \quad , \tag{11.30}$$

其中 P、I、D 分別為比例增益、積分增益及微分增益。由於增益交越頻率(gain cross-over frequency)與閉回路系統頻寬成正比，相位界限(phase margin)與系統阻尼成正比，因此

我們使用增益交越頻率 ω_c 及相位界限 PM 為 PID 控制器的設計參數。由於 PID 控制器共有 3 個增益待設計，因此我們尚有一個自由選擇的參數。我們可以選擇積分增益 I 為調變參數(tuning parameter)，其理由為對大部份的機械位置控制系統而言，即使簡單的 PD 控制器也將是一個不錯的控制器。

令回路轉移函數為 $L(s) = G_c(s)G_1(s)$，由增益交越頻率 ω_c 及相位界限 PM 兩個條件我們可得

$$|L(j\omega_c)| = |G_c(j\omega_c)||G_1(j\omega_c)| = 1$$

以及

$$\angle L(j\omega_c) + \pi = \angle G_c(j\omega_c) + \angle G_1(j\omega_c) + \pi = PM \quad ;$$

因此我們可得 PID 控制器於增益交越頻率 ω_c 之增益大小及相位角為

$$A = |G_c(j\omega_c)| = |G_1(j\omega_c)|^{-1} \tag{11.31}$$

以及

$$\alpha = \angle G_c(j\omega_c) = PM - \angle G_1(j\omega_c) - \pi \quad 。 \tag{11.32}$$

由於

$$G_c(j\omega_c) = P + j\left(D\,\omega_c - \frac{I}{\omega_c} \right) ,$$

因此比例增益為

$$P = A\cos\alpha \tag{11.33}$$

以及微分增益為

$$D = \frac{A\sin\alpha}{\omega_c} + \frac{I}{\omega_c^2} \quad , \tag{11.34}$$

其中積分增益 I 為調變參數。

PID 控制器

$$\frac{U_1(s)}{E_1(s)} = G_c(s) = P + \frac{I}{s} + Ds$$

可以表示為

$$U_1(s) = \left(P + \frac{I}{s} + Ds \right) E_1(s)，\tag{11.35}$$

其中 $e_1(t) = r_1(t) - y_1(t)$ 為位置誤差訊號、$r_1(t)$ 為位置命令訊號以及 $u_1(t)$ 為馬達驅動器之控制輸入訊號。令 T_s 為閉回路控制取樣時間，則(11.35)式可以數位化為

$$u_1[n] = P e_1[n] + I T_s \sum e_1[n] + \frac{D}{T_s} \left(e_1[n] - e_1[n-1] \right)。$$

上式之數位 PID 控制器可以整理為

$$u_1[n] = K_P e_1[n] + K_I \sum e_1[n] + K_D \left(e_1[n] - e_1[n-1] \right),\tag{11.36}$$

其中 $K_P = P$、$K_I = I T_s$ 及 $K_D = D/T_s$ 分別為數位 PID 控制器之比例增益、和分增益以及差分增益。於實際應用上，需考慮馬達驅動器之輸入訊號有最高及最低的上下限。為避 PID 控制器產生飽和現象，我們將積分項設計為具有上下限及最高及最低值範圍。

　　以下接著說明 PID 控制器之設計及實驗過程。首先進行第一軸開回路步級響應測試，我們得到速度響應曲線圖如圖 11-7 所示。由圖 11-7 我們可以觀測到穩態速度為

$$V_{ss} = \dot{y}_1(\infty) = 135.1 \ \ \text{rad/sec}$$

以及初始加速度為

$$A^+ = \ddot{y}_1(0^+) = 444.4 \ \ \text{rad/sec}^2 ;$$

因此系統參數 $a_1 = 3.29$ 及 $b_1 = 444.4$，以及開回路系統轉移函數為

$$G_1(s) = \frac{444.4}{s(s+3.29)} \text{ 。}$$

接著，令 PID 控制器的設計參數為增益交越頻率 $\omega_c = 10 \text{ rad/sec}$ 及相位界限 $PM = \pi/2$，並令積分增益 $I = 0.1$；則我們可以得到比例增益 $P = 0.074$ 及微分增益 $D = 0.0235$。使用 PID 控制增益值並令取樣頻率為 1.0 KHz，然後進行第一軸閉回路步級響應實驗結果如圖 11-8 所示。機械臂各軸之 PID 控制器設計步驟可如上述之方法進行。

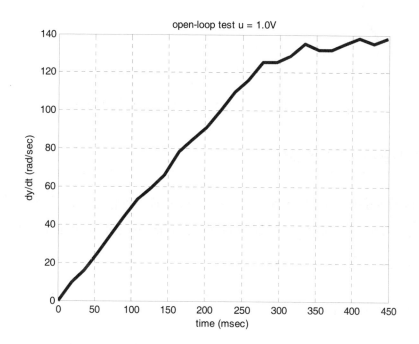

圖 11-7　第一軸開回路測試速度響應曲線圖，輸入訊號 $u = 1.0 \text{ V}$

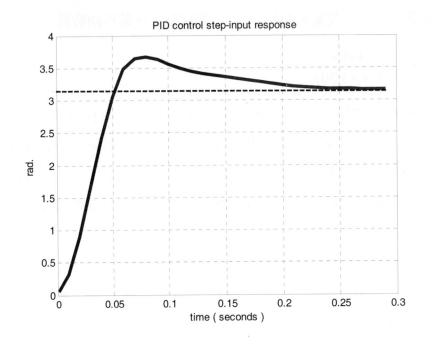

圖 11-8　第一軸 PID 控制器閉回路步級響應實驗結果

11.4.3　數位滑動模式控制器設計

　　由於基材搬運機械臂採用分散式獨立控制的架構，各軸之設計方法一致。因此以下以第一軸 q_1 為例說明滑動模式控制器(sliding mode control, SMC)的設計方法。已知機械臂第一軸之數學模型為

$$\ddot{q}_1 + a_1^{-1}b_1\dot{q}_1 = a_1^{-1}u_1 \text{，} \tag{11.37}$$

並令誤差訊號為 $e_1 = r_1 - q_1$。首先假設滑動平面為穩定的一階系統

$$s = m_1 e_1 + \dot{e}_1 = 0 \tag{11.38}$$

以及

$$\begin{aligned}\dot{s} &= m_1\dot{e}_1 + \ddot{e}_1 = m_1(\dot{r}_1 - \dot{q}_1) + \ddot{r}_1 - \ddot{q}_1 \\ &= m_1\dot{r}_1 + \ddot{r}_1 - m_1\dot{q}_1 + a_1^{-1}b_1\dot{q}_1 - a_1^{-1}u_1\end{aligned} \text{；} \tag{11.39}$$

則滑動模式控制器設計的基本原則為當 $s > 0$ 時，設計控制器輸出 u_1 使得 $\dot{s} < 0$；反之，當 $s < 0$ 時，設計控制器輸出 τ_1 使得 $\dot{s} > 0$。

例如：當 $s > 0$ 時，欲滿足

$$\dot{s} = m_1\dot{r}_1 + \ddot{r}_1 - m_1\dot{q}_1 + a_1^{-1}b_1\dot{q}_1 - a_1^{-1}u_1 < 0 \text{ ，}$$

我們可以設計控制器輸出

$$u_1 = u_1^+ = a_1\left|m_1\dot{r}_1 + \ddot{r}_1 + (a_1^{-1}b_1 - m_1)\dot{q}_1\right| \text{ 。} \qquad (11.40)$$

同理，當 $s < 0$ 時，欲滿足

$$\dot{s} = m_1\dot{r}_1 + \ddot{r}_1 - m_1\dot{q}_1 + a_1^{-1}b_1\dot{q}_1 - a_1^{-1}u_1 > 0 \text{ ，}$$

我們可以設計控制器輸出

$$u_1 = u_1^- = -a_1\left|m_1\dot{r}_1 + \ddot{r}_1 + (a_1^{-1}b_1 - m_1)\dot{q}_1\right| \text{ 。} \qquad (11.41)$$

因此，滑動模式控制器可設計為

$$u_1 = \begin{cases} a_1\left|m_1\dot{r}_1 + \ddot{r}_1 + (a_1^{-1}b_1 - m_1)\dot{q}_1\right| & s > 0 \\ -a_1\left|m_1\dot{r}_1 + \ddot{r}_1 + (a_1^{-1}b_1 - m_1)\dot{q}_1\right| & s < 0 \end{cases}$$

$$= a_1\left|m_1\dot{r}_1 + \ddot{r}_1 + (a_1^{-1}b_1 - m_1)\dot{q}_1\right|sign(s) \text{ 。} \qquad (11.42)$$

為避免控制器輸出瞬間不連續而易造成馬達不停的顫抖，我們可將控制器的輸出加上一個飽和器

$$u_1 = a_1\left|m_1\dot{r}_1 + \ddot{r}_1 + (a_1^{-1}b_1 - m_1)\dot{q}_1\right|sat(\frac{s}{\varepsilon}) \text{ ，} \qquad (11.43)$$

其中飽和器為

$$sat(x) = \begin{cases} 1 & x > 1 \\ x & -1 \le x \le 1 \\ -1 & x < -1 \end{cases} \text{ 。}$$

CHAPTER 11

滑動模式控制器的特點為具有高度的強健性及輸出響應快。為易於實現以及參數調變容易，我們將控制器輸出

$$u_1 = \left(k_1|s| + u_0\right)sat(\frac{s}{\varepsilon}) \tag{11.44}$$

以及

$$s = m_1 e_1 + \dot{e}_1 \text{ 。} \tag{11.45}$$

如此需調變的參數計有 $m_1 > 0$、$k_1 > 0$、$u_0 > 0$ 及 $\varepsilon > 0$。

令 $m_1 = 10$、$\varepsilon = \frac{10}{1000}\pi$、$k_1 = \frac{50}{1000}\pi$ 及 $u_0 = \frac{100}{920}10V$，我們得到第一軸輸出響應之實驗結果為如圖 11-9 所示。圖 11-10 所示為第一軸使用滑動模式控制器與 PID 控制器追蹤控制輸出響應之比較圖。結果顯示滑動模式控制器有較佳的追蹤控制性能且控制器參數容易調變。但是，當參考輸入命令為定點常數時，滑動模式控制器的輸出穩態誤差比有積分器的 PID 控制器還要顯著。

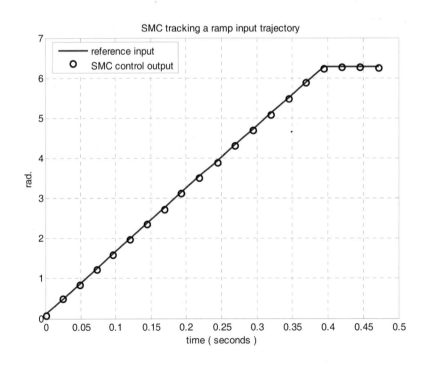

圖 11-9　第一軸滑動模式控制器追蹤控制之輸出響應結果

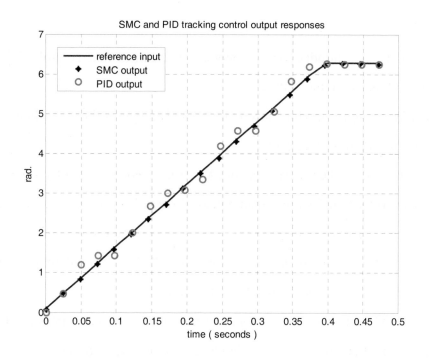

圖 11-10　第一軸滑動模式控制器與 PID 控制器追蹤控制之比較

參考文獻

[1] John J. Craig, Introduction to robotics, mechanical and control, Third Edition, Pearson Education, Inc., 2005.

[2] Mark W. Spong, Seth Hutchinson and M. Vidyasagar, Robot modeling and control, John Wiley & Sons, Inc. 2006.

[3] C.L. Shih, H.C. Chen, H.H. Lin, and Y.C. Liao, Motion control system design of a vacuum wafer-transfer robot manipulator, International Conference on Service and Interactive Robotics, SIRCon 2009, Taipei, Taiwan, August 6-7, 2009.

[4] Rafael Kelly, A tuning procedure for stable PID control of robot manipulators, Robotica, Vol. 13, Issue 2, pp. 141-148, March 1995.

[5] A. Yraz, V. Santibanez and J. Moreno-Valenzuela, Global asymptotic stability of the classical PID controller by considering saturation effects in industrial robots, Inter. Journal of Advanced Robitic Systems, Vol. 8, No. 4, pp. 34-42, 2011.

[6] R. Rascon and J. Moreno-Valenzula, Output feedback controller for tranjectory tracking of robot manipulators without velocity measurements nor observers, IET Control Theory and Applications, Vol. 14, Issue 14, pp. 1819-1827, 2020.

[7] J. Wang, Q. Wei, Q. Zhao and Z. Lou, Adaptive switched tracking control of robot manipulator, 2021 IEEE Inter. Conf. on Security, Pattern Analysis, and Cybernetics (SPAC), pp. 380-384, 2021.

CHAPTER **12**

機械臂影像回授控制

■ 12.1　簡介

　　影像伺服控制的基本概念為使用影像作為回授訊號進而控制機械臂的運動，以完成由影像限制條件所定義之工作任務。基本上機械臂影像伺服控制為非線性控制問題，但通常可經由影像特徵的設計將其轉換為較為簡單的線性控制問題。機械臂影像伺服控制雖然已發展四十多年且技術相當成熟的研究領域，但是此技術的應用處處可見。例如，自動化機器的視覺檢測、監控系統的視覺追蹤、自主移動機器人、無人自駕車或無人機的視覺導航等等不勝枚舉。簡而言之，只要具備視覺感測器，而且工作任務可以定義於動態影像之系統皆是影像伺服控制可以發揮的領域。加上近年來深度學習的快速發展，更進一步擴展至直接由最前端的影像輸入到最末端的控制決策之過程為困難的問題。

　　機械臂影像伺服控制技術可分別以下列所述之個別項目來分類。

(1)　相機的個數：機械臂視覺系統可以加裝有1個至多個相機或三維的相機系統(3D camera)。

(2)　相機的安置位置：安裝相機於機械臂末端處之眼在手(eye-in-hand)系統、固定相機於工作空間之眼到手(eye-to-hand)系統或兩者皆有安裝之系統。

(3)　被動式或主動式視覺：被動式視覺(passive vision)為常態式沒有加裝額外的視覺量測設備，然而主動式視覺(active vision)系統有特殊的視覺量測環境設計，例如打光。

(4)　回授控制方式：動態式先觀察再移動(dynamic look-and-move)或直接式伺服控制(direct visual servo control)控制方式。

(5)　誤差訊號控制方法：以空間位置誤差訊號爲主的影像伺服控制(PBVS, position based visual servo)、以影像空間誤差訊號爲主的影像伺服控制(IBVS, image based visual servo)或結合前述兩者的混合式影像伺服控制(hybrid visual servo)。

影像伺服控制分爲以空間位置爲主的影像伺服控制 PBVS，以及以影像空間爲主的影像伺服控制 IBVS 兩大類型。以空間位置爲主的影像伺服控制方法十分依賴於相機與空間環境參數的校正以及目標物 3 度空間的重建。以影像空間爲主的影像伺服控制方法，則依賴於正確影像特徵向量的獲得及精確微分矩陣(Jacobian matrix)的估算。PBVS 的優點爲直接在直角座標系統控制機械臂運動、直角座標 3D 重建可獨立分離處理；缺點爲需要視覺系統校正，校正誤差敏感、3D 重建過程需耗時。IBVS 的優點爲能容忍相機及工作環境的誤差不會跳出相機的視線範圍，系統較具有強健性、靜態位置誤差小；缺點爲不能保證控制系統的收斂性、會遭遇視覺微分矩陣奇異性的問題。兩者相比，以影像空間爲主的影像伺服控制方法有較佳的系統穩定性與強健性及較小的控制誤差，因此成爲影像伺服控制的主流作法。

■ 12.2　影像伺服控制基本原理

影像伺服控制之首要步驟爲控制任務或目標，可以使用動態影像特定的量測特徵來定義。影像伺服控制器之目標爲控制目前影像的特徵值趨近於理想值的影像特徵值，使得兩者之誤差越小越好。一般而言，影像伺服控制系統爲非線性控制系統，系統的穩定性分析需進一步進行 Lyapunov 穩定性分析。

影像伺服控制之執行步驟如下所述：

(1)　擷取目前的影像。

(2)　獲得目前影像有用的量測特徵 $m(t)$。

(3)　計算目前影像的影像任務特徵值 $s(m(r(t),a)$，其中 $r(t) = (x, y, z, \alpha, \beta, \gamma)$ 爲機械臂終端器位置及尤拉角及 a 代表系統的相關參數。

(4) 計算影像特徵之理想值 $s^*(t)$ 與目前的影像特徵值 $s(m(r(t),a)$ 之誤差值

$$e(t) = s(m(r(t),a) - s^*(t) \text{ 。}$$ (12.1)

(5) 更新機械臂終端器之線速度及角速度使得此影像誤差值 $e(t)$ 越接近於零。

以 IBVS 為例,特徵 $s(t)$ 及 $s^*(t)$ 皆為直接定義於二維的影像座標的量。以 PBVS 為例,$s(t)$ 及 $s^*(t)$ 與相機及觀察物體兩者之間三維空間的位置及方位角有直接的關連,且三維空間重建及相機校正息息相關。特徵 $s(t)$ 的微分表示為

$$\dot{s} = J_s \dot{q}(t) + \frac{\partial s}{\partial t} \text{ ,}$$

其中 $\dot{q}(t)$ 為機械臂目前姿態之關節角度座標角速度向量、J_s 為特徵微分矩陣。對眼在手相機系統而言,$\frac{\partial s}{\partial t}$ 項表示 $s(t)$ 對觀察物體移動的影響;然而對眼到手相機系統而言,$\frac{\partial s}{\partial t}$ 項表示 $s(t)$ 對感測器移動的影響。通常 $\frac{\partial s}{\partial t}$ 項可以忽略不計。

定義 $\dot{s}(t) = L_s{}^c v_s(t)$,其中 L_s 稱為交互作用矩陣(interaction matrix)以及 ${}^c v_s(t) = (v_x, v_y, v_z, \omega_x, \omega_y, \omega_z)$ 為被量測物體相對於相機座標系統之相對線速度與角速度。被量測物體工作點 $P = (x_c, y_c, z_c)$ 相對於相機座標系統之線速度為

$$\begin{bmatrix} \dot{x}_c \\ \dot{y}_c \\ \dot{z}_c \end{bmatrix} = -\begin{bmatrix} \omega_x \\ \omega_y \\ \omega_z \end{bmatrix} \times \begin{bmatrix} x_c \\ y_c \\ z_c \end{bmatrix} - \begin{bmatrix} v_x \\ v_y \\ v_z \end{bmatrix} = \begin{bmatrix} y_c \omega_z - z_c \omega_y - v_x \\ z_c \omega_x - x_c \omega_z - v_y \\ x_c \omega_y - y_c \omega_x - v_z \end{bmatrix} \text{ 。}$$

定義 $v_e = J(q)\dot{q}$,其中 $J(q)$ 項為機械臂微分矩陣以及 v_e 為機械臂終端器之線速度與角速度。定義 ${}^c T_e = \begin{bmatrix} {}^c R_e & \left[{}^c t_e \times \right] {}^c R_e \\ 0_{3\times3} & {}^c R_e \end{bmatrix}$ 為機械臂終端器相對於相機座標系統之空間運動轉換矩陣(spatial motion transform matrix),${}^c v_s(t) = {}^c T_e{}^e v_s$。定義 $\dot{s}(t) = J_s \dot{q}(t)$,其中 J_s 稱為特徵微分矩陣,

$$\dot{s}(t) = L_s{}^c v_s(t) = L_s{}^c T_e{}^e v_s = -L_s{}^c T_e{}^e v_s = -L_s{}^c T_e J(q)\dot{q} = J_s \dot{q}(t) \text{ ;}$$ (12.2)

因此，

$$J_s = -L_s\,{}^cT_e J(q)\ \text{。}$$

最後，影像伺服控制最基本的控制法則可表示為

$$\dot{q}(t) = -\lambda J_s^+ e(t) - J_s^+ \frac{\partial s}{\partial t} + J_s^+ \frac{\partial s^*}{\partial t}\ ,\tag{12.3}$$

其中 $e(t) = s(t) - s^*(t)$，λ 為增益，J_s^+ 為特徵微分矩陣的廣義反矩陣。上式右側之第 2 項及第 3 項為前饋項用來降低追蹤誤差，在工作物或相機其中之一為固定不變時這兩項設為零。

■ 12.3　三維空間平行四邊形影像對位

我們將以機械臂眼在手之相機作為主要的影像伺服控制及對正工作物體，並以如圖 12-1 所示之對正 z-平面上具有平行四邊形(parallelogram)特徵物件之 IBVS 影像伺服控制系統為例。令 $(x_i, y_i, 0)$, $i = 1, 2, 3, 4$ 依序為平行四邊形以逆時針方向之 4 個端點，且滿足 $x_1 + x_3 - x_2 - x_4 = 0$ 及 $y_1 + y_3 - y_2 - y_4 = 0$，經影像處理我們可以得到 4 個端點相對應的影像特徵點為 (u_i, v_i), $i = 1, 2, 3, 4$。設計 6 個誤差訊號 $e(t) = s(m(r(t), a)) - s^*(t)$，其中 $e_i, i = 1, 2, \cdots, 6$ 為如下所列：

$$e_1 = \frac{u_1 + u_2 + u_3 + u_4}{4} - u_g$$

$$e_2 = \frac{v_1 + v_2 + v_3 + v_4}{4} - v_g$$

$$e_3 = u_1 - u_2 + u_3 - u_4$$

$$e_4 = v_1 - v_2 + v_3 - v_4$$

$$e_5 = \text{atan2}(\,v_2 - v_1, u_2 - u_1) - \theta_g$$

以及

$$e_6 = \frac{\sqrt{k_u k_v S_{xy}}}{\sqrt{S_{uv}}} - h_g\ ,$$

其中(u_g, v_g)爲平行四邊形影像中心目標點、θ_g爲平行四邊形對正的角度、h_g爲相機相對於工作面的高度,以及S_{xy}與S_{uv}分別爲平行四邊形三維直角座標空間及在二維影像空間之面積。平行四邊形特徵 IBVS 影像空間誤差訊號如圖 12-2 所示。

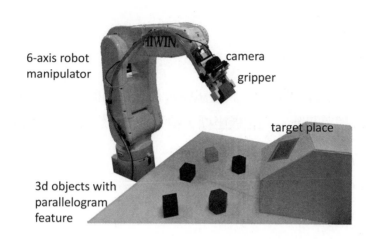

圖 12-1 影像伺服控制應用例:三維空間平行四邊形影像對位

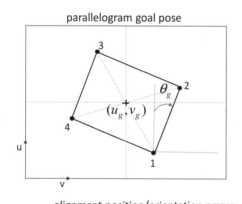

alignment position/orientation errors:

$$e_1 = (u_1 + u_2 + u_3 + u_4)/4 - u_g$$
$$e_2 = (v_1 + v_2 + v_3 + v_4)/4 - v_g$$

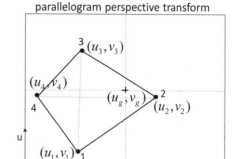

$$e_3 = u_1 - u_2 + u_3 - u_4$$
$$e_4 = v_1 - v_2 + v_3 - v_4$$
$$e_5 = \text{atan2}(v_2 - v_1, u_2 - u_1) - \theta_g$$

圖 12-2 平行四邊形特徵 IBVS 影像空間誤差訊號

此 6 個誤差訊號分別對應到控制機械臂終端器之 3 個相對平移移動量$(\Delta x, \Delta y, \Delta z)$與 3 個相對旋轉角度$(\Delta\alpha, \Delta\beta, \Delta\gamma)$。誤差訊號$(e_1, e_2)$用來對正相機座標 x-軸及 y-軸平移,使得平行四邊形之中心點落於相機影像平面的中心點$(u_g, v_g) = (u_0, v_0)$;

$$\begin{bmatrix} \Delta x \\ \Delta y \end{bmatrix} = \begin{bmatrix} K_1 \, e_1 \\ K_2 \, e_2 \end{bmatrix}$$

誤差訊號 (e_3, e_4) 用來對相機座標 x-軸及 y-軸旋轉，使得相機平面與平行四邊形相互平行；

$$\begin{bmatrix} \Delta \alpha \\ \Delta \beta \end{bmatrix} = \begin{bmatrix} K_3 \, e_3 \\ K_4 \, e_4 \end{bmatrix}$$

為相對於相機座標之 XYZ 尤拉角。誤差訊號 e_5 用來對相機座標 z-軸旋轉至理想的旋轉角 θ_g，以及深度誤差訊號 e_6 為相機座標 z-軸平移至理想的相機深度 h_g，

$$\begin{bmatrix} \Delta \gamma \\ \Delta z \end{bmatrix} = \begin{bmatrix} K_5 \, e_5 \\ K_6 \, e_6 \end{bmatrix} \text{。}$$

以下我們將證明：只有當 $e_3 = u_1 + u_3 - u_2 - u_4 = 0$ 及 $e_4 = v_1 + v_3 - v_2 - v_4 = 0$ 時，上述之控制方法方為穩定的閉回路系統並可控制誤差向量趨近於零。

假設三維空間工作點於相機座標之位置表示為 $P = (x_c, y_c, z_c)$，以及其於影像座標之成像點表示為 (u, v)，由針孔成像原理及相機內部參數可得

$$u = \frac{k_u x_c}{z_c} + u_0 \text{ 、 } v = \frac{k_v y_c}{z_c} + v_0 \text{ ，}$$

其中 (u_0, v_0) 為影像平面的中心點。令 $\bar{u} = u - u_0$ 及 $\bar{v} = v - v_0$，進一步可得

$$\bar{u} = k_u \frac{x_c}{z_c} \text{ 、 } \bar{v} = k_v \frac{y_c}{z_c} \text{ ；}$$

以及

$$x_c = \frac{z_c}{k_u} \bar{u} \text{ 、 } y_c = \frac{z_c}{k_v} \bar{v} \text{ 。}$$

令對眼在手相機相對於相機座標系統之移動速度及旋轉角速度分別為 $\mu = (v_x, v_y, v_z)$ 及 $\omega = (\omega_x, \omega_y, \omega_z)$，工作點 P 相對於相機座標系統之速度為

$$\begin{bmatrix} \dot{x}_c \\ \dot{y}_c \\ \dot{z}_c \end{bmatrix} = - \begin{bmatrix} \omega_x \\ \omega_y \\ \omega_z \end{bmatrix} \times \begin{bmatrix} x_c \\ y_c \\ z_c \end{bmatrix} - \begin{bmatrix} v_x \\ v_y \\ v_z \end{bmatrix} = \begin{bmatrix} y_c \omega_z - z_c \omega_y - v_x \\ z_c \omega_x - x_c \omega_z - v_y \\ x_c \omega_y - y_c \omega_x - v_z \end{bmatrix} \text{ 。}$$

因此，

$$\dot{\bar{u}} = \frac{k_u}{z_c}\dot{x}_c - \frac{k_u x_c}{z_c^2}\dot{z}_c = \frac{k_u}{k_v}\bar{v}\omega_z - k_u\omega_y - k_u\frac{v_x}{z_c} - \frac{\bar{u}^2}{k_u}\omega_y + \frac{\bar{u}\,\bar{v}}{k_v}\omega_x + \bar{u}\frac{v_z}{z_c}$$

$$\dot{\bar{v}} = \frac{k_v}{z_c}\dot{y}_c - \frac{k_v y_c}{z_c^2}\dot{z}_c = -\frac{k_v}{k_u}\bar{u}\omega_z + k_v\omega_x - k_v\frac{v_y}{z_c} - \frac{\bar{v}\,\bar{u}}{k_u}\omega_y + \frac{\bar{v}^2}{k_v}\omega_x + \bar{v}\frac{v_z}{z_c} \ \circ$$

將上述 2 式改寫為交互作用矩陣型式如下所示，

$$\begin{bmatrix} \dot{\bar{u}} \\ \dot{\bar{v}} \end{bmatrix} = L_s\begin{bmatrix} \mu \\ \omega \end{bmatrix} = \begin{bmatrix} -\dfrac{k_u}{z_c} & 0 & \dfrac{\bar{u}}{z_c} & \dfrac{\bar{u}\,\bar{v}}{k_v} & -k_u-\dfrac{\bar{u}^2}{k_u} & \dfrac{k_u}{k_v}\bar{v} \\[3mm] 0 & -\dfrac{k_v}{z_c} & \dfrac{\bar{v}}{z_c} & k_v+\dfrac{\bar{v}^2}{k_v} & -\dfrac{\bar{v}\,\bar{u}}{k_u} & -\dfrac{k_v}{k_u}\bar{u} \end{bmatrix}\begin{bmatrix} \mu \\ \omega \end{bmatrix} \ \circ$$

平行四邊形之方位角對正誤差為

$$\begin{bmatrix} e_3 \\ e_4 \end{bmatrix} = \begin{bmatrix} u_1-u_2+u_3-u_4 \\ v_1-v_2+v_3-v_4 \end{bmatrix} = \begin{bmatrix} \bar{u}_1-\bar{u}_2+\bar{u}_3-\bar{u}_4 \\ \bar{v}_1-\bar{v}_2+\bar{v}_3-\bar{v}_4 \end{bmatrix},$$

以及誤差的微分為

$$\begin{bmatrix} \dot{e}_3 \\ \dot{e}_4 \end{bmatrix} = \begin{bmatrix} \dfrac{\bar{u}_1\bar{v}_1-\bar{u}_2\bar{v}_2+\bar{u}_3\bar{v}_3-\bar{u}_4\bar{v}_4}{k_v} & -\dfrac{\bar{u}_1^2-\bar{u}_2^2+\bar{u}_3^2-\bar{u}_4^2}{k_u} \\[3mm] \dfrac{\bar{v}_1^2-\bar{v}_2^2+\bar{v}_3^2-\bar{v}_4^2}{k_v} & -\dfrac{\bar{u}_1\bar{v}_1-\bar{u}_2\bar{v}_2+\bar{u}_3\bar{v}_3-\bar{u}_4\bar{v}_4}{k_u} \end{bmatrix}\begin{bmatrix} \omega_x \\ \omega_y \end{bmatrix} \ \circ$$

將比例控制器 $\begin{bmatrix} \omega_x \\ \omega_y \end{bmatrix} = \begin{bmatrix} K_3 e_3 \\ K_4 e_4 \end{bmatrix}$ 帶入上式，我們得到誤差的動態方程式

$$\begin{bmatrix} \dot{e}_3 \\ \dot{e}_4 \end{bmatrix} = A\begin{bmatrix} e_3 \\ e_4 \end{bmatrix}$$

$$= \begin{bmatrix} K_3\dfrac{\bar{u}_1\bar{v}_1-\bar{u}_2\bar{v}_2+\bar{u}_3\bar{v}_3-\bar{u}_4\bar{v}_4}{k_v} & -K_3\dfrac{\bar{u}_1^2-\bar{u}_2^2+\bar{u}_3^2-\bar{u}_4^2}{k_u} \\[3mm] K_4\dfrac{\bar{v}_1^2-\bar{v}_2^2+\bar{v}_3^2-\bar{v}_4^2}{k_v} & -K_4\dfrac{\bar{u}_1\bar{v}_1-\bar{u}_2\bar{v}_2+\bar{u}_3\bar{v}_3-\bar{u}_4\bar{v}_4}{k_u} \end{bmatrix}\begin{bmatrix} e_3 \\ e_4 \end{bmatrix} \ \circ$$

令 Lyapunov 能量函數 $V = \frac{1}{2}e_3^2 + \frac{1}{2}e_4^2$，誤差的動態方程式為 Lyapunov 穩定之條件為矩陣 A 為負定；亦即，

$$-K_3 \frac{\overline{u}_1\overline{v}_1 - \overline{u}_2\overline{v}_2 + \overline{u}_3\overline{v}_3 - \overline{u}_4\overline{v}_4}{k_v} \geq 0$$

以及

$$-K_3 K_4 \frac{(\overline{u}_1\overline{v}_1 - \overline{u}_2\overline{v}_2 + \overline{u}_3\overline{v}_3 - \overline{u}_4\overline{v}_4)^2 - (\overline{u}_1^2 - \overline{u}_2^2 + \overline{u}_3^2 - \overline{u}_4^2)(\overline{v}_1^2 - \overline{v}_2^2 + \overline{v}_3^2 - \overline{v}_4^2)}{k_v k_u} > 0 \, 。$$

若滿足 $\overline{u}_1 + \overline{u}_3 + \overline{u}_2 + \overline{u}_4 = 0$ 及 $\overline{v}_1 + \overline{v}_3 + \overline{v}_2 + \overline{v}_4 = 0$，則我們可得

$$(\overline{u}_1\overline{v}_1 - \overline{u}_2\overline{v}_2 + \overline{u}_3\overline{v}_3 - \overline{u}_4\overline{v}_4)^2 - (\overline{u}_1^2 - \overline{u}_2^2 + \overline{u}_3^2 - \overline{u}_4^2)(\overline{v}_1^2 - \overline{v}_2^2 + \overline{v}_3^2 - \overline{v}_4^2)$$

$$= (\overline{u}_1\overline{v}_2 - \overline{u}_2\overline{v}_1)^2 + (\overline{u}_2\overline{v}_3 - \overline{u}_3\overline{v}_2)^2 + (\overline{u}_3\overline{v}_4 - \overline{u}_4\overline{v}_3)^2 + (\overline{u}_4\overline{v}_1 - \overline{u}_1\overline{v}_4)^2$$

$$\quad - (\overline{u}_1\overline{v}_3 - \overline{u}_3\overline{v}_1)^2 - (\overline{u}_2\overline{v}_4 - \overline{u}_4\overline{v}_2)^2$$

$$= (\overline{u}_1\overline{v}_2 - \overline{v}_1\overline{u}_2 + \overline{u}_2\overline{v}_3 - \overline{v}_2\overline{u}_3 + \overline{u}_3\overline{v}_1 - \overline{u}_1\overline{v}_3)^2 > 0 \, 。$$

因此，增益 K_3、K_4 需設定為如下所示，

$$K_3 = -\text{sgn}(\overline{u}_1\overline{v}_1 - \overline{u}_2\overline{v}_2 + \overline{u}_3\overline{v}_3 - \overline{u}_4\overline{v}_4)K \, , \quad K > 0 \, ,$$

$$K_4 = -K_3 \, 。$$

圖 12-3 所示為平行四邊形特徵物件之 IBVS 影像伺服及機械臂抓取與放置控制系統之控制流程圖。

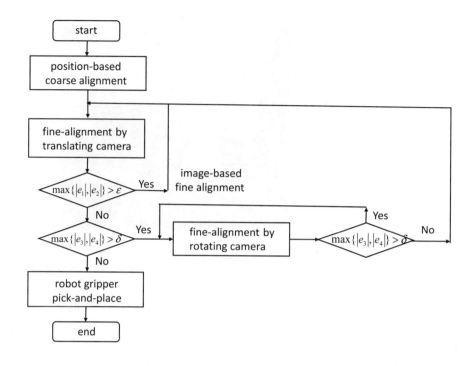

圖 12-3　平行四邊形特徵物件之 IBVS 影像伺服及機械臂抓取與放置控制系統

■ 12.4　撞球機器人影像回授控制

　　撞球機器人之工作環境為 $1' \times 2'$ ($32 \times 64 \ \mathrm{cm}^2$) 之迷你型撞球台，球台上計有白色母球及 1 號至 15 號球，共有 16 個不同顏色直徑為 30mm 之球。撞球機器人之任務為自主性的撞擊白色母球將不同顏色的球推進至撞球桌的洞內，然後重覆此動作直到 1 號至 15 號球皆進洞為止。撞球機器人之主體為上銀科技公司之 6 軸工業機械臂，機械臂的終端器上安裝有可前後移動 30mm 之氣壓缸撞球桿(pneumatic cue)。為了精確地量測到球的中心點之空間位置，彩色相機(Webcam)安置於機械臂的終端器上。撞球機器人系統的控制單元為桌上型個人電腦。撞球機器人之設備實體圖及工作環境如圖 12-4 所示。撞球機構的安裝方式為撞球桿伸展後之末端置於在眼在手相機之中心點，如此作法可以簡化機械臂及工具參數的校正問題。撞球機器人之研究重點為影像回授控制。

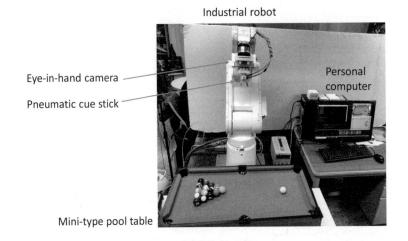

圖 12-4　撞球機器人實體圖，其任務為自主的撞擊白色母球將各個顏色球推進至撞球桌洞內

　　撞球機器人影像回授控制系統之目標為計算出撞球桌洞口、各個不同顏色球及母球的中心位置，然後移動機械臂終端器至白色母球的正上方再開始擊球。根據球中心位置的準確性要求可分為粗定位(coarse alignment)及細定位(fine alignment) 2 個策略及步驟。粗定位如圖 12-5 所示使用到眼到手(eye-to-hand)之相機安裝在固定於撞球台附近由上往下俯視整個球桌，量測到球中心點的精度大約在 1.0 mm 至 5.0 mm 間。細定位使用到眼在手(eye-in-hand)之相機安裝在機械臂終端器上以影像回授控制方式將相機的中心點移動至球中心點的正上方，其量測到球中心點位置之精度可在 1.0 mm 以下。使用兼具整體及局部性範圍之兩組相機的作法，可兼顧到球中心位置的準確性及節省撞球機器人系統工作空間之要求。由於球台洞口只有在眼在手相機下方時呈現為白色，因此球桌洞口的位置只能使用細定位的方法來取得。

(a) 輸入影像　　　　　　　　　　　　　(b) Mask R-CNN 彩色球偵測結果

圖 12-5　輸入影像及 Mask R-CNN 彩色球偵測結果

粗定位工作原理為眼到手相機平面座標至世界平面座標之透視轉換或稱為 Homography 轉換。眼到手相機至世界座標旋轉矩陣之 XYZ 尤拉角為 $(180°, -35°, -90°)$。首先記錄 4 個顏色球中心點分別於眼到手相機座標及機器人世界座標的座標值。然後據此對應的條件即可計算出世界座標至相機座標的透視轉換 (perspective transform)$^c H_w$，

$$w \begin{bmatrix} u \\ v \\ 1 \end{bmatrix} = {}^c H_w \begin{bmatrix} x \\ y \\ 1 \end{bmatrix} = \begin{bmatrix} -1.256 & -0.459 & 616.932 \\ -0.018 & 0.776 & -59.593 \\ 0.0 & -0.001 & 1.0 \end{bmatrix} \begin{bmatrix} x \\ y \\ 1 \end{bmatrix} ; \tag{12.4}$$

以及相機座標至世界座標的透視轉換 $^w H_c$，

$$w \begin{bmatrix} x \\ y \\ 1 \end{bmatrix} = {}^w H_c \begin{bmatrix} u \\ v \\ 1 \end{bmatrix} = \begin{bmatrix} -0.744 & -0.003 & 459.050 \\ -0.019 & 1.276 & 87.511 \\ 0.0 & -0.001 & 1.0 \end{bmatrix} \begin{bmatrix} u \\ v \\ 1 \end{bmatrix} , \tag{12.5}$$

其中 (u, v) 及 (x, y) 分別為對應於相機座標及世界座標的點，w 為任意非零的實數。接著應用上式即可由已知顏色球在眼到手相機座標的影像位置，來得到顏色球在機器人世界座標的真實位置。使用此方法的優點為顏色球之中心點位置可以快速的取得，但是缺點為需要非常精確的相機校正程序及方法，否則世界座標位置誤差會落在 1.0 mm 至 5.0 mm 之間。

如圖 12-6 所示之細定位其工作原理為使用機械臂使用眼在手相機影像回授控制。首先在眼在手相機的可視範圍內選擇特定顏色目標球，然後連續移動機械臂終端器上相機直到特定顏色目標球之中心點落於相機影像的中心點為止。眼在手相機至世界座標旋轉矩陣之 XYZ 尤拉角為 $(180°, -35°, -90°)$。機械臂終端器每次於相機座標的移動量 $(\Delta x_1, \Delta y_1)$ 乃根據閉回路比例控制器

$$(\Delta x_1, \Delta y_1) = K_1 (\Delta u_1, \Delta v_1) , \tag{12.6}$$

其中 $(\Delta u_1, \Delta v_1)$ 為目標球中心點與影像中心的誤差值及 K_1 為比例增益。通常經過 2 至 3 次左右的比例控制更新即可達到 1 個影像像素(1 pixel)的誤差精度，其相當於實驗撞球台上 0.2 mm 世界座標位置之誤差精度。使用此方法的優點為可以得到目標球中心點的準確位置，但是缺點為需花費時間成本。撞球機器人結合粗定位及細定位優勢之定

位原則為首先對撞球台上所有的顏色球進行粗定位，然後依序對球撞球策略需考慮到的顏色球、目標球及白色母球進行細定位。

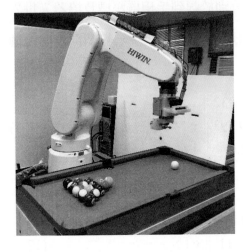

圖 12-6　機械臂使用眼在手相機影像回
　　　　　授控制進行細定位

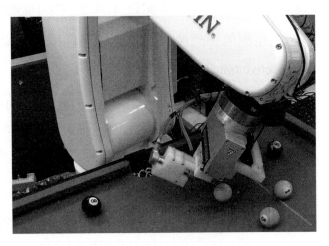

圖 12-7　撞球機器人的撞球姿態例

　　機器人撞球的姿態與動作屬於機械臂反運動學的問題，它必須避開機械臂的奇異點及不可超越出安全的工作範圍。母球被撞擊後的運動行徑除了受氣壓缸撞球桿之撞擊速度及撞球角度所決定之外，撞球桿的傾斜角度及母球的撞球點也是二個待考慮的重要因素。撞球角度由撞球策略所選定。撞球系統之動作空間可整合為撞球桿的傾斜角度、撞球點相對於球中心點之位置、撞擊速度及撞球角度。撞球姿態的規劃原則為撞球桿在球上方以向下傾斜 30 度朝白色母球的中心點處擊球，如圖 12-7 所示。此撞球姿態的優點在於擊球點具有全面性，不論球在什麼位置及任何的擊球角度皆沒有擊不到球與碰撞到其他球或撞球台的問題。

　　精確的撞球點可以使用影像伺服控制來達成。機器人撞球前先將眼在手相機移到白色母球上方以向下傾斜 α 度 $(\alpha = 30^\circ)$ 朝撞球角度 $\theta\,(-180 < \theta \leq 180^\circ)$ 方向，然後在此姿態進行眼在手相機於世界座標的細定位控制；此時眼在手相機至世界座標旋轉矩陣之 X-Y-Z 尤拉角為 $(180^\circ, 30^\circ, \theta)$。眼在手相機每次於世界座標的移動量 $(\Delta x_2, \Delta y_2)$ 也是根據閉回路比例控制器

$$(\Delta x_2, \Delta y_2) = K_2 \cos(\alpha) R(\theta)(\Delta u_2, \Delta v_2) \ ,$$

(12.7)

其中 $(\Delta u_2, \Delta v_2)$ 為白色球中心點與影像目標點的誤差值、$R(\theta)$ 為二維旋轉矩陣以及 K_2 為比例增益。通常經過 3 至 5 次左右的比例控制更新即可達到 1 個影像像素(1 pixel) 的誤差精度,如此撞球桿與白色母球中心點之連線方向即為正確的撞球點角度。圖 12-8 與圖 12-9 分別為無影像伺服控制修正以及加入影像伺服控制修正擊球姿態之比較 圖。很明顯的加入影像伺服控制修正後,不論任何的擊球角度撞球桿末端皆能擊中白 球的中央位置。這種線上校正作法的最大優點為無需事先離線校正機械臂終端器上之 相機及撞球桿的幾何參數。校正機械臂末端工件的幾何參數是一件繁複且常有重現性 的問題。

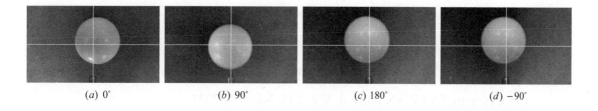

(a) 0°   (b) 90°   (c) 180°   (d) −90°

圖 12-8　無影像伺服控制修正時,當擊球角度分別為(a) 0°、(b) 90°、(c) 180°及(d) −90°時, 母球的撞擊點與其中心點各有不同的位置誤差且不具有一致性

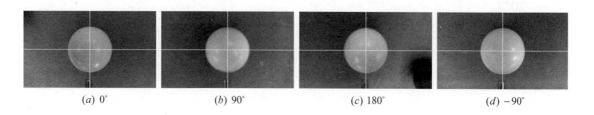

(a) 0°   (b) 90°   (c) 180°   (d) −90°

圖 12-9　加入影像伺服控制修正後,當擊球角度分別為(a) 0°、(b) 90°、(c) 180°及(d) −90°時, 母球的撞擊點與其中心點之位置誤差大幅的降低且具有一致性

參考文獻

[1] Peter Croke, Robotics, vision and control, Springer, 2011.

[2] S. Hutchinson, G. Hager and P. Croke, A tutorial on visual servo control, IEEE Trans. on Robotics and Automation, Vol. 12, No. 5, pp. 651-670, 1996.

[3] D. Kragic and I. Christensen, Survey on visual servo for manipulator, Technical Report, 2010.

[4] C.L. Shih and Yi Lee, A simple robotic eye-in-hand camera positioning and alignment control method based on parallelogram features, Robotics, 2007.

[5] K. He, G. Gkioxari, P. Dollar and R. Girshick, Mask R-CNN, 2017 IEEE Inter. Conf. on Computer Vision, 2017.

[6] C.L. Shih and Y.C. Lin, Precise visual feedback control design for a pool-playing robot system, SYLWAN journal, Vol. 165, Issue. 4, 2021.

[7] J. Wu, Z. Jin, A. Liu, L. Yu and F. Yang, A survey of learning-based control of robotic visual servoing systems, Journal of Franklin Institute Vol. 359, pp.556-577, 2022.

歡迎加入 全華會員

● 會員獨享

會員享購書折扣、紅利積點、生日禮金、不定期優惠活動…等。

● 如何加入會員

掃 QRcode 或填妥讀者回函卡直接傳真 (02) 2262-0900 或寄回，將由專人協助登入會員資料，待收到 E-MAIL 通知後即可成為會員。

如何購買 全華書籍

1. 網路購書

全華網路書店「http://www.opentech.com.tw」，加入會員購書更便利，並享有紅利積點回饋等各式優惠。

2. 實體門市

歡迎至全華門市（新北市土城區忠義路21號）或各大書局選購。

3. 來電訂購

(1) 訂購專線：(02) 2262-5666 轉 321-324
(2) 傳真專線：(02) 6637-3696
(3) 郵局劃撥（帳號：0100836-1 戶名：全華圖書股份有限公司）

※ 購書未滿 990 元者，酌收運費 80 元。

OpenTech.com.tw 全華網路書店

全華網路書店 www.opentech.com.tw
E-mail: service@chwa.com.tw

※ 本會員制如有變更則以最新修訂制度為準，造成不便請見諒。

讀 回 函 卡

掃 QRcode 線上填寫 ▶▶▶

2020.09 修訂

姓名：

生日：西元＿＿＿＿年＿＿＿月＿＿＿日　性別：□男 □女

電話：（　　）　　　　　　　　　　手機：

e-mail　（必填）

註：數字零，請用 Φ 表示，數字1與英文 L 請另註明並書寫端正，謝謝。

通訊處：□□□□□

學歷：□高中・職　□專科　□大學　□碩士　□博士

職業：□工程師　□教師　□學生　□軍・公　□其他

學校／公司：　　　　　　　　　　科系／部門：

· 需求書類：
□ A. 電子 □ B. 電機 □ C. 資訊 □ D. 機械 □ E. 汽車 □ F. 工管 □ G. 土木 □ H. 化工 □ I. 設計
□ J. 商管 □ K. 日文 □ L. 美容 □ M. 休閒 □ N. 餐飲 □ O. 其他

· 本次購買圖書為：　　　　　　　　　　　書號：

· 您對本書的評價：
封面設計：□非常滿意　□滿意　□尚可　□需改善，請說明
內容表達：□非常滿意　□滿意　□尚可　□需改善，請說明
版面編排：□非常滿意　□滿意　□尚可　□需改善，請說明
印刷品質：□非常滿意　□滿意　□尚可　□需改善，請說明
書籍定價：□非常滿意　□滿意　□尚可　□需改善，請說明
整體評價：請說明

· 您在何處購買本書？
□書局　□網路書店　□書展　□團購　□其他

· 您購買本書的原因？（可複選）
□個人需要　□公司採購　□親友推薦　□老師指定用書　□其他

· 您希望全華以何種方式提供出版訊息及特惠活動？
□電子報　□ DM　□廣告　（媒體名稱　　　　　　　　　）

· 您是否上過全華網路書店？（www.opentech.com.tw）
□是　□否　您的建議

· 您希望全華出版哪方面書籍？

· 您希望全華加強哪些服務？

感謝您提供寶貴意見，全華將秉持服務的熱忱，出版更多好書，以饗讀者。

填寫日期：　　／　　／

親愛的讀者：

感謝您對全華圖書的支持與愛護，雖然我們很慎重的處理每一本書，但恐仍有疏漏之處，若您發現本書有任何錯誤，請填寫於勘誤表內寄回，我們將於再版時修正，您的批評與指教是我們進步的原動力，謝謝！

全華圖書　敬上

勘 誤 表

書號	頁數	行數	書名	作者
			錯誤或不當之詞句	建議修改之詞句

我有話要說：　（其它之批評與建議，如封面、編排、內容、印刷品質等⋯⋯）

Chapter 2

單軸 PID 控制器設計實務

得分欄

班級：＿＿＿＿＿＿

學號：＿＿＿＿＿＿

姓名：＿＿＿＿＿＿

2.1 已知標準二階單位負回授控制系統 $T(s) = \dfrac{L(s)}{1+L(s)}$，其中 $L(s) = \dfrac{\omega_n^2}{s^2 + 2\zeta\omega_n s}$，

$0 < \zeta < 1$，$\omega_n > 0$。

(1) 推導閉回路系統單位步級響應之最大超越量 $M_p = e^{\frac{-\pi\zeta}{\sqrt{1-\zeta^2}}}$。

(2) 已知閉回路系統單位步級響應之最大超越量 $0 < M_p < 1$，推導阻尼係數為

$$\zeta = \frac{\log M_p^{-1}}{\sqrt{(\log M_p^{-1})^2 + \pi^2}}$$。

2.2 已知標準二階單位負回授控制系統 $T(s) = \dfrac{L(s)}{1+L(s)}$，其中 $L(s) = \dfrac{\omega_n^2}{s^2 + 2\zeta\omega_n s}$，

$0 < \zeta < 1$，$\omega_n > 0$。

(1) 推導回路轉移函數 $L(s)$ 之增益交越頻率 $\omega_{cg} = \sqrt{\sqrt{1+4\zeta^4} - 2\zeta^2}\ \omega_n$。

(2) 推導回路轉移函數 $L(s)$ 之相位界限 $PM = \dfrac{2\zeta}{\sqrt{\sqrt{1+4\zeta^4} - 2\zeta^2}}$。

(3) 推導閉回路系統轉移函數 $T(s)$ 之頻寬 $\omega_{BW} = \sqrt{\sqrt{4+4\zeta^4 - 2\zeta^2} - 2\zeta^2 + 2}\ \omega_n$。

(4) 繪圖比較 ω_{cg} v.s. ζ 及 ω_{BW} v.s. ζ，$0 < \zeta < 1$ 於同一張圖。

(5) 繪圖比較 $\dfrac{PM^\circ}{100^\circ}$ v.s. ζ 及直線 $y = x = \zeta$，$0 < \zeta < 1$ 於同一張圖。

2.3 已知直流馬達之系統動力方程式可表示為

$$Ri(t) + L\frac{di(t)}{dt} + K_e\omega(t) = u(t)，$$

$$\tau(t) = K_t i(t)，$$

上式中 R 為繞線電阻、L 為繞線電感、K_e 為反電動勢常數、K_t 為力矩常數及 u 為輸入電壓。

(1) 令輸入電壓 $u(t) = V$ 為固定電壓，試繪畫直流馬達(微分項為零)之穩態轉速 ω 對穩態轉矩 τ 的變化曲線圖。

(2) 試求直流馬達之最大轉速 ω_{max} 及最大轉矩 τ_{max} ？

(3) 直流馬達之輸出功率為 $P = \tau\omega$，試求直流馬達最大輸出功率 P_{max} 之工作轉速及轉矩？

2.4 考慮被控系統 $G(s) = \dfrac{10p^3}{(s+p)^3}$， $p > 0$ (p 為自定參數值)，試設計一個前進路徑 PID 控制器 $C(s) = P + \dfrac{I}{s} + Ds$ 之單位負回授控制系統使得閉回路系統步級響應之 10% ～90%上升時間小於 2.0 秒及最大超越量小於 5%。理想的增益交越頻率及相位界限分別為何？比較 PID 控制器、PI-D 控制器及 I-PD 控制器之間的差異。比較你的設計結果與 MATLAB PID design GUI：pidtool(G, 'pid')之設計結果。

2.5 考慮如圖 2-1 所示之單位負回授控制系統及相位領先控制器(phase-lead controller)

設計問題 $C(s) = K\dfrac{1+bs}{1+as}, K > 0, \; b > a > 0$，假設增益 K 已滿足閉回路系統穩態誤

差的要求。若閉回路系統要進一步滿足增益交接頻率 ω_{cg} 與相位界限 PM 之要

求，試證明相位領先控制器設計公式為 $a = \dfrac{\cos\theta - K\left|G(j\omega_{cg})\right|}{\omega_{cg}\sin\theta}$ ，

$b = \dfrac{K^{-1}\left|G(j\omega_{cg})\right|^{-1} - \cos\theta}{\omega_{cg}\sin\theta}$ ，其中 $\theta = PM - \pi - \angle G(j\omega_{cg})$ 。

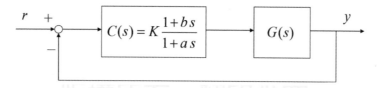

圖 2-1 相位領先控制器 $C(s) = KG_c(s) = K\dfrac{1+bs}{1+as}, \; K > 0, \; b > a > 0$ 及單位負回授控制系統

2.6 實作一組馬達位置或速度 PID 控制系統實際平台。

步驟 1：建立馬達開回路系統輸入輸出測試訊號 (u_i, y_i)，$i = 1, 2, 3, \cdots$，取樣時間 T_s 自定。

步驟 2：使用 MATLAB "ident" 估測開回路系統轉移函數 $G(s)$。

步驟 3：使用 MATLAB "pidtool" 設計 PID 控制器 $C(s)$，性能規格自定。

步驟 4：撰寫數位 PID 控制程式及分析閉回路控制實驗結果性能規格是否符合設計要求。

 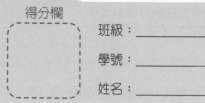

Chapter 3

三度空間向量與旋轉

得分欄

班級：＿＿＿＿＿

學號：＿＿＿＿＿

姓名：＿＿＿＿＿

3.1 (a) 證明二度空間平面 R^2 任意 3 點，$p_i = \begin{bmatrix} x_i \\ y_i \end{bmatrix}, i = 1, 2, 3$，在同一條直線上之必要

條件為行列式 $\begin{vmatrix} x_1 & x_2 & x_3 \\ y_1 & y_2 & y_3 \\ 1 & 1 & 1 \end{vmatrix} = 0$。

(b) 證明三度空間 R^3 任意 4 點，$p_i = \begin{bmatrix} x_i \\ y_i \\ z_i \end{bmatrix}, i = 1, 2, 3, 4$，在同一個平面上之必要條

件為行列式 $\begin{vmatrix} x_1 & x_2 & x_3 & x_4 \\ y_1 & y_2 & y_3 & y_4 \\ z_1 & z_2 & z_3 & z_4 \\ 1 & 1 & 1 & 1 \end{vmatrix} = 0$。

3.2 證明二度空間平面 R^2 任意兩直線 $\begin{cases} a_1 x + b_1 y + c_1 = 0 \\ a_2 x + b_2 y + c_2 = 0 \end{cases}$ 之交點滿足下列條件

$$w \begin{bmatrix} x \\ y \\ 1 \end{bmatrix} = \begin{bmatrix} a_1 \\ b_1 \\ c_1 \end{bmatrix} \times \begin{bmatrix} a_2 \\ b_2 \\ c_2 \end{bmatrix}, \ w \in R。$$

3.3 求通過空間任意 3 點 $p_i = \begin{bmatrix} x_i \\ y_i \\ z_i \end{bmatrix}$, $p_i \in R^3$, $i = 1, 2, 3$ 之

平面方程式 $ax + by + cz + d = 0$ 。

3.4 求三度空間 R^3 中任意兩平面 $\begin{cases} a_1 x + b_1 y + c_1 z + d_1 = 0 \\ a_2 x + b_2 y + c_2 z + d_2 = 0 \end{cases}$ 之相交直線的直線方程式。

3.5 已知單位向量 $k = \begin{bmatrix} n_x \\ n_y \\ n_z \end{bmatrix}$, $\|k\| = 1$，求反對稱矩陣 $A = [k \times] = \begin{bmatrix} 0 & -n_z & n_y \\ n_z & 0 & -n_x \\ -n_y & n_x & 0 \end{bmatrix}$ 之固有

值及固有向量。

3.6 求秩數 1 矩陣(rank-one matrix) $A = ab^T$, $a, b \in R^3$ 之固有值及固有向量。

3.7 求 Z 軸旋轉矩陣 $R_z(\theta)$ 之固有值與固有向量以及奇異值與奇異向量。

3.8 已知旋轉矩陣 $R = [r_{ij}] \in R^{3 \times 3}$，求 ZYZ 尤拉角 (ϕ, φ, γ) 使得 $R_z(\phi)R_y(\varphi)R_z(\gamma) = R$，

亦即求解 $\begin{bmatrix} c_\varphi c_\phi c_\gamma - s_\phi s_\gamma & -c_\varphi c_\phi s_\gamma - s_\phi c_\gamma & s_\varphi c_\phi \\ c_\varphi s_\phi c_\gamma + c_\phi s_\gamma & -c_\varphi s_\phi s_\gamma + c_\phi c_\gamma & s_\varphi s_\phi \\ -s_\varphi c_\gamma & s_\varphi s_\gamma & c_\varphi \end{bmatrix} = \begin{bmatrix} r_{11} & r_{12} & r_{13} \\ r_{21} & r_{22} & r_{23} \\ r_{31} & r_{32} & r_{33} \end{bmatrix}$。

3.9 已知單位向量 $a, b \in R^3, \|a\| = \|b\| = 1$，求旋轉矩陣 R 使得 $b = Ra$。

3.10 證明對任意軸旋轉矩陣對旋轉角微分 $\dfrac{d}{d\theta}R(k,\theta) = [k\times]R(k,\theta)$。

3.11 旋轉矩陣與矩陣指數(matrix exponential)

(a) 證明 $R_z(\theta) = I + A^2(1 - \cos\theta) + A\sin\theta$

(b) 證明 $R(k,\theta) = I + A^2(1 - c_\theta) + As_\theta = Ic_\theta + kk^T(1 - c_\theta) + [k\times]s_\theta$

提示：(1) $\dot{X}(t) = AX(t)$ 之解為 $X(t) = X(0)e^{At}$

(2) $e^{A\theta} = I + A\theta + \dfrac{1}{2!}A^2\theta^2 + \dfrac{1}{3!}A^3\theta^3 + \dfrac{1}{4!}A^4\theta^4 + \cdots$

3.12 給定任意軸旋轉矩陣

$$R = R(k,\theta) = \begin{bmatrix} c_\theta + n_x^2(1-c_\theta) & n_x n_y(1-c_\theta) - n_z s_\theta & n_x n_z(1-c_\theta) + n_y s_\theta \\ n_y n_x(1-c_\theta) + n_z s_\theta & c_\theta + n_y^2(1-c_\theta) & n_y n_z(1-c_\theta) - n_x s_\theta \\ n_z n_x(1-c_\theta) - n_y s_\theta & n_z n_y(1-c_\theta) + n_x s_\theta & c_\theta + n_z^2(1-c_\theta) \end{bmatrix},$$

計算 Cayley 反旋轉矩陣公式 $S = (I+R)^{-1} - (I+R)^{-T} = ?$

3.13 四連桿與複數平面旋轉

考慮如圖 3-1 所示之四連桿桿長分別為 r_1, r_2, r_3, r_4，各桿與水平 x 軸之角度分別為 $\theta_1, \theta_2, \theta_3, \theta_4$；假設 θ_1, θ_3 為已知，求 θ_2, θ_4 以及 (x_2, y_2)。

提示：$r_1 e^{j\theta_1} + r_2 e^{j\theta_2} = r_3 e^{j\theta_3} + r_4 e^{j\theta_4} = x_2 + j y_2$。

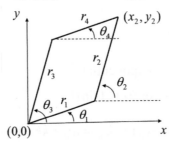

圖 3-1　四連桿桿長及角度

3.14 三度空間旋轉之四元素計算式

已知三度空間向量 $p, q \in R^3$, $k \in R^3$, $\|k\| = 1$；令四元數 $\bar{p} = (0, p)$, $\bar{q} = (0, q)$

以及單位四元數 $\bar{r} = (\cos\frac{\theta}{2}, \sin\frac{\theta}{2}k)$, $\bar{r}^{-1} = (\cos\frac{\theta}{2}, -\sin\frac{\theta}{2}k)$，

試證明四元數計算式 $\bar{q} = \bar{r}\,\bar{p}\,\bar{r}^{-1}$ 與 Rodrigues 旋轉公式：

$$q = Rot(k, \theta)p = p\cos\theta + (p \cdot k)k(1 - \cos\theta) + (k \times p)\sin\theta$$ 爲相同。

3.15 已知四元素 $p_1 = \begin{bmatrix} 0 \\ v_1 \end{bmatrix}$, $p_2 = \begin{bmatrix} 0 \\ v_2 \end{bmatrix}$, $v_1, v_2 \in R^3$ 以及單位四元素

$$q = \begin{bmatrix} q_0 \\ q_v \end{bmatrix}, |q| = 1 ;$$

試證明 $p_2^T q p_1 q^{-1} = q^T S q$, $S = S^T = \begin{bmatrix} v_1^T v_2 & (v_1 \times v_2)^T \\ v_1 \times v_2 & (v_2 \times)(v_1 \times) + v_2 v_1^T \end{bmatrix}$。

3.16 最佳三度空間旋轉問題另解，求最佳旋轉矩陣 R 使得 $y_i \approx R x_i = q x_i q^{-1}$，

$i = 1, 2, \cdots, n$ 。

令 $\left\| y_i - q x_i q^{-1} \right\|^2 = \left\| y_i - q x_i q^{-1} \right\|^2 \|q\|^2 = \left\| y_i q - q x_i \right\|^2 = (y_i q - q x_i)^T (y_i q - q x_i)$

$$= (Q(y_i) q - W(x_i) q)^T (Q(y_i) q - W(x_i) q) = q^T A_i q \; ;$$

再求 $f(q) = \sum_{i=1}^{n} \left\| y_i - q x_i q^{-1} \right\|^2 = q^T \left(\sum_{i=1}^{n} A_i \right) q = q^T A q$ 為最小值。

步驟 1：計算對稱矩陣 $A = \sum_{i=1}^{n} A_i = \sum_{i=1}^{n} (Q(y_i) - W(x_i))^T (Q(y_i) - W(x_i))$ 之最小固有

值 $\lambda_{\min}$ 及對應的單位四元數固有向量 q，$A q = \lambda_{\min} q$ 。

步驟 2：計算對應單位四元數之旋轉矩陣 $R = R(q)$ 。

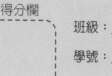

Chapter 4

齊次轉換矩陣與透視轉換矩陣

得分欄

班級：＿＿＿＿＿＿
學號：＿＿＿＿＿＿
姓名：＿＿＿＿＿＿

4.1 經仿射轉換後直線上 p, q, r 各點之間的距離比率維持不變，$\dfrac{\|pq\|}{\|qr\|} = \dfrac{\|p'q'\|}{\|q'r'\|}$ 。

4.2 試使用基本旋轉矩陣合成對任意軸旋轉矩陣 $R(k, \theta)$，其推導步驟為如下所列。

步驟 1：求旋轉矩陣 R_1，將旋轉軸單位向量 $k = [n_x, n_y, n_z]^T$ 旋轉至 Z 軸之單位向量 e_3。

步驟 2：求旋轉矩陣 R_2 對 Z 軸旋轉 θ 角。

步驟 3：求旋轉矩陣 R_3 將 Z 軸單位向量 e_3 旋轉回復至旋轉軸 $k = [n_x, n_y, n_z]^T$。

步驟 4：矩陣前乘 $R(k, \theta) = R_3 R_2 R_1$。

4.3 定義反射矩陣(reflection matrix) $H_{3\times3} = I_{3\times3} - 2k^T k$，單位向量 $k = [n_x, n_y, n_z]^T$。

(1) 驗證 $H = H^T = H^{-1}$ 以及 $H^2 = I$。

(2) 計算反射矩陣 H 的固有值及固有向量。

(3) 計算 $\det(H)$。

4.4 求點 p 對三度空間平面 $ax + by + cz + d = 0$ 反射之齊次轉換矩陣 T。

A-11

4.5 已知一個固定大小之平行四邊形(parallelogram)其 4 個頂點於直角校正座標 (calibration coordinate frame) {w} $z = 0$ 平面之座標 $(x_i, y_i, 0), i = 1, 2, 3, 4$ 如表 1 所示。表 2 所示為此平行四邊形頂點基於相機姿態 1 及姿態 2 之影像像素座標(image pixel frame) $(u_i, v_i), i = 1, 2, 3, 4$。分別計算相機姿態 1 及姿態 2 平行四邊形頂點於校正座標 $z = 0$ 平面與影像像素座標之轉換矩陣 H_1 及 H_2。

表 1：平行四邊形於校正平面 $z = 0$ 之頂點 $(x, y, 0)$

$z = 0$	(−362.472, 679.370)	(−367.596, 309.405)	(332.337, 299.711)	(337.461, 669.676)

表 2：平行四邊形頂點基於相機姿態 1 與姿態 2 之影像像素(pixel)座標 (u, v)

姿態 1	(31, 34)	(28, 678)	(1253, 684)	(1243, 37)
姿態 2	(182, 112)	(76, 579)	(1165, 590)	(1063, 120)

4.6 續上題，假設相機之內部參數(intrinsic parameters)為 $k_u = 1000$、$k_v = 1000$、$u_0 = 640$、$v_0 = 360$ 以及 $\gamma = 0$。試分別求相機姿態 1 與姿態 2 之相機座標 {c} 相對於校正座標(calibration coordinate frame) {w} 之齊次轉換矩陣 $^wT_c = \begin{bmatrix} ^wR_c & ^wt_{w,c} \end{bmatrix}$。

4.7 令 4×4 齊次轉換矩陣 $A = \begin{bmatrix} R_a & t_a \\ 0 & 1 \end{bmatrix}$、$B = \begin{bmatrix} R_b & t_b \\ 0 & 1 \end{bmatrix}$ 為已知，以及 $X = \begin{bmatrix} R & t \\ 0 & 1 \end{bmatrix}$ 為未知，試尋求齊次方程式 $AX = XB$ 之解法。

得分欄

5.1　建立如圖 5-1 所示之各個三軸機械臂(a)～(e)之直接運動學 DH 參數表。

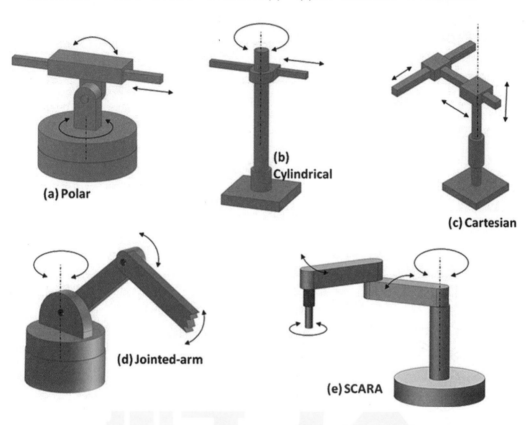

(a) Polar

(b) Cylindrical

(c) Cartesian

(d) Jointed-arm

(e) SCARA

圖 5-1　三軸機械臂(a)～(e)

(a)　極座標(polar coordinate)或稱球座標(spherical coordinate)機械臂

$q = (\theta_1, \theta_2, d_3)$

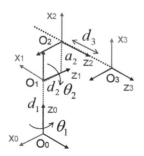

(a) Polar robot DH parameters

i	θ_i	d_i	a_i	α_i	q_i
1					θ_1
2					θ_2
3					d_3

圖(1)

(b) 圓柱球座標(cylinder coordinate)機械臂 $q = (d_1, \theta_2, d_3)$

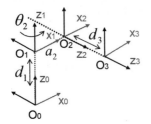

(b) Cylindriacl robot DH parameters

i	θ_i	d_i	a_i	α_i	q_i
1					d_1
2					θ_2
3					d_3

圖(2)

(c) 卡氏直角座標(Cartesian coordinate)機械臂 $q = (d_1, d_2, d_3)$

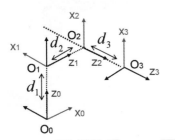

(c) Cartesian robot DH parameters

i	θ_i	d_i	a_i	α_i	q_i
1					d_1
2					d_2
3					d_3

圖(3)

(d) 關節手臂型(joint-arm)機械臂 $q = (\theta_1, \theta_2, \theta_3)$

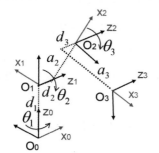

(d) Joint-arm robot DH parameters

i	θ_i	d_i	a_i	α_i	q_i
1					θ_1
2					θ_2
3					θ_3

圖(4)

(e) SCARA 機械臂 $q = (\theta_1, \theta_2, \theta_3)$

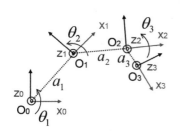

(e) SCARA robot DH parameters

i	θ_i	d_i	a_i	α_i	q_i
1					θ_1
2					θ_2
3					θ_3

圖(5)

5.2 建立如圖 5-2 所示之 Hiwin RA605-710 六軸機械臂直接運動學 DH 參數表及各個關節座標系統並計算直接運動學 $^0T_n = \begin{bmatrix} ^0R_n & ^0p_{0,n} \end{bmatrix}$，其中 $n = 7$ 代表夾具端(gripper)之座標系統。將 ^0T_n 轉變爲姿態(pose)向量表示法 $h = (x, y, z, A, B, C)$，其中 $(x, y, z) = {}^0p_{0,n}$ 以及 (A, B, C) 爲 XYZ 尤拉角，$R_z(C)R_y(B)R_x(A) = {}^0R_n = \begin{bmatrix} n & s & a \end{bmatrix}$。

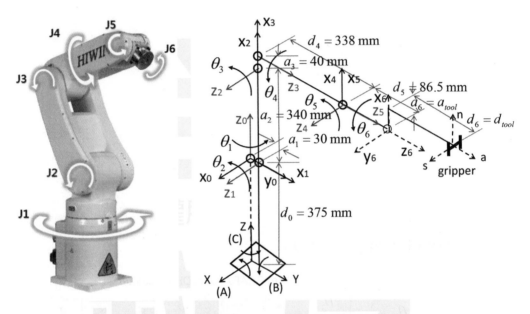

圖 5-2 上銀公司六軸機械臂及建立參數表之各個座標系統，
夾具端參數 $a_6 = 55\,\mathrm{mm}$, $d_6 = 62\,\mathrm{mm}$。

得分欄

班級：＿＿＿＿＿

學號：＿＿＿＿＿

姓名：＿＿＿＿＿

6.1 推導如圖 6-1 所示之各個三軸機械臂(a)～(e)之反運動學，其 DH 參數表如下所示。

圖 6-1 三軸機械臂(a)～(e)

(a) polar (spherical) robot: $q = (\theta_1, \theta_2, d_3)$

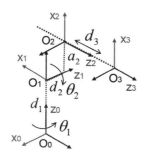

(a) Polar robot DH parameters

i	θ_i	d_i	a_i	α_i	q_i
1	$-90°$	d_1	0	$90°$	θ_1
2	$90°$	d_2	a_2	$-90°$	θ_2
3	0	d_3	0	0	d_3

圖(1)

(b) cylinder robot: $q = (d_1, \theta_2, d_3)$

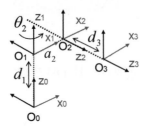

(b) Cylindriacl robot DH parameters

i	θ_i	d_i	a_i	α_i	q_i
1	0	d_1	0	0	d_1
2	0°	0	a_2	90°	θ_2
3	0	d_3	0	0	d_3

圖(2)

(c) Cartesian robot : $q = (d_1, d_2, d_3)$

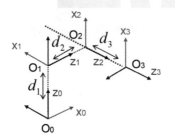

(c) Cartesian robot DH parameters

i	θ_i	d_i	a_i	α_i	q_i
1	90°	d_1	0	90°	d_1
2	90°	d_2	0	−90°	d_2
3	0	d_3	0	0	d_3

圖(3)

(d) joint-arm robot: $q = (\theta_1, \theta_2, \theta_3)$

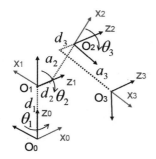

(d) Joint-arm robot DH parameters

i	θ_i	d_i	a_i	α_i	q_i
1	90°	d_1	0	90°	θ_1
2	90°	d_2	a_2	0	θ_2
3	90°	$-d_3$	a_3	0	θ_3

圖(4)

(e) SCARA robot : $q = (\theta_1, \theta_2, \theta_3)$

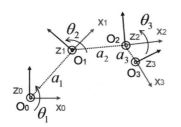

(e) SCARA robot DH parameters

i	θ_i	d_i	a_i	α_i	q_i
1	90°	0	a_1	0	θ_1
2	−90°	0	a_2	0	θ_2
3	−90°	0	a_3	0	θ_3

圖(5)

6.2 推導 Hiwin RA605-710 六軸機械臂之反運動學解 $(\theta_1, \theta_2, \cdots, \theta_6)$，亦即已知 $^0T_6$，

求解 $\begin{bmatrix} ^0R_6 & p \\ 0_{1\times3} & 1 \end{bmatrix} = {}^0T_6$ ；其中

$$p = \begin{bmatrix} p_x \\ p_y \\ p_z \end{bmatrix} = \begin{bmatrix} c_1(a_1 + a_2c_2 + a_3c_{23} + d_4s_{23}) + (d_5 + d_6)a_x + a_6 n_x \\ s_1(a_1 + a_2c_2 + a_3c_{23} + d_4s_{23}) + (d_5 + d_6)a_y + a_6 n_y \\ a_2s_2 + a_3s_{23} - d_4c_{23} + (d_5 + d_6)a_z + a_6 n_z \end{bmatrix},$$

$$^0R_6 = \begin{bmatrix} n & s & a \end{bmatrix}, \quad n = \begin{bmatrix} s_1c_4s_6 - c_1c_{23}s_4s_6 + s_1s_4c_5c_6 + c_1c_{23}c_4c_5c_6 - c_1s_{23}s_5c_6 \\ -c_1c_4s_6 - s_1c_{23}s_4s_6 - c_1s_4c_5c_6 + s_1c_{23}c_4c_5c_6 + s_1s_{23}s_5c_6 \\ c_{23}s_5c_6 + s_{23}c_4c_5c_6 - s_{23}s_4s_6 \end{bmatrix},$$

$$s = \begin{bmatrix} s_1c_4c_6 - c_1c_{23}s_4c_6 - s_1s_4c_5s_6 - c_1c_{23}c_4c_5s_6 + c_1s_{23}s_5s_6 \\ -c_1c_4c_6 - s_1c_{23}s_4c_6 + c_1s_4c_5s_6 - s_1c_{23}c_4c_5s_6 + s_1s_{23}s_5s_6 \\ -c_{23}s_5s_6 - s_{23}c_4c_5s_6 - s_{23}s_4c_6 \end{bmatrix},$$

$$a = \begin{bmatrix} c_1s_{23}c_5 + s_1s_4s_5 + c_1c_{23}c_4s_5 \\ s_1s_{23}c_5 - c_1s_4s_5 + s_1c_{23}c_4s_5 \\ s_{23}c_4s_5 - c_{23}c_5 \end{bmatrix}$$

以及 $^0R_3 = \begin{bmatrix} c_1c_{23} & s_1 & c_1s_{23} \\ s_1c_{23} & -c_1 & s_1s_{23} \\ s_{23} & 0 & -c_{23} \end{bmatrix}$, $^3R_6 = \begin{bmatrix} -s_4s_6 + c_4c_5c_6 & -s_4c_6 - c_4c_5s_6 & c_4s_5 \\ c_4s_6 + s_4c_5c_6 & c_4c_6 - s_4c_5s_6 & s_4s_5 \\ -s_5c_6 & s_5s_6 & c_5 \end{bmatrix}$ 。

6.3 四連桿運動學

考慮如圖 6-2 所示之四連桿桿長分別爲 r_1, r_2, r_3, r_4，各桿與水平 x 軸之角度分別爲 $\theta_1, \theta_2, \theta_3, \theta_4$；

(a) 問題 1：給定 θ_1, θ_3 爲已知，求 θ_2, θ_4；

(b) 問題 2：給定 θ_3, θ_4 爲已知，求 θ_1, θ_2。

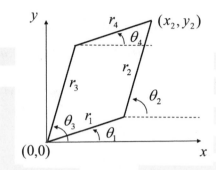

圖 6-2　四連桿桿長及角度定義

6.4 平面 3 自由度四連桿型機械臂正反運動學

考慮如圖 6-3 所之機械臂，其第一個及最後一個為串接型連桿(桿長分別為 d_1, d_3)再由一組四連桿將兩者連接成平面 3 自由度四連桿型機械臂。機械臂之輸入變數為關節座標 (q_1, q_2, q_3) 輸出變數為終端器姿態 (x_3, y_3, θ)。連接四連桿之桿長分別為 r_1, r_2, r_3, r_4，各桿與水平 x 軸之角度分別為 $\theta_1, \theta_2, \theta_3, \theta_4$ 以及 $\theta_3 = q_1$，$\theta_1 = q_1 - q_2$，$\theta = \theta_4 + q_3$。

(1) 正向運動學問題：給定 (q_1, q_2, q_3) 為已知，求 (x_3, y_3, θ)；

(2) 逆向運動學問題：給定 (x_3, y_3, θ) 為已知，求 (q_1, q_2, q_3)。

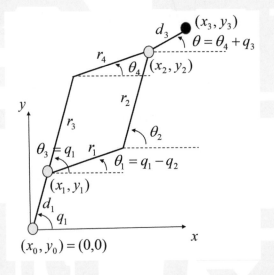

圖 6-3 平面 3 自由度四連桿型機械臂桿長及角度定義

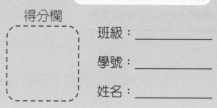
機器人控制原理與實務

得分欄

班級：＿＿＿＿＿

學號：＿＿＿＿＿

姓名：＿＿＿＿＿

習題演練

Chapter 7
機械臂軌跡規劃

7.1 試分別推導出(1)矩形速度、(2)對稱式 T-curve、(3)對稱式 S-curve、(4) 3 階 Bezier 曲線以及(5) 5 階 Bezier 曲線之點到點運動軌跡之位移曲線函數的公式解 $s(t)$，其中最大位移量等於 1，$0 \leq s(t) \leq s_{max} = 1$ 及運動時間區間為 1 秒，$t_0 = 0 \leq t \leq t_n = 1$。

7.2 已知對稱型梯形速度點到點運動軌跡之輸入條件為最大位移量 $s_{max} = X$、最高速度 $v_{max} \leq V_{max}$ 與最高加速度 $a_{max} \leq A_{max}$ 等限制條件並令 $t_0 = 0$，試設計對稱型梯形速度點到點運動軌跡之運動時間 t_1, t_2, t_3，其中 $t_2 = t_3 - t_1$。

7.3 已知對稱型 S 形速度點到點運動軌跡之最大位移量 $s_{max} = X$、最高速度 $v_{max} \leq V$ 與最高加速度 $a_{max} \leq A$ 及最高加加速度 $j_{max} \leq J$ 等限制條件並令 $t_0 = 0$，試設計對稱型 S 形速度點到點運動軌跡之運動時間 $t_1, \cdots, t_7$。

7.4 試尋求三次雲形曲線(cubic spline)通過擬合點(fitting data)

$(t_i, y_i)_{i=1}^{end=4} = \{(0, 0), (1, 0.5), (2, 2.0), (3, 1.5)\}$ 並分別滿足下列條件:

曲線 1:起點及終點之速度為 $y'(t_1) = 0.2$,$y'(t_{end}) = -1$;

曲線 2:自然雲形曲線起點及終點之加速度為零 $y''(t_1) = y''(t_{end}) = 0$;

曲線 3:第 2 個及最後第 2 個為非節點條件((not-a-knot condition)

$$\begin{cases} \dfrac{m_1 - m_0}{h_1} = \dfrac{m_2 - m_1}{h_2} \\ \dfrac{m_{n-1} - m_{n-2}}{h_{n-1}} = \dfrac{m_n - m_{n-1}}{h_n} \end{cases};$$

曲線 4:曲線第一段及最後一段之加速度曲線為常數 $y''(t_1) = y''(t_2)$,
$y''(t_{end-1}) = y''(t_{end})$;

曲線 5:起點及終點之加速度為 $y''(t_1) = -0.3$,$y''(t_{end}) = 3.3$;

曲線 6:最小加速度平方和(minimum norm) min. $J = \dfrac{1}{2}\sum_{k=1}^{n+1} m_k^2$;

曲線 7:最小加加速度平方和(minimum jerk) min. $J = \dfrac{1}{2}\sum_{k=1}^{n} (m_{k+1} - m_k)^2$;

曲線 8:最小加加速度絕對值和(minimum absolute-jerk) min. $J = \max_{1 \le k \le n} |m_{k+1} - m_k|$。

分別繪圖每一組三次雲形曲線之 $y(t)$,$y'(t)$,$y''(t)$ 及 $y'''(t)$ 變化曲線。

機器人控制原理與實務

習題演練

Chapter 8

機械臂微分運動學

得分欄

班級：＿＿＿＿＿

學號：＿＿＿＿＿

姓名：＿＿＿＿＿

8.1 計算 ZYZ 尤拉角 (ϕ, φ, γ) 之微分矩陣 $^{0}J_3$ 及 $^{3}J_3$，已知

$$R = R_z(\phi)R_y(\varphi)R_z(\gamma) = \begin{bmatrix} c_\varphi c_\phi c_\gamma - s_\phi s_\gamma & -c_\varphi c_\phi s_\gamma - s_\phi c_\gamma & s_\varphi c_\phi \\ c_\varphi s_\phi c_\gamma + c_\phi s_\gamma & -c_\varphi s_\phi s_\gamma + c_\phi c_\gamma & s_\varphi s_\phi \\ -s_\varphi c_\gamma & s_\varphi s_\gamma & c_\varphi \end{bmatrix} ;$$

(1) $^{0}\omega = \begin{bmatrix} \omega_x \\ \omega_y \\ \omega_z \end{bmatrix} = {}^{0}J_3 \begin{bmatrix} \dot{\phi} \\ \dot{\varphi} \\ \dot{\gamma} \end{bmatrix}$, ${}^{0}J_3 = ?$

(2) $^{3}\omega = \begin{bmatrix} \omega_x \\ \omega_y \\ \omega_z \end{bmatrix} = {}^{3}J_3 \begin{bmatrix} \dot{\phi} \\ \dot{\varphi} \\ \dot{\gamma} \end{bmatrix}$, ${}^{3}J_3 = ?$

8.2 假設空間三自由度機械臂如圖 8-1 所示，其關節座標空間為 $q = \begin{bmatrix} q_1 & q_2 & q_3 \end{bmatrix}^T$ 其中

q_1 為對固定參考座標 x 軸之旋轉角度、q_2 為對固定參考座標 y 軸之旋轉角度，以及 q_3 為對固定參考座標 x 軸之旋轉角度。令 p 與 ω 分別為終端器之位置向量及角速度，

(a) 試計算終端器之位置向量 p，

(b) 試計算位移微分矩陣 $J_v = \dfrac{\partial p}{\partial q}$ 使得 $\dot{p} = J_v \dot{q}$，以及

(c) 試計算角速度微分矩陣 J_ω 使得 $\omega = J_\omega \dot{q}$。

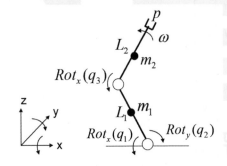

圖 8-1　空間三自由度機械臂

8.3 推導 Hiwin RA605-710 六軸機械臂之微分矩陣

(1) 計算 $^0J_{123}$ 及 $\det(^0J_{123})$，其中

$$^0v_3 = {}^0J_{123}\begin{bmatrix} \dot{q}_1 & \dot{q}_2 & \dot{q}_3 \end{bmatrix}^T = {}^0R_0e_3 \times {}^0p_{0,n}\dot{q}_1 + {}^0R_1e_3 \times {}^0p_{1,n}\dot{q}_2 + {}^0R_2e_3 \times {}^0p_{2,n}\dot{q}_3 \; ;$$

(2) 假設 $q_1 = q_4 = q_6 = 0$，計算 $^0J_{235}$ 及 $\det(^0J_{235})$，其中

$$^0v_5 = {}^0J_{235}\begin{bmatrix} \dot{q}_2 & \dot{q}_3 & \dot{q}_5 \end{bmatrix}^T = {}^0R_1e_3 \times {}^0p_{1,n}\dot{q}_2 + {}^0R_2e_3 \times {}^0p_{2,n}\dot{q}_3 + {}^0R_4e_3 \times {}^0p_{4,n}\dot{q}_5 \; ;$$

(3) 計算 $^3J_{456}$ 及 $\det(^3J_{456})$，其中

$$^3\omega_6 = {}^3J_{456}\begin{bmatrix} \dot{q}_4 & \dot{q}_5 & \dot{q}_6 \end{bmatrix}^T = {}^3R_3e_3\dot{q}_4 + {}^3R_4e_3\dot{q}_5 + {}^3R_5e_3\dot{q}_6 \; ;$$

(4) 計算微分矩陣 $^0J_n = \begin{bmatrix} {}^0J_v \\ {}^0J_\omega \end{bmatrix}$ 及 $\det(^0J_n)$，其中

$$^0\omega_n = {}^0J_\omega\dot{q} = {}^0R_0e_3\dot{q}_1 + {}^0R_1e_3\dot{q}_2 + \cdots + {}^0R_5e_3\dot{q}_6 \quad ,$$

$$^0v_n = {}^0J_v\dot{q} = {}^0R_0e_3 \times {}^0p_{0,n}\dot{q}_1 + {}^0R_1e_3 \times {}^0p_{1,n}\dot{q}_2 + \cdots + {}^0R_5e_3 \times {}^0p_{5,n}\dot{q}_6 \; 。$$

習題
演練

Chapter 9

移動機器人速度運動學

機器人控制原理與實務

得分欄

班級：＿＿＿＿＿

學號：＿＿＿＿＿

姓名：＿＿＿＿＿

9.1　計算雙輪獨立驅動移動機器人之瞬間曲率變化 κ、旋轉半徑 R 及曲率中心 ICC。

9.2　計算三輪車式移動機器人之瞬間曲率變化 κ、旋轉半徑 R 及曲率中心 ICC。

9.3　計算二輪自行車機器人之瞬間曲率變化 κ、旋轉半徑 R 及曲率中心 ICC。

9.4　計算全方位式三輪移動機器人之瞬間曲率變化 κ、旋轉半徑 R 及曲率中心 ICC。

9.5　計算麥克納姆四輪移動機器人之瞬間曲率變化 κ、旋轉半徑 R 及曲率中心 ICC。

9.6　比較上述之 5 種移動機器人之特點及優勢與劣勢。

A-29

9.7 考慮如圖 9-1 所示之三輪移動機器人其移動平台由一個具有驅動及轉向 2 個控制自由度之標準輪(standard-wheel)及兩個被動自由輪所組成,試計算其速度運動學及瞬間曲率變化率 $\kappa(\beta)$。

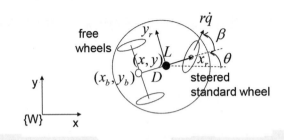

圖 9-1 三輪移動機器人

9.8 試使用矩陣相乘重新推導 9.8 節移動機器人之影像 Jacobian 矩陣 J_s,

$$\begin{bmatrix} \dot{u} \\ \dot{v} \end{bmatrix} = J_s \begin{bmatrix} \dot{\theta}_1 \\ \dot{\theta}_2 \end{bmatrix} = L_i J \begin{bmatrix} \dot{\theta}_1 \\ \dot{\theta}_2 \end{bmatrix},$$

其中 $L_i = \begin{bmatrix} -\dfrac{\lambda}{z} & 0 & \dfrac{u}{z} & \dfrac{uv}{\lambda} & -\lambda - \dfrac{u^2}{\lambda} & v \\ 0 & -\dfrac{\lambda}{z} & \dfrac{v}{z} & \lambda + \dfrac{v^2}{\lambda} & -\dfrac{uv}{\lambda} & -u \end{bmatrix}$ 以及 $\begin{bmatrix} {}^c v_c \\ {}^c \omega_c \end{bmatrix} = J \begin{bmatrix} \dot{\theta}_1 \\ \dot{\theta}_2 \end{bmatrix}$。

步驟 1:試求 Jacobian 矩陣 J 使得 $\begin{bmatrix} {}^c v_c \\ {}^c \omega_c \end{bmatrix} = J \begin{bmatrix} \dot{\theta}_1 \\ \dot{\theta}_2 \end{bmatrix}$。

步驟 2:計算 $J_s = L_i J$。

得分欄

班級：＿＿＿＿＿

學號：＿＿＿＿＿

姓名：＿＿＿＿＿

10.1 計算如圖 10-1 所示之圓周倒單擺(circular inverted pendulum)系統的動力方程式並
表示為矩陣型式之標準式 $D(q)\ddot{q} + C(q,\dot{q})\dot{q} + G(q) = u$，$q = [\theta_1, \theta_2]^T$，$u = [u_1, 0]^T$。假
設倒單擺的第一個連桿(水平面運動)長度為 R 以及於水平面與 x-軸之角度為 θ_1、
第二個連桿(垂直面運動)長度為 r 及於垂直面與 z-軸之角度為 θ_2、倒單擺系統的
轉動慣量 I 集中於第一個連桿、倒單擺的重量 m 集中於第二個連桿的最末端。

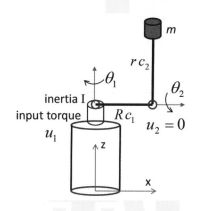
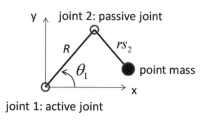

圖 10-1　圓周倒單擺

10.2 試使用結合 Lagrange 與 Newton-Euler 動力方程
式的方法計算如圖 10-2 所示之 3 自由度機械臂
動力方程式，$D(q)\ddot{q} + C(q,\dot{q})\dot{q} + G(q) = u$，其中
關節座標為 $q = \begin{bmatrix} q_1 & q_2 & q_3 \end{bmatrix}^T$ 以及輸入力矩為
$u = \begin{bmatrix} u_1 & u_2 & u_3 \end{bmatrix}^T$；表 10-1 為機械臂系統參數表。

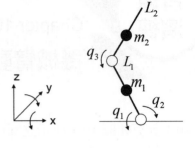

圖 10-2　3 自由度機械臂

表 10-1　3 自由度機械臂系統參數表

	Joint ρ_i	Link mass m_i	Link length r_i	Link CoM d_i	Link inertia I_i
1	+Rx	0	$\begin{bmatrix} 0 & 0 & 0 \end{bmatrix}^T$	$\begin{bmatrix} 0 & 0 & 0 \end{bmatrix}^T$	zero inertia
2	+Ry	m_1	$\begin{bmatrix} 0 & 0 & L_1 \end{bmatrix}^T$	$\begin{bmatrix} 0 & 0 & L_1/2 \end{bmatrix}^T$	$diag\{I_{1x}, I_{1y}, I_{1z}\}$
3	+Rx	m_2	$\begin{bmatrix} 0 & 0 & L_2 \end{bmatrix}^T$	$\begin{bmatrix} 0 & 0 & L_2/2 \end{bmatrix}^T$	$diag\{I_{2x}, I_{2y}, I_{2z}\}$

10.3 令機器人系統之動力方程式為 $D\ddot{q} + C\dot{q} + G = Bu$ 以及新變數變換 $x = f(q)$ 及
$\dot{x} = \dfrac{\partial f(q)}{\partial q}\dot{q} = S(q)\dot{q}$，試推導經變數變換後之新動力方程式 $\bar{D}\ddot{x} + \bar{C}\dot{x} + \bar{G} = \bar{B}u$。